Theres Schaub

Bedeutung des mTOR-Netzwerks bei osteoblastärer MSC-Differenzierung

Theres Schaub

Bedeutung des mTOR-Netzwerks bei osteoblastärer MSC-Differenzierung

Südwestdeutscher Verlag für Hochschulschriften

Impressum / Imprint
Bibliografische Information der Deutschen Nationalbibliothek: Die Deutsche Nationalbibliothek verzeichnet diese Publikation in der Deutschen Nationalbibliografie; detaillierte bibliografische Daten sind im Internet über http://dnb.d-nb.de abrufbar.
Alle in diesem Buch genannten Marken und Produktnamen unterliegen warenzeichen-, marken- oder patentrechtlichem Schutz bzw. sind Warenzeichen oder eingetragene Warenzeichen der jeweiligen Inhaber. Die Wiedergabe von Marken, Produktnamen, Gebrauchsnamen, Handelsnamen, Warenbezeichnungen u.s.w. in diesem Werk berechtigt auch ohne besondere Kennzeichnung nicht zu der Annahme, dass solche Namen im Sinne der Warenzeichen- und Markenschutzgesetzgebung als frei zu betrachten wären und daher von jedermann benutzt werden dürften.

Bibliographic information published by the Deutsche Nationalbibliothek: The Deutsche Nationalbibliothek lists this publication in the Deutsche Nationalbibliografie; detailed bibliographic data are available in the Internet at http://dnb.d-nb.de.
Any brand names and product names mentioned in this book are subject to trademark, brand or patent protection and are trademarks or registered trademarks of their respective holders. The use of brand names, product names, common names, trade names, product descriptions etc. even without a particular marking in this work is in no way to be construed to mean that such names may be regarded as unrestricted in respect of trademark and brand protection legislation and could thus be used by anyone.

Coverbild / Cover image: www.ingimage.com

Verlag / Publisher:
Südwestdeutscher Verlag für Hochschulschriften
ist ein Imprint der / is a trademark of
OmniScriptum GmbH & Co. KG
Heinrich-Böcking-Str. 6-8, 66121 Saarbrücken, Deutschland / Germany
Email: info@svh-verlag.de

Herstellung: siehe letzte Seite /
Printed at: see last page
ISBN: 978-3-8381-5073-4

Zugl. / Approved by: Berlin, Freie Universität, Dissertation, 2014

Copyright © 2015 OmniScriptum GmbH & Co. KG
Alle Rechte vorbehalten. / All rights reserved. Saarbrücken 2015

Für die Menschen in meinem Herzen

I like the scientific spirit—the holding off, the being sure but not too sure, the willingness to surrender ideas when the evidence is against them: this is ultimately fine—it always keeps the way beyond open.

Walt Whitman (1819-1892)

Inhaltsverzeichnis

Abkürzungsverzeichnis   XI

1 Einführung   1
    1.1 Herz-Kreislauf-Erkrankungen: Prävalenz und Pathologie 1
       1.1.1 Kalzifizierung der Blutgefäßwand als größte Gefahr für die Gesundheit des Herz-Kreislauf Systems 2
       1.1.2 Der Osteoblast - eine auf Kalzifizierung spezialisierte Zelle 3
       1.1.3 Knochengewebe-Remodellierung im Gefäßbett 4
       1.1.4 Regulation des Kalziumphosphathaushaltes 5
    1.2 Erkrankungen mit Relevanz für Gefäßverkalkung 7
       1.2.1 Nierenversagen als Risikofaktor für Arteriosklerose 7
       1.2.2 Diabetes als Risikofaktor für Arteriosklerose 11
    1.3 Das mTOR Netzwerk 14
       1.3.1 mTORC1 16
          1.3.1.1 Signaltransduktion oberhalb von mTORC1 16
          1.3.1.2 Signaltransduktion unterhalb von mTORC1 17
             1.3.1.2.1 Die Kinase p70-S6 als wichtiges Substrat von mTORC1   18
       1.3.2 mTORC2 19
          1.3.2.1 Signaltransduktion oberhalb von mTORC2 19
          1.3.2.2 Signaltransduktion unterhalb von mTORC2 19
             1.3.2.2.1 Die Proteinkinase B (AKT) als Teil des mTOR-Netzwerks   21
       1.3.3 Interaktion von mTOR mit anderen Signalkaskaden 22
       1.3.4 Der Mechanismus der rapamycininduzierten mTOR-Modulation 24
       1.3.5 Klinische Bedeutung des mTOR Netzwerks 26

2 Zielsetzung   29

3 Material und Methoden   31
    3.1 Material 31
       3.1.1 Urämisches Patientenmaterial 31
       3.1.2 Primäre humane multipotente mesenchymale Stromazellen 31
       3.1.3 Primäre humane koronare glatte Muskelzellen 32
       3.1.4 Biologisch aktive Substanzen in der Zellkultur 33
          3.1.4.1 Wachstumsfaktoren 33
          3.1.4.2 Substanzen in der Zellkultur 34
       3.1.5 Tierexperimentelles Arbeiten 34
    3.2 Methoden 35
       3.2.1 Gewinnung und Expansion humaner MSC 35
       3.2.2 Oberflächenmarkeranalyse 36
       3.2.3 Gezielte Differenzierung von hMSCS 36
          3.2.3.1 Adipozytäre Differenzierung 36
          3.2.3.2 Chondrozytäre Differenzierung 37
          3.2.3.3 Osteoblastäre Differenzierung 38
       3.2.4 Verwendung von hMSCs 39

Inhaltsverzeichnis

    3.2.5   Verwendung von hVSMC 39
    3.2.6   Messung der alkalischen Phosphatase 39
    3.2.7   Proliferationsmessung 40
    3.2.8   Indirekte Immunfluoreszenz 41
    3.2.9   Kalziumhydroxylapatit -Quantifizierung 42
    3.2.10 LDH Messung 42
    3.2.11 Apoptose Messung 43
    3.2.12 Alizarin-Färbung 43
    3.2.13 β-Galaktosidase Färbung 43
    3.2.14 Mykoplasmentest 44
    3.2.15 Zelllyse und Proteinaufreingung 44
    3.2.16 Proteinquantifizierung 45
    3.2.17 Western-Blot Analyse 46
    3.2.18 DNA Aufreinigung, Klonierung und Plasmidexpression 46
              3.2.18.1 Agarose-Gelektrophorese 47
              3.2.18.2 Aufreinigung von DNA-Fragmenten aus Gelen 47
              3.2.18.3 Ligation 48
              3.2.18.4 Herstellung kompetenter Bakterien 48
              3.2.18.5 Transformation 48
              3.2.18.6 Mini-Präparation von DNA 49
              3.2.18.7 Maxi-Präparation von DNA 49
    3.2.19 Zellkultur zur Virusproduktion 50
    3.2.20 Produktion, Aufreinigung und Verwendung von Lentiviren 50
    3.2.21 Tierexperimentelles Arbeiten 52
    3.2.22 Immunfluoreszenzfärbung von Kryoschnitten 52
    3.2.23 Statistische Auswertung 53

4 Ergebnisse   **55**
  4.1 Charakterisierung humaner MSC 55
    4.1.1   Oberflächenmarker-Analyse 55
    4.1.2   Multilinieäres Differenzierungspotential 56
          4.1.2.1 Adipozytäre-Differenzierung 56
          4.1.2.2 Chondroblastäre-Differenzierung 57
          4.1.2.3 Osteoblastäre Differenzierung 58
  4.2 *In vitro* Modell für arteriosklerotische Zellveränderungen 59
    4.2.1   Pharmakologische mTORC1-Blockade durch Rapamycin 59
          4.2.1.1 Analyse von pp70-S6 zur Dosisfindung 59
          4.2.1.2 Osteoblastäre Differenzierung unter mTORC1-Inhibition 60
    4.2.2   Osteoblastäre Differenzierung mit Wachstumsfaktoren und mTORC1-
          Blockade 61
          4.2.2.1 Morphologische Veränderungen bei osteoblastärer Differenzie-
                    rung unter Zytokinstimulation 61
          4.2.2.2 Alizarinfärbung 63
          4.2.2.3 Messung der abgelagerten Kalziummenge 64
          4.2.2.4 Messung der alkalischen Phosphatase 65
    4.2.3   Proliferation 66
          4.2.3.1 Proliferation unter Zytokinstimulation und mTOR-Inhibition . . 66
          4.2.3.2 Proliferationsanalyse bei osteoblastärer Differenzierung 67
  4.3 Spezifische Wirkung von FGF-2 bei der osteoblastären Differenzierung 69
  4.4 Auswirkungen der mTORC1-Blockade 71
    4.4.1   Analyse der mTORC1 Aktivität 71
    4.4.2   Analyse der zellulären Seneszenz 72
          4.4.2.1 Analyse der zellulären Seneszenz mittels p16^{INK4a} 72
          4.4.2.2 Analyse der zellulären Seneszenz mittels X-Gal-Färbung 73

	4.4.3	Analyse der Autophagie 74
	4.4.4	Analyse der mTORC2-Aktivität 75
	4.4.5	Analyse der Apoptose 76
		4.4.5.1 Untersuchung der Apoptose mittels Cleaved Caspase 3 77
		4.4.5.2 Untersuchung der Regulation der Apoptose mittels Bcl-2 78
		4.4.5.3 Analyse der Apoptose mittels LDH-Aktivitätsmessung 78
		4.4.5.4 Untersuchung der Apoptose mittels fragmentierter DNA 79
	4.4.6	Analyse von weiteren Signaltransduktionskaskaden 80
4.5	Zeitlicher Verlauf und Einfluss des Autophagieprozesses 82
	4.5.1	Osteoblastärer Phänotyp im zeitlichen Verlauf bei Autophagieinhibition . 82
	4.5.2	Analyse der Signaltransduktion und der Zellschicksalsprogramme 83
4.6	Mechanismen der rapamycininduzierten Minderung der Kalzifizierung 86
	4.6.1	Pharmakologische mTORC2-Blockade 86
	4.6.2	Osteoblastäre Differenzierung unter AKT Inhibition 87
		4.6.2.1 Analyse des Phänotyps 88
		4.6.2.2 Analyse von Signaltransduktion und Zellschicksalsprogrammen 89
	4.6.3	Viral induzierte mTORC2-Blockade 91
		4.6.3.1 Herstellung von Lentiviren mit Rictor-gerichteter shRNA 91
		4.6.3.2 Analyse des Phänotyps 93
		4.6.3.3 Analyse von Signaltransduktion und Zellschicksalsprogrammen 94
4.7	Der Einfluss von Rapamycin auf die Gefäßwand *in vivo* 97
4.8	Interzelluläre Beeinflussung der Kalzifizierung durch Rapamycin 99
	4.8.1	Modell zur Nutzung parakriner Effekter von MSCs 99
		4.8.1.1 Beeinflussung der Kalzifizierung mittels parakriner Effekte ... 99
		4.8.1.2 Wiederherstellung der benefiziellen parakrinen MSCs Effekte durch mTOR-Modulation 101
	4.8.2	Die Bedeutung von Nanovesikeln für parakrine Effekte von MSCs 104

5 Diskussion   107

5.1	*In vitro* Modell der Gefäßverkalkung 108
	5.1.1	Wachstumsfaktoren als modifizierender Einfluss der Differenzierung ... 109
		5.1.1.1 Connective Tissue Growth Factor (CTGF) koordiniert das Zusammenspiel einzelner Differenzierungsabläufe 109
		5.1.1.2 Verstärkung der osteoblastären Differenzierung durch den basic Fibroblast Growth Factor (FGF-2) und weniger durch FGF-23 .. 110
		5.1.1.3 Starke Induktion der osteoblastären Differenzierung und Kalzifizierung durch PDGF-BB 112
		5.1.1.4 Verminderung der osteoblastären Differenzierung von MSCs durch TGF-β 113
	5.1.2	Beeinflussung von Proliferation und Morphologie durch mTOR-Modulation 115
	5.1.3	Beeinflussung der osteoblastären Differenzierung durch mTOR-Modulation 115
5.2	mTORC2-Aktivierung als protektiver Mechanismus 118
	5.2.1	Regulation der zellulären Veränderungen in der arteriosklerotischer Vaskulopathie 119
		5.2.1.1 Verlust regulatorischer Faktoren, die Gewebemineralisierung und Kalzifizierungsprozesse inhibieren 119
		5.2.1.2 Direkte Induktion von Knochenbildungsprozessen als Ursache für Arteriosklerose 120
		5.2.1.3 Apoptose als treibende Kraft von Arteriosklerose 121
		5.2.1.4 Zelluläre Seneszenzprozesse als Risikofaktor in der Gefäßbiologie 122
		5.2.1.5 mTOR als regulierende Größe bei der Entstehung von Matrixvesikeln 123
		5.2.1.6 Autophagie - zelluläres Recycling als Schutzreaktion der Zellen 124
		5.2.1.7 Die Funktion von mTOR bei der Regulation der Knochenbildung 125

	5.2.2 Die Modulation des mTOR-Netzwerks *in vivo*	128
	5.2.3 Indirekte Beeinflussung der Kalzifizierung durch Rapamycin	129
	5.2.4 Das Sekretom von VSMCs und MSCs	131
5.3	Mögliche therapeutische Nutzung der mTOR-Modulation	135
	5.3.1 Modulation von mTOR zur Inhibition von Kalzifizierung	135
	5.3.2 Modulation von mTOR zur Verstärkung von Kalzifizierungsprozessen	137

6 Zusammenfassung   **139**

7 Summary   **141**

8 Appendix   **143**
- 8.1 Detaillierte Übersichtskarte des mTOR-Netzwerks ... 143
- 8.2 Sekretomanalyse von MSCs ... 144
- 8.3 Plasmidkarten ... 147
  - 8.3.1 pLKO1-shRNA-Vektoren ... 147
  - 8.3.2 pSuperRetro-Vektor ... 147
  - 8.3.3 pLVTH-Vektor ... 148
  - 8.3.4 pCMV-δR8.2 ... 148
  - 8.3.5 pMD.2G-VSVg ... 149
  - 8.3.6 psPAX2 ... 149
- 8.4 Plasmidsequenzen für shRNA Expression ... 150
- 8.5 Bakterien ... 150
- 8.6 Antikörper ... 151
  - 8.6.1 Sekundärantikörper ... 151
  - 8.6.2 Antikörper für Western-Blot und Zytochemiefärbungen ... 151
  - 8.6.3 Antikörper für Immunfluoreszenzfärbung ... 152
  - 8.6.4 Antikörper für FACS-Analysen ... 152
- 8.7 Zellkultursubstanzen ... 153
- 8.8 Zellanzahl pro Kulturgefäß ... 154
- 8.9 Puffer und Lösungen ... 155
- 8.10 Acrylamid-Gelzusammensetzung ... 159
  - 8.10.1 MOPS-Bicin-Gelsystem ... 159
  - 8.10.2 Tris-Glycin-Gelsystem ... 159
- 8.11 Chemikalien und Reagenzien ... 160
  - 8.11.1 Chemikalien ... 160
  - 8.11.2 Komponenten für DNA-Arbeiten ... 162
  - 8.11.3 Fertigkomponenten ... 162
- 8.12 Verbrauchsmittel ... 163
- 8.13 Zellkulturmaterial ... 164
- 8.14 Laborgerätschaften ... 165
- 8.15 Computerprogramme, Server und Macros ... 168

Literaturverzeichnis   **169**

Abbildungsverzeichnis

1.1.1	Architektur der Blutgefäße	1
1.1.2	Formen der Gefäßverkalkung	2
1.1.3	Differenzierungspotential	4
1.1.4	Die Regulation des Kalziumphosphathaushalts	6
1.2.1	Kalkablagerung in Gefäßen und Weichteilen bei Dialysepatienten	7
1.2.2	Prävalenz chronischer Nierenerkrankungen	8
1.2.3	Todesursachen von Dialysepatienten	9
1.2.4	Kardiovaskuläre Sterblichkeitsrate von Patienten an Dialyse	9
1.2.5	Risikofaktoren für CVD in Patienten mit CKD / ESRD	10
1.2.6	Beeinflussung der Gefäßbiologie durch Hyperglykämie	12
1.3.1	Bestandteile des mTOR-Netzwerkes	14
1.3.2	Beeinflussende Faktoren der beiden mTOR-Komplexe	15
1.3.3	Primärstruktur von p70-S6	18
1.3.4	Primärstruktur von AKT	21
1.3.5	Das Netzwerk rund um mTOR	24
1.3.6	Struktur von mTOR und Bindung von Rapamycin	25
1.3.7	Die Wirkung von Rapamycin	25
1.3.8	Einfluss von Metformin auf das mTOR-Netzwerk	27
3.2.1	Isolation mesenchymaler Stromazellen aus Knochenmark	35
4.1.1	Durchflusszytometrie-Analyse von hMSC	56
4.1.2	Oil-Red-O-Färbung von zu Adipozyten-Differenzierten MSC	56
4.1.3	Western-Blot Analyse von Chondroblastärer Differenzierung	57
4.1.4	Alcian-Blau-Färbung von chondroblastärer Differenzierung	57
4.1.5	Alizarinfärbung bei osteoblastärer Differenzung von MSC	58
4.2.1	Wirkweise von Rapamycin und Western-Blot der Dosisreihe	60
4.2.2	ALP und Kalziumanalyse bei Rapamycinbehandlung	61
4.2.3	MSC Morphologie bei Differenzierung	62
4.2.4	Apatitdarstellung mittels Alizarin	64
4.2.5	Kalziumhydroxylapatit-Messung	65
4.2.6	Quantifizierung der alkalischen Phosphataseaktivität	66
4.2.7	Proliferationsanalyse unter Einfluss von Wachstumsfaktoren und Rapamycin	67
4.2.8	Proliferation unter Einfluss von Osteoblastenmedium, Wachstumsfaktoren und Rapamycin	68
4.3.1	Dosisabhängige Differenzierung der MSCs durch FGF-2	69
4.3.2	Dosisabhängige Differenzierung der MSCs bei FGF-Blockade	70
4.4.1	Aktivitätsanalyse des mTORC1-Komplexes und nachgeschalteter Zellschicksalsprogramme	71
4.4.2	X-Gal-Färbung von osteoblastär differenzierten MSC	73
4.4.3	Aktivitätsanalyse des mTORC2-Komplexes und nachgeschalteter Zellschicksalsprogramme	75
4.4.4	Schematische Darstellung der Apoptose	77
4.4.5	Quantifizierung der Apoptose	79
4.4.6	Signaltransduktion von ERK und mTOR-Netzwerk	80

Abbildungsverzeichnis

4.4.7	Aktivitätsanalyse weiterer Signalstransduktionskaskaden	81
4.5.1	Bafilomycin A1	82
4.5.2	Zeitabhängige Analyse von Differenzierung und Zelltod	83
4.5.3	Aktivität des mTOR-Netzwerks und zellbiologischen Effektoren im zeitlichen Verlauf	85
4.6.1	Wirkung des AKT-Inhibitors MK2206	86
4.6.2	ALP und Kalziumanalyse bei AKT-Inhibition	87
4.6.3	ALP und Kalziumanalyse nach Inkubation mit MK2206 und/oder Rapamycin	88
4.6.4	Alizarinfärbung nach Inkubation mit MK2206 und/oder Rapamycin	89
4.6.5	Western Blot Analyse nach Inkubation mit MK2206 und/oder Rapamycin	90
4.6.6	Nachweis von Apoptose mittels ELISA	91
4.6.7	Restriktionsanalyse	92
4.6.8	Immunfluoreszenzanalyse	93
4.6.9	ALP und Kalzium Analyse nach viraler Transduktion	93
4.6.10	Alizarinfärbung nach viraler Transduktion	94
4.6.11	Western Blot Analyse nach viraler Transduktion	95
4.6.12	Nachweis von Apoptose mittels ELISA	96
4.7.1	Immunfluoreszenzfärbung von Mäuseaorten	98
4.8.1	Einfluss der parakrinen Effekte von MSCs auf die Differenzierung von VMSCs	100
4.8.2	Alizarinfärbung der Zellen für die Mediumkonditionierung	102
4.8.3	ALP-Aktivität und Kalziumquantifizierung der Konditionierungszellen	102
4.8.4	Alizarinfärbung der Zielzellen	103
4.8.5	ALP-Aktivität und Kalziumquantifizierung der Zielzellen	104
4.8.6	Quantifizierung der Kalziumablagerung vor und nach Entfernung von Nanovesikeln	105
5.1.1	TGF-β- und BMP-Signaltransduktion	114
5.2.1	Sekretion von Matrixvesikeln	124
5.2.2	Regulation der osteoblastären Differenzierung	128
5.2.3	Einsatz von MSCs in klinischen Studien	132
5.3.1	Hypothetischer Aufbau einer MSC-unterstützen Dialyseeinheit	136
8.1.1	Das Netzwerk rund um mTOR	143

Abkürzungsverzeichnis

1,25(OH)$_2$D Calcitriol, 1,25-Hydroxyliertes Colecalciferol, Vitamin D$_3$
aa engl. amino acid, Aminosäure, Aminosäurereste (Längenangabe)
AB engl. antibody, Antikörper
ACTR Activin Rezeptor
AGC Kinasen Gruppe von Serin-Threonin Kinasen, die nach den Proteinkinasen A, G und C benannt ist
AGE advanced glycation end products, engl. für glykolierte Endprodukte
AKT Serin-Threonine Proteinkinase, auch bekannt als Proteinkinase B (PKB)
ALK Activin Receptor like Kinase
ALP Alkalische Phosphatase
AMH Anti-Müllerian Hormone
AMP Adenosinmonophosphat
AMPK AMP-activated protein kinase
APS Ammoniumpersulfat
ATP Adenosintriphosphat
b Basen (Längenangabe)
Bcl-2 B-cell lymphoma 2 Protein
bp Basenpaar (Längenangabe)
b-FGF basic Fibroblast Growth Factor, auch FGF-2 genannt
BES N,N-Bis(2-hydroxyethyl)-2-aminoethanesulfonic Acid
BMP Bone morphogenetic protein
BrdU Bromodesoxyuridin
BSA Bovine serum albumin, engl. für Rinderserumalbumin
CCN CCN intercellular signaling protein
cDNA complementary DNA, Komplementäre DNA
CESP cell-type exclusive senescent phenotype, engl. für exkulsiv auf einen Zelltypen beschränkten Seneszenz-Phäntoyp
CKD Chronic Kidney Disease, engl. für Chronisches Nierenversagen
CKD-MBD Chronic Kidney Disease-Mineral Bone Disorder, engl. für Mineral- und Knochenerkrankungen, die durch chronisches Nierenversagen bedingt sind
cIAP Cellular Inhibitor of Apoptosis, engl. für Zelluläre Apoptose-Blocker
coverslip engl. für Deckglas, mit Zellen bewachsenes Deckgläschen
CVD Cardiovascular Disease, engl. für Herzkreislauferkrankung
CTGF Connective Tissue Growth Factor, auch CCN2 genannt, das Acronym steht für die ersten drei entdeckten Vertreter der CCN-Familie: CYR61, CTGF und NOV
Da Dalton, 1 Da ist $\frac{1}{12}$ der Masse eines ^{12}C-Atoms
ddH$_2$O Reinstwasser aus der Millipore-Anlage, autoklaviert
DEPTOR DEP domain containing mTOR-interacting protein
DNA deoxyribonucleic acid, engl. für Desoxyribonukleinsäure
dNTP Desoxynucleotidtriphosphate, umfasst: dATP, dCTP, dGTP und dTTP
DMEM Dulbecco's Modified Eagle Medium
DMSO Dimethylsulfoxid
dsDNA doppelsträngige DNA
ECM extracellular matrix, engl. für extrazelluläre Matrix
EDTA Ethylene diamine tetraacetic acid, engl. für Ethylendiaminotetraessigsäure
EGF Epidermal Growth Factor, engl. für Epidermaler Wachstumsfaktor

EGTA Ethylene glycol tetraacetic acid, engl. für Ethylenglykoltetraessigsäure
ESRD Endstage Renal Disease, engl. für Terminales Nierenversagen
ELISA Enzyme Linked Immunosorbent Assay, engl. für Enzymgekoppelter Immunadsorptionstest
ERK1/2 Extracellular-regulated kinase 1/2
FoxO Transkriptionsfaktor Forkhead box O
HRPO horse-radish peroxidase, engl. für Meerrettichperoxidase
HSA Humanes Serumalbumin
HSPG Heparan Sulfat Proteoglykane
FACS Fluorescence activated cell sorting, engl. für Durchflusszytometrie
FBS Fötales Bovines Serum, Rinderserum
FCS Fetal Calf Serum, fötales Kälberserum
FGF-23 Fibroblast Growth Factor 23
FGF-2 Fibroblast Growth Factor 2, auch basic Fibroblast Growth Factor (FGFb)
FKBP12 12-kDa FK506-binding protein
FoxO Forkhead Box Transkriptionsfaktor, das zweite O steht für „others"
g Gravity, engl. für Erdbeschleunigung
GDF Growth and differentiation factors
GFP Green Fluorescence Protein, grün fluoreszierendes Protein
GSK Glycogen Synthase Kinase
IFL Immunofluoreszenz
IGF Insulin-like Growth Factor
IGFBP insulin-like growth factor - binding protein
IL Interleukin
kb Kilobase, 1000 bp
LB Lysogeny Broth, Bakterienmedium, nach Rezept von Giuseppe Bertani
LC3B microtubule-associated protein 1A/1B-light chain 3
LDH Laktatdehydrogenase
LRP low-density liporotein receptor-related proteins
mLSCT8 mammalian lethal with sec-13 protein 8
mSin1 mammalian stress-activate map kinase-interacting protein1
mTOR mechanistic target of rapamycin
M DNA-Marker, definierte DNA-Leiter
MAPK Mitogen-Activated-Protein-Kinase
MAP-2K Mitogen-Activated-Protein-Kinase-Kinase
MAP-3K Mitogen-Activated-Protein-Kinase-Kinase-Kinase
MIA Malnutrition, Inflammation, and Atherosclerosis-Syndrome
MOMP mitochondrial outer membrane permeabilization
MSC Mesenchymal stromal/stem cell, engl. für mesenchymale Stroma-/Stammzelle
NFkB Nuclear factor κ B
Na$_3$VO$_4$ Natriumorthovanadat
OD Optische Dichte
OPG Osteoprotegerin
ORF Open Reading Frame, engl. für offenes Leseraster
ori origin of replication, eng. für Replikationsstart
PAA Polyacrylamid
PAGE Polyacrylamid-Gel-Elektrophorese
PBS Phosphate Buffered Saline, engl. für Phosphat gepufferte Kochsalzlösung
PCR polymerase chain reaction, engl. für Polymerasekettenreaktion
PDGF Plateled Derived Growth Factor
PFA Paraformaldyhd, Polymer des Methanals (Formaldehyd)
PI3K Phosphoinositol-3-Kinase
PIKK Phosphoinositol-3-Kinase verwandte Kinase
PVDF Polyvinylidenfluorid

PRAS40 Proline rich AKT substrate 40 kDa
Protor 1/2 Protein observed with rictor 1 and 2
PTH Parathormon
PWV pulse wave velocity, engl für Pulswellengeschwindigkeit
RANK Receptor Activator of NF-κB
RANKL Receptor Activator of NF-κB-Ligand
RCF relative centrifugal force, relative Zentrifugalkraft, in g
Rictor Rapamycin-insensitive companion of mTOR
RNA ribonucleic acid, engl. für Ribonukleinsäure
ROS reactive oxygen species
rpm rounds per minute, Umdrehungen pro Minute
RT Raumtemperatur
SASP Seneszenz-Assoziierten-Sekretom-Phänotyp
SEM standard error of the mean, Standardfehler des Mittelwerts
SGK Serum- und Glucocorticoid-induzierte Proteinkinase
SDS Sodium dodecyl sulfate, engl. für Natriumdodecylsulfat
ssDNA single stranded DNA, einzelsträngige DNA
Taq Polymerase aus *Thermus aquaticus*
TAK TGF-β activation kinase
TAB TAK1 binding protein
T_m Melting temperature, Schmelztemperatur
TEMED N,N,N',N'-Tetramethylethylendiamin
TGF Transforming Growth Factor
TRKA neurotrophic tyrosine kinase receptor type 1
TSC1/2 Tuberous Sclerosis Complex 1/2
TNF Tumornekrosefaktor
TSR thrombosponding type 1 repeat
U Unit, Einheit, Mengenangabe bei Enzymen
USRDS United States Renal Data System, engl. für die US-amerikanische Datenbank zur Erfassung aller relevanten Zahlen von CKD und ESRD-Patienten
UV Ultraviolett
VEGF vascular endothelial growth factor
VDR Vitamin D Rezeptor
VSMC Vascular smooth muscle cell, engl. für Glatte Muskelzelle
VWC von Willebrand factor
WHO World Health Organization, Weltgesundheitsorganisation
WB Western-Blot
wt Wildtyp, Wildform
X-Gal 5-Brom-4-chlor-3-indoxyl-β-D-galactopyranosid
XIAP X-linked inhibitor of apoptosis protein

1 Einführung

1.1 Herz-Kreislauf-Erkrankungen: Prävalenz und Pathologie

Keine andere Erkrankung fordert pro Jahr mehr Menschenleben, als die des Herz-Kreislauf Systems. Mit dem Kürzel CVD („Cardiovascular Disease") werden unter anderem Herzinfarkt, Schlaganfall, Myokarditis, Koronare Herzerkrankung, die arterielle Verschlusskrankheit oder Bluthochdruck zusammengefasst, die laut WHO jährlich zu mehr als ca. 30% aller Sterbefälle führen und damit zum Tode von über 17 Millionen Menschen[1].
Neben dem demographischen Wandel und individuellen Faktoren wie Ernährungs- und Bewegungsverhalten (*Bao et al.* [22], *Stein et al.* [454]) wirken sich dabei besonders metabolische Pathologien wie Nierenversagen oder Diabetes negativ auf Prävalenz und Intensität der Herz-Kreislauf-Erkrankungen aus (*Shah et al.* [429], *Nguyen et al.* [329]). Deren Zunahme führt dazu, dass trotz therapeutischer Fortschritte in der Primär- und Sekundärprophylaxe der letzten Jahre und Jahrzehnte, mittlerweile jährlich über 40 Millionen Euro in die Behandlung von CVD investiert werden müssen[2]. Damit handelt es sich um das chronische Leiden mit der grössten Belastung für die Gesundheitsökonomie, wobei das individelle Leiden unschätzbar bleibt.

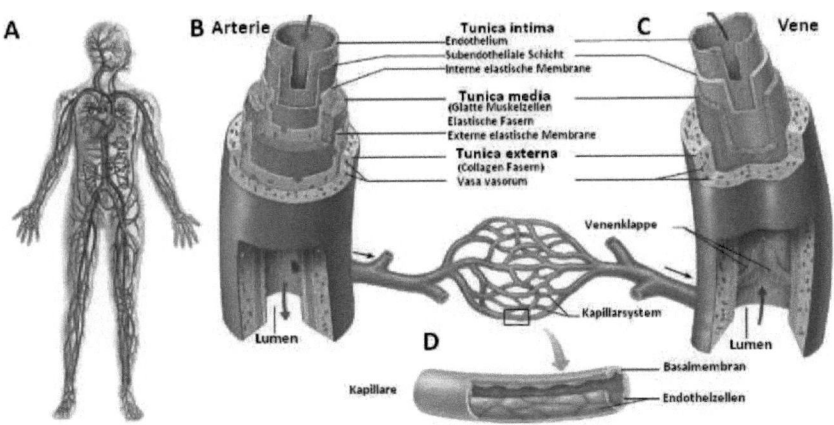

Abbildung 1.1.1: Architektur der Blutgefäße
A: schematische Darstellung des gesamten Blutkreislaufsystems. B: Aufbau von Arterie und C: Aufbau einer Vene. In D wird der Übergang von Arterien zu Venen mittels des Kapillarsystems dargestellt. Modifiziert nach Vorlagen[3,4]

1.1.1 Kalzifizierung der Blutgefäßwand als größte Gefahr für die Gesundheit des Herz-Kreislauf Systems

Herz-Kreislauf-Erkrankungen werden in diverse Untergruppen geteilt, je nachdem ob es sich um Probleme des peripheren Gefäßsystems, des Herzens oder des cerebrovaskulären Systems handelt. Abbildung 1.1.1 gibt wesentliche Bestandteile des Herzkreislaufsystems wieder und skizziert den Aufbau der Blutgefäße. Der Fokus dieser Arbeit wird im Besonderen auf den Gefäßwänden von Arterien und weniger von Venen liegen.

Die größte Gefahr der CVD liegt in der Unterversorgung von Gewebe mit Sauerstoff und Nährstoffen sowie in einer Überlastung des Herzens durch die Verengung der Gefäße und den dadurch resultierenden Folgen. Überwiegend wird eine Gefäßverengung und Versteifung durch eine Verkalkung der Blutgefäßwand verursacht, die entweder als Intima-Verkalkung thrombusartig einen Verschluss des Gefäßlumens bewirken kann oder als Mediaverkalkung in einem schleichenden Prozess in der mittleren, glattmuskulären Gefäßwandschicht aufgebaut wird (Abbildung 1.1.2).

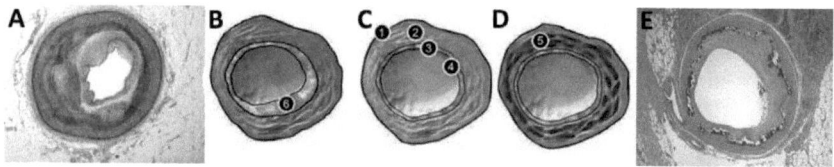

Abbildung 1.1.2: Formen der Gefäßverkalkung

B, C und D zeigen schematische Querschnitts-Darstellung, C: gesundes Gefäßes, B und D die beiden wichtigsten Formen der Gefäßverkalkung, B: Intima und D: Mediaverkalkung. 1 = Adventitia; 2 = Media; 3 = Intima; 4 = Endothel; 5 = Mediasklerose; 6 = Plaque. A und E zeigen zwei repräsentative Gefäßschnitte der entsprechenden Verkalkungsformen[5, 6]

Ob eine vaskuläre Kalzifizierung zu arterieller Versteifung, linksventrikulärer Hypertrophie (LVH) oder kardiovaskulären Ereignissen und dadurch Mortalität führt, ist von der Form und Intensität der Media- oder Intima-Verkalkung abhängig (*London et al.* [272], *Nitta et al.* [330], *Raggi et al.* [378], *London et al.* [272]).

Ein prinzipielles Problem von kalzifizierten Gefäßen besteht darin, dass steife Gefäße langsamer im Dehnverhalten und Weiten sind. Während im gesunden Gefäßsystem die pulsatilen Auswürfe des Herzen in einen gleichmässigen, ruhigen Blutfluss umgewandelt werden können, ist bei Arterien, die durch Kalziumablagerungen versteift sind, eine größere Kraft notwendig um die Gefäße zu weiten. Diese Kraft muss durch die Leistung des Herzens bereit gestellt werden. Mit der Zeit verursacht dies eine linksventrikuläre Hypertrophie, eine Vergrößerung der linken Herzkammer. Da durch die Größenzunahme auch mehr Sauerstoff und Nährstoffe gebraucht werden, muss das kardiale Gewebe stärker durchblutet werden. Die Kalzifizierung und damit verlangsamte Dehnung der Gefäße behindert diese Anpassung.

In den letzten Jahren hat sich das Verständnis über die Mechanismen der vaskulären Kalzifizierung vertieft, es bestätigt sich immer mehr, dass es sich dabei keineswegs um eine passive Ablagerung von Kalziumkristallen im Gefäß handelt, sondern vielmehr ein aktiver Differenzierungsprozess statt findet. Zellen mesodermalen Ursprungs haben per se das Potential, in

gesunde glattmuskuläre Zellen, Fibroblasten, Fettzellen oder Knochenzellen zu differenzieren (Abbildung 1.1.3). Dieser Prozess wird abhängig von Stimuli aus der Umgebung und den aktivierten Zellprogrammen eingeleitet und fortgeführt.
Wie in Tiermodellen gezeigt werden konnte, spielt für die Gefäßverkalkung sowohl der Rückgang an Kalzifierzungsinhibitoren wie Matrix Gla Protein (*Luo et al.* [278], Osteoprotegerin (*Bucay et al.* [47]) und anderen (*Wallin et al.* [507]) als auch die Expression von Knochen-typischen Proteinen in der Gefäßwand eine Rolle (*Raggi et al.* [378]), die dort etwa von glatten Gefäßmuskelzellen gebildet werden können (*Bostrom et al.* [36], *Shioi et al.* [443]). Damit ähnelt die Progression der Gefäßverkalkung sehr stark den Abläufen der Osteogenese (*Bellows et al.* [30]), dem Aufbau von Knochen durch spezialisierte Zellen.

1.1.2 Der Osteoblast - eine auf Kalzifizierung spezialisierte Zelle

Die Kalzifizierung von Gewebe im menschlichen Organismus erfolgt nicht wahllos. Vielmehr wird die Einlagerung von Kalziumionen durch Bildung von Apatit mittels spezialisierter Zellen, den Osteoblasten, vollzogen. Osteoblasten sind polyedrische mesenchymale Zellen, die für die Synthese der Knochenmatrix verantwortlich sind (*Caplan et al.* [53], *Wlodarski et al.* [111]). Knochen besteht zu 20% aus Wasser, zu circa 20% aus organischem und zu 60% aus mineralischem Material. Osteoblasten produzieren Typ I Kollagen, das mehr als 90% des Knochenmatrixproteins ausmacht, sowie andere Typen Kollagen, Proteoglykane, Fibronectin, Osteopontin, Knochen-Sialoprotein und Osteocalcin, die zusammen das sogenannten Osteoid bilden, an dem die Osteoblasten residieren. Sie sorgen durch membrangebundene Matrixvesikel mit Phosphatasen für die Freisetzung von Phosphat, das mit dem Kalzium der extrazellulären Flüssigkeit die Bildung von Apatit bewirkt.
Osteoblasten können als spezialisierte fibroblastenähnliche Zellen verstanden werden, die zusätzlich zu fibroblastischen Produkten noch knochenspezifische Proteine produzieren.
Der Differenzierungsprozess von Osteoblasten wird als dreistufiges Modell verstanden: der Prozess beginnt mit einer Proliferationsphase. Daran schließt sich eine Matrix-Bildungsphase an, und abschließend folgt die Mineralisierungsphase (*Stein et al.* [264]). Der osteoblastäre Phänotyp der Matrixphase wird durch die Produktion von Typ I Kollagen, Osteopontin, Osteocalcin und erhöhter Bildung von alkalischer Phosphatase (ALP) charakterisiert (*Lian et al.* [265], *Shi et al.* [436]). Das Zusammenspiel unterschiedlicher Knochenzelltypen führt bestenfalls zu einem harmonischen Kreislauf aus Knochenaufbau durch Osteoblasten an Stellen an denen mehr Stabilität benötigt wird und Knochenresporbtion durch Osteoklasten an Stellen, an denen Knochen ungenutzt bleibt. Dieser fortwährende Prozess wird als „Knochengewebe-Remodellierung" bezeichnet, was vom englischen Ausdruck „bone remodeling" abgeleitet wird.
Damit die beiden Prozesse im Gleichgewicht zueinander stattfinden können, müssen Zellen, die Knochenmaterial bilden, also Osteoblasten und ihre Gegenspieler, die Osteoklasten, in direktem Austausch miteinander stehen und sich gegenseitig regulieren. Neben Vitaminen und Hormonen können auch Wachstumsfaktoren wie TGF-β veranlassen, dass Osteoblasten Zytokine ausschütten, die Osteoklasten hemmen. Andererseits kann die direkte IL-6 und M-CSF-Sekretion durch Osteoblasten eine Aktivitätssteigerung der Osteoklasten bewirken (*Erlebacher et al.* [109], *Steeve et al.* [245], *Loewig et al.* [276]). Wachstumsfaktoren spielen bei Induktion und Differenzierung demnach eine wichtige Rolle.

1 Einführung

1.1.3 Knochengewebe-Remodellierung im Gefäßbett

Ein ähnlicher aktiver Umbau- und Ablagerungsprozess wie im Knochen findet bei Aterio-sklerose auch in der Gefäßwand durch dazu befähigte Zellen statt, so dass man plakativ von „ektoper Ossifikation" sprechen kann.
Zellen, die zu osteoblastischer Differenzierung fähig sind, wurden bereits von zahlreichen unterschiedlichen Geweben isoliert. Identifiziert wurden darunter Perizyten in Mikrogefäßen, Perizyten-artige, kalzifizierende vaskuläre Zellen in der Intima der Aorta, glatte Muskelzellen in der Gefäßmedia, oder Myofibroblasten der Adventitia (*Boström et al.* [36], *Canfield et al.* [52], *Proudfoot et al.* [372]). Es gibt Hinweise darauf, dass diese Zelltypen sehr eng miteinander verwandt sind und phänotypische Varianten voneinander darstellen (*Campbell et al.* [51]). Unabhängig davon, ob die kalzifizierenden Zellen aus der Gefäßwand selbst stammen, der Adventitia, oder aus dem Knochenmark dorthin wandern, ob es sich um eine primäre Differenzierung, eine Redifferenzierung von Osteoblasten, Dedifferenzierung von glatten Muskelzellen oder Perizyten handelt: den Zellen ist gemeinsam, dass sie das Potential zu osteoblastärer Differenzierung haben (*Minasi et al.* [307], *Farrington-Rock et al.* [114], *Tintut et al.* [480], *Cheng et al.* [63]). Osteoblastär differenzierende Zellen stammen in der Regel von mesenchymalen Vorläuferzellen ab, etwa den sogenannten multipotenten mesenchymalen Stromazellen (MSC) (siehe Abbildung 1.1.3).

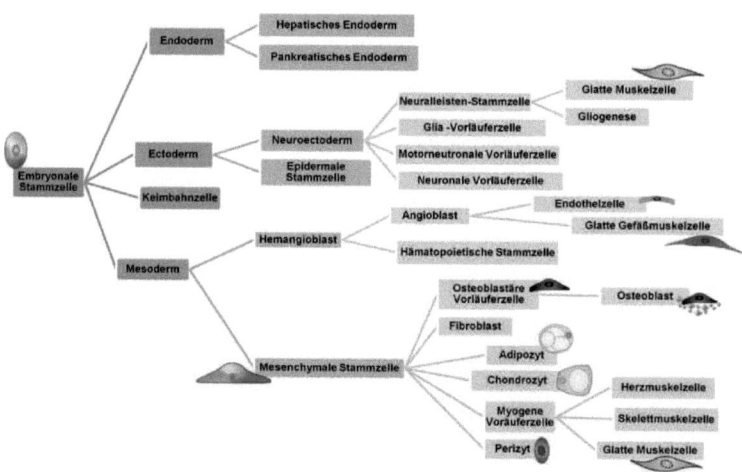

Abbildung 1.1.3: Differenzierungspotential

Das vereinfachte Schema zeigt, wie sich aus der embryonalen Stammzellen die Keimblätter und daraus verschiedene Zelltypen entwickeln können. Da Transdifferenzierungen durchaus möglich sind, sollte nicht davon ausgegangen werden, dass die hier skizzierten Abläufe zwangsläufig und unumkehrbar genau so statt finden. Lediglich typische Entwicklungsverläufe können hier abgelesen werden.

Mesenchymale multipotente Stromazellen wurden zuerst im Knochenmark identifiziert, da sie dort in der höchsten Dichte im menschlichen Körper vorkommen. Es lassen sich circa 15-30 Millionen mononukleärer Zellen mit einem Milliliter im Knochenmark-Aspirat entnehmen, das entspricht ungefähr 1000 MSC pro ml[7] *(Akiyama et al.* [7], *Stolzing et al.* [460]).
Im Knochenmark residierende und von dort stammende, im Blut zirkulierende MSCs weisen ein hohes regeneratives Potential auf und sind beispielsweise in der Lage, anhand von Zytokin-Gradienten zu beschädigten Stellen der Gefäßwand zu migrieren *(Wang et al.* [508]).
Ihre Fähigkeit, dort an Regenerations- und Differenzierungsprozessen teilzunehmen, wird durch die vorherrschenden Bedingungen des Mikromilieus beeinflusst und kann daher durch die charakteristischen Bedingungen in Patienten mit metabolischen oder chronischen Erkrankungen einen anderen Verlauf nehmen als in Menschen, die nicht davon betroffen sind.
Prinzipiell hängt die Möglichkeit der MSCs, zur Kalzifizierung beizutragen, von der Verfügbarkeit der Mineralstoffe ab.

1.1.4 Regulation des Kalziumphosphathaushaltes

In einem gesunden menschlichen Körper sind rund 99% des Kalziums in kristalliner Form im Knochen als Kalziumhydroxylapatit eingelagert[8]. Nur etwa ein Prozent des Kalziums steht als einfache Kalziumphosphatlösung für eine schnelle Zugriffsmöglichkeit bei physiologischen Prozessen zur Verfügung. Von diesen circa 900 mg in der extrazellulären Flüssigkeit befinden sich etwa 360 mg im Blutplasma. Ungefähr 20 g Kalzium werden jeden Tag zwischen Knochen und extrazellulärer Flüssigkeit ausgetauscht. Kurzfristige Kalziumüberschüsse kann die Knochenmatrix durch Ablagerung ausgleichen.
Kalziumionen sind wichtig für Nerven- und Muskelfunktionen, für die Fähigkeit zu Atmen, die Kontraktion des Herzens, Blutgerinnung, Hormonproduktion und viele weitere Funktionen, die sie jedoch nur erfüllen können, wenn sie in der richtigen Konzentration im Mikromilieu der Zellen vorhanden sind. Hierbei ist ionisiertes Kalzium ausschlaggebend, sogenannte freie Kalziumionen, die im Blut etwa 50% des Kalziums ausmachen. Weitere 35% des Kalziums sind an Proteine wie Albumin gebunden und zu etwa 15% liegt Kalzium komplexgebunden als Bicarbonat, Laktat, Zitrat oder Phosphat vor. Für die Regulation des Kalziumhaushalts sind zwei hormonelle Achsen verantwortlich, bei der die Nieren von zentraler Bedeutung sind (*Quarles et al.* [376]). Eine dieser Achsen wird durch Parathormon (PTH) und aktives Vitamin D (Calcitriol, 1,25-Hydroxyliertes Colecalciferol, Vitamin D_3 ($1,25(OH)_2D$)), die andere durch Fibroblast Growth Factor 23 (FGF-23) und Klotho dominiert.
Die wichtigste Funktion der PTH-Vitamin D-Achse ist eine Steigerung des frei verfügbaren Kalziums. Dies wird vor allem mittels Sekretion von PTH durch die Nebenschilddrüsen geleistet. Dieses Peptidhormon reduziert in den Nieren die Kalziumexkretion. Die Aktivität der 1^α-Hydroxylase wird gefördert, welche aktives Vitamin D bildet, das im Gastrointestinaltrakt die Aufnahme von Kalzium fördert. Darüber hinaus wird durch PTH der Ausstrom von Kalzium- und Phosphationen aus dem Knochen erhöht. Durch die Zunahme der Kalziumkonzentration wird die PTH-Produktion gehemmt und der Kreislauf geschlossen (siehe Abbildung 1.1.4) .
Der zweite für den Kalziumhaushalt wichtige Ablauf ist das Zusammenspiel von FGF-23, das hauptsächlich im Knochen gebildet wird, mit Klotho.
Klotho hat drei wesentliche Aufgaben in der Niere: zunächst hemmt es die Rückresorption von

1 Einführung

Phosphat, was durch direkte Bindung an den FGF-Rezeptor in den proximalen Tubuluszellen bewirkt wird (*Shimada et al.* [439]). Darüber hinaus wird Kalzium resorbiert, was Klotho durch Stabilisierung des TRPV5-Kalziumkanals in der Zellmembran initiiert (*Imura et al.* [322]). Der dritte Effekt ist die Hemmung der 1^{α}-Hydroxylase und damit die Aktivierung von 25(OH)-Vitamin D zu Calcitriol (*Shimada et al.* [439], *Larsson et al.* [252], *Shimada et al.* [440], *Bai et al.* [19]). Die Interaktion zwischen FGF-23 und Klotho beruht darauf, dass Klotho als Co-Rezeptor am FGF-Rezeptor 1 (FGFR 1 Subtyp IIIc) die spezifische Bindung des Rezeptors mit FGF-23 überhaupt möglich (*Urakawa et al.* [488], *Kurosu et al.* [244], *Goetz et al.* [135]).
Beide Achsen bewirken im Serum die Anhebung der Kalziumspiegels und einen Abfall der Phosphatkonzentration. Dieser Mechanismus ist bei fortschreitender Niereninsuffizienz gestört, da sequentiell erst FGF-23, dann Klotho und bei weiterem Fortschreiten des Verlustes der Nierenfunktion die PTH-Sekretion aktiviert werden.

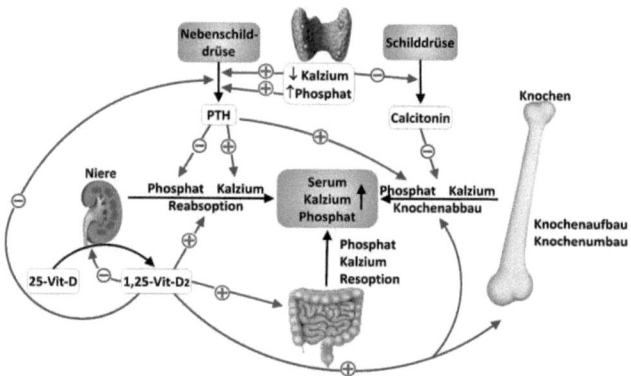

Abbildung 1.1.4: Die Regulation des Kalziumphosphathaushalts

Das Schema fasst wesentliche Teile der Kalzium-Regulation im menschlichen Körper zusammen. Rote Pfeile symbolisieren positive, grüne negative Regulation. Nicht dargestellt ist Klotho. Dessen Effekt auf Kalzium- und Phosphat-Transport in der Niere ist synergistisch zu den Auswirkungen von Parathormon, der Effekt auf die Calcitriol-Synthese dagegen antagonistisch.

Neben Vitaminen und Hormonen können auch Wachstumsfaktoren wie TGF-β Osteoblasten dazu veranlassen, Zytokine auszuschütten, welche die knochenmaterialabbauenden Osteoklasten hemmen. Andererseits kann die direkte IL-6 und M-CSF-Sekretion durch Osteoblasten eine Aktivitätssteigerung der Osteoklasten bewirken (*Erlbacher et al.* [109], *Steeve et al.* [245], *Loewig et al.* [276]).

Das Zusammenspiel der unterschiedlichen Knochenzelltypen und der hormonellen Regulationsachsen führt bestenfalls zu einem harmonischen Kreislauf aus Knochenaufbau durch Osteoblasten an Stellen an denen mehr Stabilität benötigt wird und Knochenresporbtion durch Osteoklasten an Stellen, an denen Knochen ungenutzt bleibt. Im gesunden menschlichen Körper finden diese Prozesse nicht in der Wand von Blutgefäßen statt, Arteriosklerose kann jedoch durch Krankheiten sowie ernährungs- oder medikamentenbedingt in der Gefäßwand ausgelöst werden.

1.2 Erkrankungen mit Relevanz für Gefäßverkalkung

Zu den wichtigsten Risikofaktoren für Arteriosklerose gehören hoher Blutdruck, hohe Cholesterinwerte, Diabetes, Übergewicht, Rauchen, Bewegungsmangel sowie eine eingeschränkte Nierenfunktion (*Iribarren et al.* [183], (*Bots et al.* [37], [38], *Wilson et al.* [520], *Howard et al.* [170]).

1.2.1 Nierenversagen als Risikofaktor für Arteriosklerose

Die Relevanz eines fortschreitenden Funktionsverlustes der Niere als Risikofaktor für Gefäßpathologien erklärt sich bereits durch die wesentliche Rolle des Organs bei der Regulation des Kalzium-Phosphathaushaltes (1.1.4).
Darüberhinaus sind die Nieren wesentlich an der Regulation des Blutdrucks beteiligt. Als ein essentieller Bestandteil des Exkretionssystems regulieren sie Elektrolyt- und Säure-Basen-Haushalt und entfernen Stoffwechselendprodukte wie Harnstoff oder Ammonium. Außerdem produzieren sie wichtige Hormone wie Calcitriol, Renin und Erythropoietin.

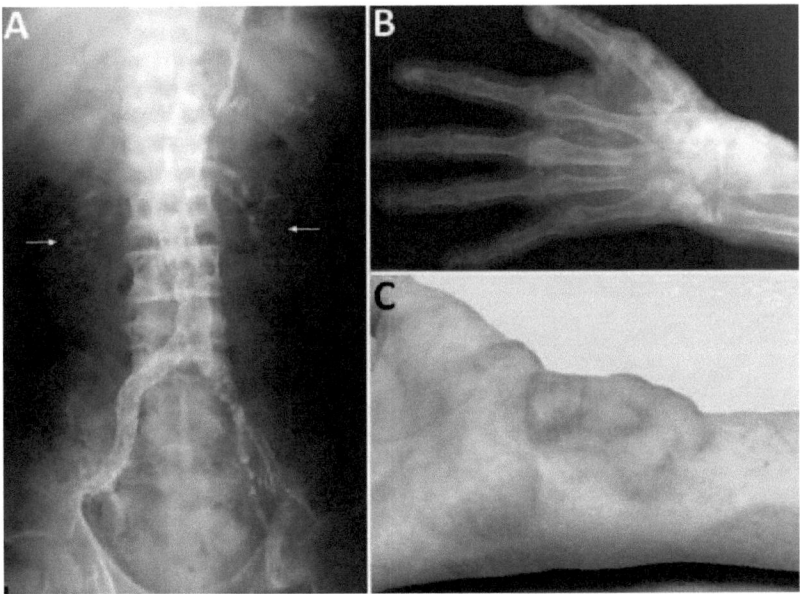

Abbildung 1.2.1: Kalkablagerung in Gefäßen und Weichteilen bei Dialysepatienten

Alle drei Abbildungen zeigen massive Verkalkungen in Dialysepatienten. A: Röntgenaufnahme eines 52 Jahre alten Mannes nach elf Jahren Hämodialyse. Bei geringer Knochendichte sind signifikante ektopische Kalzinosen zu sehen. B und C: Abbildungen 36-jährigen Patientin, die nach einer Glomeruloephritis ab ihrem 14-ten Lebensjahr hämodialysiert wurde. Tumoröse Kalzinosen der Weichteile und Phosphat-Ablagerungen bilden zahlreiche, ausgeprägte Anreicherungen.[9,10]

1 Einführung

Die systemische Rolle der Nieren für den menschlichen Körper lässt sich auch am kardiovaskulären Mortalitätsrisiko bei Patienten mit Nierenversagen (häufig abgekürzt mit CKD für „chronic kidney disease") oder in Patienten mit terminalem Nierenversagen (ESRD für „end-stage renal disease") ablesen, das deutlich über dem der durchschnittlichen Bevölkerung liegt.
Die gravierenden langfristigen physiologischen Veränderungen manifestieren sich sehr häufig in einer ausgeprägten „flächigen" Gefäßverkalkung. Dabei werden große Teile des Gefäßsystems durch den aktiven Einbau von Apatit in die Gefäßmedia umgebaut. Hierbei handelt es sich um einen komplexeren Prozess als eine passive Ablagerung von Kalziumphosphatkristallen aufgrund einer Akkumulation der Ionen durch fehlende Exkretion. Vielmehr findet in der Gefäßwand eine Dedifferenzierung von glatten Muskelzellen zu Osteoblasten und eine Umwandlung des Gewebes in knochenartige Strukturen statt (siehe Abschnitt 1.1.3) (*Moe et al.* [312], [311], *Demer et al.* [86]).
Trotz besser werdenden Verständnisses mangelt es an Behandlungskonzepten, so dass fortschreitende Gefäßverkalkung bislang weder im Patienten mit guter Nierenleistung noch bei Nierenversagen gestoppt oder rückgängig gemacht werden kann. Gerade Patienten, die über mehrere Jahre dialysepflichtig sind, weisen zum Teil gravierende und flächendeckende Ablagerungen auf, die in Röntgenbildern auch ohne die Gabe von Kontrastmitteln als Ablagerungen dargestellt werden können (Abbildung 1.2.1). Klinisch betrachtet ist die Ausprägung der Kalzifizierung direkt mit der Morbidität und Mortalität der Patienten assoziiert.
Die Prävalenz chronischer Nierenerkrankungen wird in Deutschland auf 10-12% der Bevölkerung geschätzt, mit jährlich steigender Tendenz insbesondere in der Altersgruppe über 65 Jahre. Diese Entwicklung wird durch den demographischen Wandel während der nächsten Jahre noch akzentuiert werden (Abbildung 1.2.2) (*Eggers et al.* [107]).
Während sich die Zahl der nierentransplantierten Patienten (ca. 2500 in Deutschland pro Jahr [Jahresbericht QuaSi-Niere[11]]) nur unwesentlich verändert, steigt die Zahl der Dialysepatienten kontinuierlich an (derzeit über 65 000). Eine Ursache hierfür besteht darin, dass vermehrt Patienten als „nicht-transplantierbar" eingestuft werden[12].

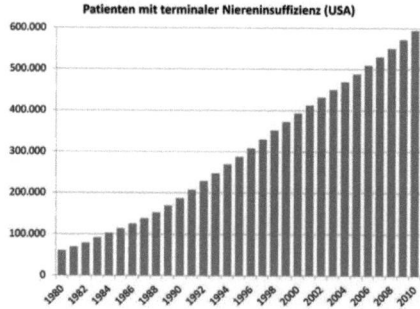

Abbildung 1.2.2: Prävalenz chronischer Nierenerkrankungen

Erstellt nach Daten des USRDS (Atlas of CKD, 2012, Seite 70) zeigt diese Grafik den im Verlauf der letzen Jahre beinahe 10-fachen Zuwachs an Patienten in den USA, die auf Nierenersatzverfahren angewiesen[13].

Auch wenn die Dialyse die häufigste Form der Nierenersatztherapie darstellt und meist langfristig angewendet werden muss, kann dieses Verfahren nicht als adäquater Ersatz für eine gesunde Niere betrachtet werden. Dialysepatienten leiden häufig unter einer Vielzahl von Begleiterkrankungen, stark eingeschränkter Lebensqualität und haben ein 8-9fach höheres Sterberisiko als die durchschnittliche Bevölkerung *(Jager et al.* [84]).

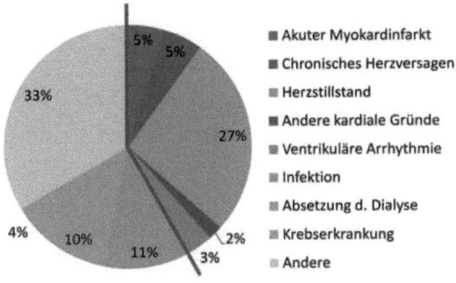

Abbildung 1.2.3: Todesursachen von Dialysepatienten

Angelehnt an Daten des USRDS (Atlas of ESRD, 2012[14]). Die Grafik gibt einen Überblick über die im Jahr 2012 verzeichneten Todesursachen von Patienten mit Nierenversagen. Wie ersichtlich wird, starben rund 40% an Gründen, die mit kardiovaskulären Erkrankungen einhergehen.

Dabei stellen kardiovaskuläre Ereignisse und Erkrankungen das größte Mortalitätsrisiko für Patienten mit chronischem Nierenversagen dar; sie sind für rund 40% der Todesfälle verantworlich (2012 ARD, Atlas of ESRD, Chapter 5[15]) (Abbildung 1.2.3). Der Rückgang der Nierenfunktion wirkt sich derart drastisch auf die Gesundheit des kardiovaskulären Systems aus, dass bereits ein 25-jähriger Patient an der Dialyse das Mortalitätsrisiko eines 85-jährigen nicht-dialysepflichtigen Patienten hat (Abbildung 1.2.4).

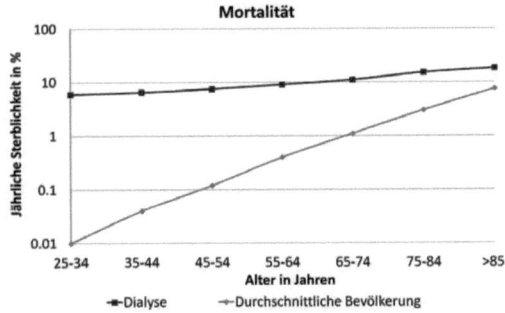

Abbildung 1.2.4: Kardiovaskuläre Sterblichkeitsrate von Patienten an Dialyse

Mortalität von Dialysepatienten in Abhängigkeit ihres Alters im Vergleich zur gesunden Durchschnittsbevölkerung. Grafik erstellt anhand der Vorlage[16] von Sarnak et al. [415]. Wie ersichtlich entspricht das Sterberisiko eines 25-jährigen Dialysepatienten bereits dem eines 85-jährigen nichtdialysepflichtigen Patienten.

Ein einflussreiches Problem bei chronischem Nierenversagen sind toxische Substanzen, die sich trotz Dialyse im Patienten anreichern und biologisch aktiv sind, sogenannte Urämietoxine. Diese stehen in direktem Zusammenhang mit kardiovaskulären Erkrankungen und Mortalität (zusammengefasst von *Neirynck et al.* [327]) und können Komplikationen wie Anämie, Herzversagen, Blutgerinnung-Störungen, Volumenüberlastung, Hyperparathyroidismus, Bluthochdruck, Dysfunktion des Immunsystems, Entzündung, Insulin-Resistenz, Fehlernährung, Osteodystrophie, Pericarditis und Gefäßerkrankung führen. Zusätzlich tragen sie zu Koordinations-Problemen, Erschöpfung, Polyneuritis, Pruritus, Hautatrophie, Tremor und Anorexie bei, was die Lebensqualität der Patienten weiter beeinträchtigt.

Die Behandlung der Urämie bedeutet für Patienten ein weiteres Risiko für Herzkreislauferkrankungen, das sie neben Neben den traditionellen Risiken für Herzkreislauferkrankungen (Bluthochdruck, Diabetes, Übergewicht) sind Patienten mit eingeschränkter Nierenfunktion daher einer zusätzlichen Belastung ausgesetzt (*Park et al.* [349]) (Abbildung 1.2.5).

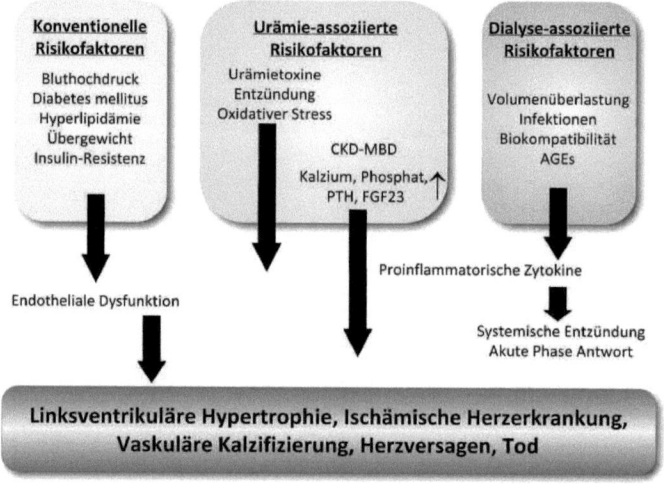

Abbildung 1.2.5: Risikofaktoren für CVD in Patienten mit CKD / ESRD

Neben den traditionellen Risikofaktoren für kardiovaskuläre Erkrankungen (CVD, engl. für Cardiovescular Disease) entstehen bei chronischem Nierenversagen (CKD, engl. für Chronic Kidney Disase) weitere Risiken, die teilweise auch durch die Dialysebehandlung bedingt sind. MBD steht für Mineral-Bone-Disease, AGE = glykosylierte Endprodukte.

Zu den Urämietoxinen werden alle Stoffe gezählt, die in veränderter Konzentration bei eingeschränkter Nierenfunktion vorliegen, dazu zählen auch Zytokine beziehungsweise Wachstumsfaktoren. Diese sind eine Gruppe körpereigener Substanzen, die alle Arten von zellulären Prozessen beeinflussen oder regulieren können. Hierzu gehören Zellwachstum, Proliferation, Differenzierung, Zelladhäsion, Migration, Apoptose, Seneszenz, aber auch so komplexe Prozesse wie Angiogenese, Inflammation, Fibrose, Wundheilung oder Tumorbildung. Es handelt sich dabei meist um Proteine oder Steroidhormone, die je nach Definition in diverse Gruppen unterteilt werden (Wachstumsfaktoren, Chemokine, Interleukine, Hormone, Interferone,

Kolonie-stimulierende Faktoren etc.) und in der Regel ein Signal zwischen zwei Zellen vermitteln.
Zytokine liegen typischerweise in sehr geringen Mengen vor, können im Blut häufig in pg oder ng/L-Konzentrationen gefunden werden[17] und haben daher schon bei kleinsten Schwankungen ein breites Spektrum an Auswirkungen. Zwar konnte für viele Zytokine (etwa die Interleukine, IFN-γ, MCSF, TNF-α, TGF-β) und ihre Rezeptoren urämiebedingt eine veränderte Konzentration gemessen wurden, jedoch sind deren Auswirkungen und der Zusammenhang zu Gefäßpathologien noch immer schlecht verstanden. Dies liegt zum einen an der langen Liste von Urämietoxinen, an ihren verschiedenartigen Auswirkungen, aber auch daran, dass es bislang nur ein unzureichendes Verständnis über die Integration der durch sie vermittelten Effekte und ihre zelluläre Umsetzung gibt. Des Weiteren fehlt es an Konzepten, auf welche Weise die Regulation unterschiedlicher Stimuli erfolgt und welche intrazellulären Signalkaskaden einen Einfluss auf die Entscheidung haben, welche Art von Reaktion der Zelle erfolgt.
Erst eine umfassende Analyse der Mechanismen, die für die Regulation des Zellschicksals verantwortlich sind, kann hier Möglichkeiten zu therapeutischer Intervention aufzeigen.

1.2.2 Diabetes als Risikofaktor für Arteriosklerose

Eine zweite wesentliche Erkrankung, die das kardiovaskuläre Risiko erhöht, ist der Diabetes mellitus. Dieser ist durch erhöhte Blutglukosewerte durch mangelnder Bildung von Insulin im Pankreas (Typ 1) oder durch die ausbleibende Antwort der Zellen auf das Hormon (Typ 2) gekennzeichnet.
Weltweit betrifft Diabetes mellitus circa 100 Millionen Menschen (*Amos et al.* [12]), in Deutschland haben aktuell etwa 6 Millionen Menschen diese Erkrankung, wobei 90-95% unter Typ 2 Diabetes leiden[18].
Kardiovaskuläre Komplikationen sind die häufigste Todesursache bei Diabetikern (circa 50% der Patienten sterben daran[19]), deren Zahl weiter steigt und die vermehrt schwere Komorbiditäten aufweisen. Diese Entwicklung kann auf die zunehmende Inzidenz von Diabetes mit höherem Alter beim gleichzeitig festzustellenden demographischen Wandel der Bevölkerung erklärt werden (*Mokdad et al.* [317], [316]). Zusätzlich verlängert die Insulinbehandlung von Personen mit Typ 1 Diabetes deren Lebenserwartung signifikant, was bei jedem weiteren Lebensjahr eine erhöhte Gefahr für das Herzkreislaufsystem bedeutet (*Miller et al.* [305]). Ein weiterer wichtiger Grund für die zunehmende Belastung des Gesundheitssystems ist das frühere Auftreten von Typ 2 Diabetes in übergewichtigen Patienten - deren Zahl ebenfalls ständig zunimmt (*Kalyani et al.* [209]).
Vereinfacht ausgedrückt, liegt bei Diabetes eine chronische Erhöhung des Blutzuckerspiegels vor, die zu nicht-enzymatischen Glykosylierungen beiträgt. Die dadurch entstehenden glykosylierten Stoffwechselendprodukte (AGE, vom englischen Ausdruck „advanced glycation endproducts") führen zu oxidativen Zellstress. Durch freie Radikale wird insbesondere Stickstoffmonoxid (NO) abgebaut, dessen Verfügbarkeit ein wichtiger Faktor bei der vaskulären Gesundheit darstellt und durch endotheliale Stickstoffmonoxidsynthase (eNOS) bereitgestellt wird. NO schützt die Blutgefäße nicht nur vor endogenem Schaden indem es die Interaktion von Plättchen und Leukozyten mit der Gefäßwand mindert und das Wachstum der glatten Gefäßmuskelzellen inhibiert, seine Anwesenheit vermindert auch die Aktivität von NFκB (*Ra-*

1 Einführung

domski et al. [377], *Kubes et al.* [235]). Der Verlust von NO begünstigt, ebenso wie die direkte Aktivierung von Enzymen wie der Proteinkinase C, inflammatorische Reaktionen mittels Aktivierung von Proteinen wie NFκB. Dieser Faktor löst die Expression von Chemokinen und Zytokinen aus, die die Wanderung von glatten Muskelzellen in die Gefäßintima und die Bildung von Schaumzellen durch Makrophagen bewirken. Gleichzeitig erhöht sich durch diese Botenstoffe die Gefahr von Entzündungen und Wundheilungsstörungen[20,21] (*Roglic et al.* [398]). Zusätzlich sorgt die kompensatorische Ausschüttung von Insulin aus den β-Zellen des Pankreas mit seiner wachstumsfaktorartigen Wirkung zu einer Verstärkung der Proliferation von glatten Gefäßmuskelzellen. Durch diese Beeinflussung der Gefäßwand vermindert sich der arterielle Durchmesser im mikrovaskulären Gefäßsystem, wodurch es zu einer Verschlechterung der Durchblutung kommt. Entzündungsreaktionen und oxidativer Stress aktivieren die Endothelzellen des Gefäßsystems, was wiederum die Blutgerinnung beeinflusst, da Plättchen aktiviert, der Plasminogen activator inhibitor-1 (PAI-1) und Tissue factor freigesetzt werden. Als Teil der inflammatorischen Reaktion und des oxidativen Stresses verstärkt sich die Aktivität der Matrixmetallproteinasen (MMPs), die zu einer Remodellierung der extrazellulären Matrix beitragen und atherosklerotische Plaques instabilisieren. Dies wirkt sich direkt auf das Risiko für kardiovaskuläre Ereignisse aus (*Shah et al.* [430], [431]). Von den Veränderungen im mikrovaskulären Gefäßsystem ausgehend greifen diese Prozesse auch auf das makrovaskuläre System über, wodurch es zu Perfusionsstörungen und einer Beeinflussung der Organfunktionen kommt. Dies löst nicht nur Herz- und Gefäßsystemschäden aus, sondern verschlechtert auch die Prognose anderer Erkrankungen (*Haffner et al.* [148], *Beckmann et al.* [29], *Creager et al.* [75]). Die Veränderungen, die durch Hyperglykämie im vaskulären System ausgelöst werden, sind in Abbildung 1.2.6 zusammengefasst.

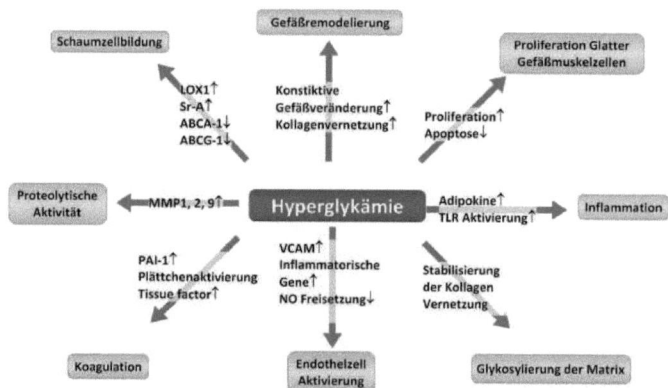

Abbildung 1.2.6: Beeinflussung der Gefäßbiologie durch Hyperglykämie
Durch Hyperglykämie ausgelöste Mechanismen, die sich negativ auf die Gefäßgesundheit auswirken.
PAI-1: Plasminogen Activator Inhibitor, TLR: Toll-Like Receptor, VCAM: Vascular Cell Adhesion Molecule, NO: Stickstoffmonoxyd, MMP: Matrixmetalloproteinase, ABCA1: ATP-binding cassette transporter, ABCG1: ATP-binding cassette sub-family G member 1, SR-A: Scavenger receptor A, LOX-1: lectin-like oxLDL receptor. Grafik erstellt in Anlehnung an Pasterkamp et al. [352].

1.2 Erkrankungen mit Relevanz für Gefäßverkalkung

Neben den extrazellulären Veränderungen durch Hyperglykämie, wie der nicht-enzymatischen Glykosylierung der Matrix, wird durch Abbildung 1.2.6 insbesondere deutlich, dass der Blutzuckerspiegel intrazellulär Auswirkungen auf die Regulation der Differenzierung, des Zellschicksals und transkriptionaler Prozesse hat. Die Veränderungen, die intrazellulär ausgelöst werden, stellen die Grundlage für die Beeinträchtigung der Gefäßgesundheit dar. Dies ist ein deutlicher Hinweis darauf, dass ein Zusammenhang zwischen der Regulation des Zellschicksals und der Entstehung von arteriosklerotischen Veränderungen besteht. Maßgeblich verantworlich ist bei der direkten Wirkung von Insulin und Glukose auf den Zellmetabolismus und die dadurch ausgelösten Prozesse in Zellschicksal und Differenzierung ein hoch konserviertes, komplexes Netzwerk, in dem die Proteinkinase mTOR eine zentrale Stelle einnimmt.

1.3 Das mTOR Netzwerk

Das Netzwerk rund um das „mechanistic target of rapamycin" (mTOR) ist eine der wesentlichsten Regulationseinheiten jeder Zelle. Hier werden Signale bezüglich der verfügbaren Nährstoffe, dem Sauerstoffgehalt der Umgebung, den Wachstumsbedingungen und der Zellhomöostase miteinander in Verbindung gebracht und die entsprechend notwendigen Prozesse eingeleitet. Das Netzwerk stellt eine zentrale Komponente in der Regulation von Wachstum (sowohl Massenzuwachs als auch Zellteilung), Stoffwechsel, Überleben oder Stressreaktionen dar und spielt daher in pathologische Prozesse wie Krebs, neurodegenerativen Erkrankungen, Diabetes und Übergewicht eine wichtige Rolle.

TOR ist eine Serin/Threonin-Proteinkinase, die zur Familie der Phosphoinositol-3-Kinase (PI3K) - verwandten Protein Kinasen (PIKK) gehört und durch Interaktionen mit mehreren Proteinen zwei spezifische, strukturell unterschiedliche Komplexe (mTORC1 und mTORC2) bilden kann. Kennzeichnend für mTORC1 ist das Protein Raptor, während in mTORC2 das Protein Rictor vorliegt. Eine Übersicht der Proteine, aus denen sich mTORC1 und mTORC2 zusammensetzen, kann Abbildung 1.3.1 entnommen werden.

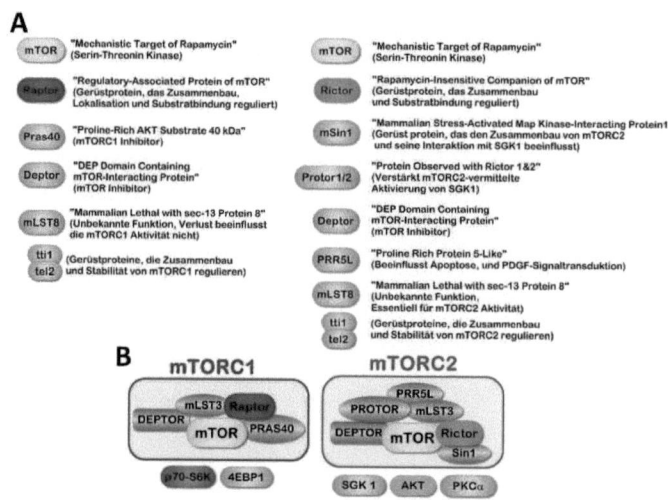

Abbildung 1.3.1: Bestandteile des mTOR-Netzwerkes

A: Die Proteine, die Bestandteile von mTORC1 und mTORC2 darstellen inklusive wichtiger Funktionen. B: Zusammensetzung der Komplexe mTORC1 und mTORC2 sowie die von ihnen regulierten Zielproteine. Während mTORC1 seine Funkionen vor allem über die Kinase p70-S6 und das Bindeprotein 4E-BP1 entfaltet, wirkt mTORC2 durch die AGC-Kinase AKT, SGK (Serum- and glucocorticoid-induced protein kinase) und PKC (Proteinkinase C). Siehe Jacinto et al. [189], Kim et al. [218], Peterson et al. [360], Kaizuka et al. [208], Hara et al. [153], Kim et al. [217], Sancak et al. [411], Thedieck et al. [478], Vander Haar et al. [489], Wang et al. [511], Jacinto et al. [189], Jacinto et al. [188], Sarbassov et al. [412], Frias et al. [126], Pearce et al. [355], Thedieck et al. [478].

In den frühen 90er Jahren wurde zunächst in Hefen und später in Säugern entdeckt, dass TOR1/2 die wachstumsinhibitierende Effekte eines Makrolids der Actinobakterien *Streptomyces hygrocopicus* vermittelt, eine Substanz, die nach dem ersten Fundort der Bakterien auf Rapa Nui (der Osterinsel) „Rapamycin" genannt wurde. Diese fungizid wirkende Substanz wurde bereits in den 1970er Jahren entdeckt und durch vier Veröffentlichungen von *Vezina, Sehgal, Baker* und *Singh et al.* ([504], [424], [20], [445]) erstmals charakterisiert. Heute wird es als Sirolimus im klinischen Alltag zur Inhibition von mTOR eingesetzt.

Die zwei Multiproteinkomplexe mTORC1 und mTORC2 unterscheiden sich in ihrer Sensitivität sowohl gegenüber Rapamycin, als auch gegenüber den Signale, durch die sie beeinflusst werden und durch die von ihnen ausgelösten Effekte. Während beide Arme des mTOR-Netzwerks von Wachstumsfaktoren stimuliert werden können, ist über weitere Faktoren, die mTORC1 integriert, weitaus mehr bekannt, als über diejenigen, die einen Einfluss auf mTORC2 haben. Da mTORC1 zudem deutlich stärker auf Rapamycin reagiert als mTORC2 und für diesen Komplex noch immer kein spezifischer Inhibitor bekannt ist, konnte die Funktion von mTORC1 durch seine selektive Inhibition charakterisiert werden. mTORC1 wirkt fördernd auf Proteinsynthese, Proliferation, zelluläres Altern (Seneszenz) sowie Lipogenese und inhibiert intrazelluläre Recyclingprozesse (Autophagie). mTORC2 ist für die Organisation des Zellskeletts verantwortlich, reguliert die Energiehomöostase und wirkt dem programmierten Zelltod (Apoptose) entgegen (Abbildung 1.3.2).

Neben dem Vorkommen der beiden Komplexe als Monomer gibt es biochemische und strukturelle Hinweise, dass beide Komplexe auch als Dimer vorliegen können (*Wullschleger et al.* [524], *Yip et al.* [539]).

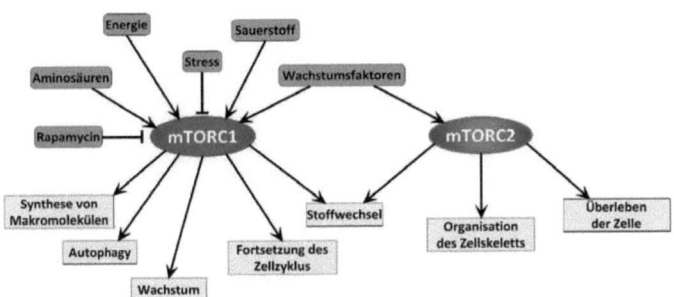

Abbildung 1.3.2: Beeinflussende Faktoren der beiden mTOR-Komplexe

Das Schema gibt Stimuli wieder, welche die beiden mTOR-Komplexe beeinflussen, und nennt bedeutende Funktionen, für die mTORC1 und mTORC2 verantwortlich sind. Abbildung entworfen nach Laplante et al. [250]

1 Einführung

1.3.1 mTORC1

1.3.1.1 Signaltransduktion oberhalb von mTORC1

Für die Aktivierung von mTORC1 ist die Verfügbarkeit von Energie in Form von GTP und ATP sowie das Vorhandensein von Aminosäuren zur Proteinsynthese erforderlich.
Selbst wenn genügend Engergie zur Verfügung steht, kann die Synthese von Proteinen erst stattfinden, wenn Aminosäuren in die Zelle gelangen. Diese sorgen dafür, dass sich das Rag-GTPase Heterodimer zu seiner aktiven Konformation umwandelt und durch seine Interaktion mit Raptor den mTOR-Komplex 1 zu den Lysosomen rekrutiert (*Sancak et al.* [410], *Kim et al.* [219]). Dort ist Rheb-GTP lokalisiert (*Saucedo et al.* [416], *Stocker et al.* [459]). Rheb-GTP kann mTORC1 durch bislang unterbekannte Mechanismen aktivieren, solange es nicht durch TSC abgebaut wird (*Mendoza et al.* [304]). TSC ist ein GTPase aktivierendes Protein (GAP), welches das G Protein Rheb durch Hydrolyse von GTP inaktiviert.
TSC kann jedoch inhibiert werden, wenn durch Wachstumsfaktoren wie IGF (Insulin-like growth factor) die Aktivierung des Rezeptor-Tyrosin-Kinase-AKT-Signalwegs erfolgt. Durch aktives AKT wird TSC phosphoryliert (*Ma et al.* [282]) und interagiert mit dem regulatorischen Protein 14-3-3, wodurch die Aktivität des Komplexes beeinträchtigt und verhindert wird, dass Rheb-GTP durch TSC abgebaut wird (*Inoki et al.* [180], *Zhang et al.* [545]).
Durch die AKT-vermittelte Phosphorylierung von TSC am Aminosäurerest Serin^{939} wird dessen inhibierende Wirkung auf mTORC1-aufgehoben (*Cai et al.* [49], *Li et al.* [262]). Desweiteren wird durch AKT auch eine PRAS40 vermittelte mTORC1-Blockade entkoppelt, da die Phosphorylierung von PRAS40 dazu führt, dass es sich von Raptor löst und damit die allosterische Blockade von mTORC1 aufgehoben wird (*Kovacina et al.* [228]).
Da der TSC Proteinkomplex auch durch mitogenvermittelte MAPK/ERK-Signalwegaktivierung inhibiert werden kann, beeinflusst die Aktivität dieser Signalkaskade auch die von mTORC1 (*Castilho et al.* [55], *Inoki et al.* [181], *Mendoza et al.* [304]) (siehe Abschnitt 1.3.3). Ebenso können Zytokine wie TNF über IKK2 (Inhibitor of nuclear factor κ-B kinase subunit β) die Phosphorylierung von TSC am Serinrest^{939} bewirken, was gleichfalls zu einer Aktivierung von mTORC1 beiträgt (*Salminen et al.* [409]).
Anders ist die Wirkung von AMPK (AMP-aktivierte Proteinkinase) auf die Effekte von TSC, da AMPK durch Phosphorylierung von TSC am Serinrest^{1387} dessen Aktivität und damit den blockierenden mTORC1 Effekt verstärkt. AMPK wiederum wird durch die Ratio von AMP zu ATP Molekülen reguliert. Es ist inaktiv, wenn genügend ATP vorhanden ist, und dient dazu, Signalwege zu inhibieren, die Energie verbrauchen, wie etwa die Proteinsynthese (*Hardie et al.* [156]).
Zusätzlich zur Inhibierung von mTORC1 über TSC-Aktivierung bewirkt AMPK die Inhibierung auch über die Phosphorylierung von Raptor (*Corradetti et al.* [73]), was zu einer Bindung des Proteins an 14-3-3 führt und somit verhindert, dass Raptor als Bestandteil von mTORC1 rekrutiert werden kann (*Gwinn et al* [147]).
AMPK stellt einen metabolischen Schlüsselpunkt der Zelle dar, weil es die Aufnahme von Glykose, die β-Oxidation von Fettsäuren, die Biogenese des Glukosetransporters 4 und die der Mitochondrien reguliert. Zusammen mit seiner Wirkung auf mTOR stellt es sicher, dass in der Zelle nur dann energetisch aufwendige Prozesse initiiert werden, wenn genügend Nährstoffe

vorhanden sind und die äußeren Parameter eine günstigte Wachstumsphase vermitteln. Zu diesen äußeren Faktoren zählt auch Sauerstoff, da der Energieverbrauch der Zelle durch dessen Verfügbarkeit limitiert wird. Wenn ein Mangel an Sauerstoff besteht, wird der Hypoxie induzierte Faktor 1 (HIF1α) stabilisiert und aktiviert die Transkription von REDD1. Dieses Protein bindet an TSC und verhindert eine Aufhebung der mTOR Blockade durch TSC-Inhibierung (*Brugarolas et al.* [45]). Zusätzlich bewirkt die durch Hypoxie ausgelöste verminderte Bildung von ATP in den Mitochondrien die Aktivierung von AMPK wodurch der Effekt weiter verstärkt wird (*Wang et al.* [512]).

1.3.1.2 Signaltransduktion unterhalb von mTORC1

Zwei bedeutende Substrate von mTORC1 sind die p70-S6 Kinase 1 (p70-S6K1) und das eIF-4E Bindeprotein 1 (4E-BP1). Beide assoziieren mit mRNAs und regulieren hierdurch die Initiierung und das Fortschreiten der mRNA-Translation, was sie zu direkten Regulatoren der Proteinsynthese macht (*Brown et al.* [43], *Hara et al.* [154], *von Manteuffel et al.* [506], *Ma et al.* [282]).

Das Gerüstprotein 4E-BP1 blockiert die Initiation der Translation, indem es eIF4E bindet. Wird es jedoch von mTORC1 phosphoryliert, dissoziiert es von eIF4E, was diesem ermöglicht, den Translationsinitiierungsfaktor eIF4G an das 5'-Ende vieler mRNAs zu rekrutieren und die Translation zu beginnen.

Die p70-S6 Kinase ist hingegen ein positiver Regulator der Translation. Sie phosphoryliert Initiierungs- und Elongationsfaktoren, so wie das ribosomale Protein S6 (*Jenö et al.* [192]), eEF2K (*Lenz et al.* [259]), SKAR (*Ma et al.* [283]), CBP80 (*Wilson et al.* [519]) und eIF4b (*Ma et al.* [283], *Holz et al.* [168], *Shahbazian et al.* [432]), siehe Abschnitt (1.3.1.2.1).

mTORC1 ist besonders für die Steuerung des Zellüberlebens wichtig, da es energieaufwendige Prozesse wie die Biogenese von Ribosomen reguliert. Sowohl die Herstellung von ribsosomaler RNA, als auch die der ribosomalen Proteine wird durch mTORC1 verstärkt, da die p70-S6 Kinase 1 die transkriptionelle Aktivität der rRNA Polymerase RNA Pol I heraufreguliert (*Hannan et al.* [151], *Mayer et al.* [298]).

Durch die Regulation von Autophagie hat mTORC1 einen zusätzlichen Einfluss auf den Energiehaushalt der Zelle. Da Zellen über diesen Mechanismus bei Nährstoffmangel Energie gewinnen können. Autophagie, also der kontrollierte Abbau zellulärer Komponenten zur Verstoffwechselung, wird von mTORC1 aktiv unterdrückt. Sobald mTORC1 jedoch durch Aminosäuremangel oder andere zelluläre Faktoren inhibiert ist, wird die Autophagie stark induziert. Dies erfolgt, indem Atg13, ULK1 und ULK2 (Unc-51-like kinase) nicht mehr blockiert werden und das Autophagosom bilden können (*Noda et al.* [331], *Thoreen et al.* [479], *Hosokawa et al.* [169], *Jung et al.* [205]). Da Autophagie somit eine Auswirkung auf die zellulären Entwicklungs- und Differenzierungsmöglichkeiten hat, wird es als einer der Prozesse verstanden, die das Zellschicksal entscheidend beeinflussen.

Durch die Kontrolle von Transkription, Translation und Energiehaushalt ist mTORC1 eine zentrale Steuerungskomponente für Überleben, Entwicklung und Wachstum der Zelle.

1.3.1.2.1 Die Kinase p70-S6 als wichtiges Substrat von mTORC1

Die Aktivität der Serin-Threonin-Kinase p70-S6K wird durch eine Vielzahl von Phosphorylierungen dirigiert, wobei die Phosphorylierung von Threonin^{229} in der katalytischen und Threonin^{389} in der Linker-Domäne die wichtigsten für die Kinasefunktion sind (*Pullen et al.* [374] [373], *Dufner et al.* [102], *Weng et al.* [515]).

Die Aktivierung der Proteinkinase p70-S6 durch mTORC1 führt zu einer Steigerung der Proliferation, dementsprechend können Amplifikationen des Gens und die Überexpression des Proteins auch in einigen Krebserkrankungen nachgewiesen werden.

Das primäre Substrat der p70-S6 Kinase ist das ribosomale Protein S6. Dieses wird an der 40S Untereinheit phosphoryliert, was wiederum die Proteinsynthese am Ribosom induziert (*Chung et al.* [68], [69]). Darüber hinaus gehören die Proteine SKAR (S6K1/REF-Like target, PDCD4 (Programmed cell death 4) und eEF2K (eukaryotic elongation factor 2 kinase) zu den Substraten der p70-S6.

Insgesamt wird durch p70-S6 die mRNA Biogenese erhöht, die CAP-abhängige Translation und Elongation verstärkt und die Translation von ribosomalen Proteinen eingeleitet. Auch die Transkription von ribosomaler RNA wird mithilfe der Proteinphosphatase 2A (PP2A) und dem Transkriptionsinitiationsfaktor IA (TIF-IA) bewirkt. Auch für die Lipogenese ist p70-S6 mitverantwortlich, weshalb ihre Inhibition als mögliche Behandlungen von Übergewicht in Betracht gezogen wird (*Carnevalli et al.* [54]). Abbildung 1.3.3 gibt die Primärstruktur der Kinase wieder, verdeutlicht Domänen des Proteins und benennt wichtige Phosphorylierungsstellen und Interaktionen.

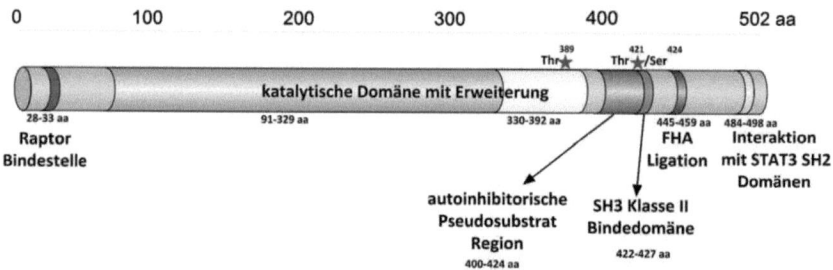

Abbildung 1.3.3: Primärstruktur von p70-S6

Das stark vereinfachte Schema skizziert die wichtigsten Domänen der 70 kDa großen Kinase, sowie einige Phosphorylierungs- und Interaktionsstellen.

mTORC1 ist im Wesentlichen für die Integration von vier verschiedenen Arten von Signalen zuständig: Wachstumsfaktoren, Energiestatus, Sauerstoff und Aminosäuren. Damit reguliert der Komplex den Zellmetabolismus, also Prozesse wie Autophagie, die mitochondriale Biogenese, sowie die Lipid- und Proteinsynthese und steuert dadurch das Zellwachstum und die Proliferation.

1.3.2 mTORC2

1.3.2.1 Signaltransduktion oberhalb von mTORC2

Entgegen der vielen bekannten und gut untersuchten Faktoren, die mTORC1 beeinflussen, gibt es bislang nur geringe Erkenntnisse über Aktivatoren und Inhibitoren von mTORC2. Bisher konnte lediglich gezeigt werden, dass Insulin, Wachstumsfaktoren und die Verfügbarkeit von Nährstoffen sich auf die Aktivität des Komplexes auswirken können (*Frias et al.* [126], *Sarbassov et al.* [414]).

mTORC2 reagiert dabei offensichtlich differenziert auf einzelne Stimuli, denn sowohl AKT, als auch SGK (Serum- and glucocorticoid-induced protein kinase) und PKC (Proteinkinase C) werden zwar von dem Komplex reguliert, reagieren aber auf verschiedene Wachstumsfaktoren. mTORC2 erkennt demnach zum einen die Art der Stimulation und ermöglicht zum anderen die spezifische Signalweitergabe an bestimmte Substrate.

Bislang kann dies lediglich durch verschiedene Isoformen oder Splicevarianten von Bestandteilen des mTOR-Komplex 2 erklärt werden. So ist etwa bekannt, dass von den fünf Splicevarianten von mSIN1 nur drei in mTORC2 eingebaut werden und nur zwei davon auf Insulin ansprechen (*Frias et al.* [126]). Möglicherweise wird die spezifische Signalweitergabe durch mTORC2 auf diesem Wege erreicht.

Der einzige endogene Inhibitor von mTORC2, der bislang zweifelsfrei charakterisiert wurde, ist das Protein Deptor. Dieses fungiert sowohl bei mTORC1 als auch bei mTORC2 als negativer Regulator ihrer Aktivität und wird beispielsweise durch Nährstoffentzug verstärkt exprimiert (*Peterson et al.* [360]).

Wie vielschichtig die Signalintegration über mTOR verläuft, lässt sich gerade an diesem Protein gut ablesen: Obwohl mTORC2 durch erhöhte Expression von Deptor negativ reguliert wird, führt dies nicht zu einer Inhibition von AKT. Vielmehr kann bei deptorinhibiertem mTORC2 sogar eine Verstärkung der AKT-Phosphorylierung an den beiden Phosphorylierungsstellen Serin^{473} und Threonin^{308} vorgefunden werden. In den Arbeiten der Gruppe um *Peterson* wurde dies darauf zurückgeführt, dass durch die deptorinhibierte mTORC1 Aktivität die negative Rückkopplung für die PI3K entfällt und dies zu hyperaktiver PI3K-Signaltransduktion führt. Diese übergeht den direkten inhibitorischen Einfluss von Deptor auf mTORC2 und führt zu einer gesteigerten AKT-Aktivität. Ähnliches wurde bereits bei TSC2-Knockout für hyperaktives Rheb nachgewiesen, welches die inhibitorischen Effekte von PRAS40 auf mTORC1 umgeht (*Sancat et al.* [411]).

Die Fähigkeit, nicht nur auf den Stimulus eines einzigen Proteins zu reagieren, sondern mittels Rückkopplungswegen und der Integration mehrerer zusätzlicher Signale adäquat auf komplexe Gegebenheiten eingehen zu können, tragen dazu bei, dass das mTOR-Netzwerk eine zentrale Rolle bei der Regulation des zellulären Schicksals spielt.

1.3.2.2 Signaltransduktion unterhalb von mTORC2

mTORC2 wurde zunächst als Mediator der Aktin-Zytoskelett-Organisation und der Zellpolarisation für bedeutsam angesehen (*Barbet et al.* [23], *Zheng et al.* [547], *Kamada et al.* [210], *Schmidt et al.* [420]). Mittlerweile ist der Komplex vor allem für seine wichtige Rolle bei der Regulation

1 Einführung

von Mitgliedern der AGC-Kinase-Familie und Chaperonen in das Interesse von Medizin und Wissenschaft gerückt.
mTORC2 phosphoryliert und aktiviert dadurch direkt AKT, SGK und PKC, die beispielsweise Überleben, Zellzyklus und Anabolismus kontrollieren (*Facchinetti et al.* [113], *Garcia-Martinez et al.* [129], *Ikenoue et al.* [179], *Sarbassov et al.* [414]). Durch die Bedeutung der AGC-Kinasen wird mTORC2 zu einem zentralen Bestandteil für die Regulation des zellulären Schicksals, da durch dieses Netzwerk das Überleben der Zellen beziehungsweise die Apoptose, verschiedene Differenzierungswege oder Alterungsprozesse gesteuert werden.
Entsprechend der bedeutsamen Auswirkungen dieser Prozesse ist ihre Steuerung vielschichtig, um alle relevanten Parameter berücksichtigen zu können.
Einen Einblick in die weitreichenden Prozesse, in die diese Kinasen involviert sind, gibt auch die Liste an Erkrankungen, in deren Kontext Kinasen der AGC-Familie eine Bedeutung haben. Diese reicht von Krebs, Diabetes, Herzerkrankungen, Dystrophien, sexuellen Störungen, neurologischen Erkrankungen wie Alzeimer, Huntington oder Ataxien, chronische Entzündungen wie Psoriasis bis hin zu Thrombozytopenien.
Von über 500 bekannten humanen Proteinkinasen werden 60 zur AGC-Familie gezählt (*Manning et al.* [288]), die während der eukaryotischen Evolution hoch konserviert wurden. Die nachfolgende Tabelle gibt eine Übersicht über bislang bekannte Zusammenhänge zwischen den mTORC2 regulierten Kinasen und den durch sie kontrollierten Proteinen.

Tabelle 1.1: mTORC2 regulierte Kinasen

Kinase	Substrate	Konsensusmotiv
AKT	AS140, BAD, BRAF, eNOS, FoxO3, GSK-3, HDM2, hTERT, p27^{KIP}, PFK2, PGC1α, PDCD4, PRAS40, SKP2, TSC2, WNK1	Arg-X-Arg-X-X-Ser/Thr-φ
PKC	Adducin 1, gp130, GRK2, GSK-3, IRS1, MARCKs, PKD, PDE3a, RAF1, SHP1	Arg-Lys-X-Ser/Thr-X-Art/Lys
SGK	ENaC, FoxO3, MEKK2, NDRG1, NEDD4L	Arg/Lys-X-Arg-X-X-Ser/Thr

Abkürzungen: φ = hydrophobe Aminosäure, AS160 = AKT Substrat mit 160 kDa, BAD = BCL-2 antagonist of cell death, FoxO3 = forkhead-box protein O3, p27^{KIP} = p27 cyclin dependent kinase inhibitor, PFK2 = phosphofructo-2-kinase, GSK-3 = glycogen synthase kinase 3, PDK = 1,3-phosphoinositide-dependent kinase, HDM2 = human double minute, MEKK2 = MAP/ERK kinase kinase, NEDD4L = neural precursor cell expressed, developmentally downregulated 4-like isoform, MARCKs = myristoylated Ala-rich C-kinase substrate, SGK = serum- and glucocorticoid-induced protein kinase, hTERT = human telomerase catalytic subunit gene. Entnommen aus Pearce et al. [356]

Die Serin/Threonin-Proteinkinase SGK ist wesentlich an der Regulation von Kalium-, Natrium- und Chloridkanälen beteiligt, wodurch sie nicht nur einen Einfluss auf die Funktion der neuronalen Signalweiterleitung oder der Kontraktion von Herz- und Muskelzellen hat, sondern auch die Zellantwort bei osmotischem Stress steuert (*Firestone et al.* [118]). Metabolisch ist dies bedeutsam, da der Einstrom von Füssigkeit in die Zelle inhibierend auf Protein- und Glykogensynthese wirkt, sowie den Abbau von Proteinen und Glykogen fördert. Indem die SGK diese

Prozesse reguliert, nimmt sie einen wesentlichen Einfluss auf den Energiestatus der Zelle (*Pearce et al.* [356]). Im Falle der Proteinkinase C ist mTORC2 durch die Phosphorylierung des Turnmotivs (TM) und des hydrophoben Motivs (HM) für die posttranslationale Modifikation zuständig. Fehlt diese, ist die Stabilität des Proteins beeinträchtigt und seine Signaltransduktion inhibiert (*Sarbassov et al.* [412], *Guertin et al.* [145]). PKC vermittelt die Wirkung von Wachstumsfaktoren und Hormonen. Die Effekte der Kinase sind dabei sowohl zelltypspezifisch, als auch vom Organ abhängig, in dem sie exprimiert wird. Während in den glatten Muskelzellen des Blutgefäßsystems durch adrenerge Agonisten beispielsweise Vasokonstriktion ausgelöst werden kann, vermittelt die PKC in den glatten Muskelzellen des Reproduktionssystems die Ejakulation, während wiederum Plättchen im Blutgefäßsystem zur Aggregation angeregt werden (*Newton et al.* [328], *Pearce et al.* [356]). Als abhängig von mTORC2 ist besonders die Regulation der PKCα-regulierte Zellform durch die Kontrolle des Aktin-Zytoskeletts anzusehen (*Jacinto et al.* [189], *Sarbassov et al.* [412]). Von den drei direkt durch mTORC2 regulierten AGC-Kinasen ist besonders AKT durch die Vielzahl an unterschiedlichen Prozessen, die diese Kinase steuert, essentiell für die Zelle.

1.3.2.2.1 Die Proteinkinase B (AKT) als Teil des mTOR-Netzwerks

Zu der Familie der Proteinkinase B werden drei Mitglieder gezählt: AKT 1, AKT2 und AKT 3 oder PKBα, PKBβ und PKBγ. Die Serin-Threonin-spezifische Proteinkinase spielt bei einer Vielzahl von zellulären Prozessen eine wichtige Rolle, da sie in der Lage ist, auf Insulin, Wachstumsfaktoren und Zytokine zu reagieren und dabei den Energiestoffwechsel, Apoptose, Zellteilung, Transkription und Zellmigration zu beeinflussen. Das Protein wurde daher schon früh in Zusammenhang mit Krebserkrankungen und Diabetes gebracht. Da AKT in vielen Krebsarten fehlreguliert und überexprimiert ist, gilt die Kinase als Proto-Onkogen.

AKT besitzt eine Proteindomäne, die als Pleckstrin-Homolog (PH) bezeichnet wird und Phosphoinositole mit großer Affinität binden kann (Abbildung 1.3.4). Da diese von PI3-Kinasen phosphoryliert werden müssen und PI3K sowohl von G-Protein-gekoppelte-Rezeptoren als auch Rezeptor-Tyrosinkinasen aktiviert werden können, integriert dieser Signalweg eine enorme Vielfalt an zellulären Prozessen (*Franke et al.* [123]).

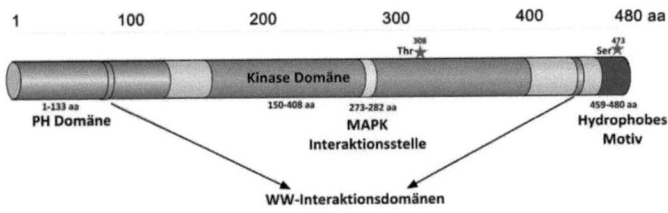

Abbildung 1.3.4: Primärstruktur von AKT

Das stark vereinfachte Schema skizziert die wichtigsten Domänen der Proteinkinase B, sowie einige Phosphorylierungs- und Interaktionsstellen. PH Domäne: Pleckstrin Homology Domain, WW-Interaktionsdomänen: Domäne mit zwei Tryptophanresten, die an prolinreiche Peptidmotive binden können. Eine weitere Phosphorylierungsstelle an Threonin^{450} dient der korrekten Faltung des Proteins.

1 Einführung

Sobald AKT durch die Bindung an Phosphatidylinositol-(3,4,5)-triphosphat an die Plasmamembran rekrutiert wurde, kann die Kinase zunächst durch mTORC2 an Serin^{473} und anschließend durch PDK1 (Phosphoinositide-dependent kinase1) an Threonin^{308} phosphoryliert werden. Dies bewirkt die vollständige Aktivierung von AKT (*Facchinetti et al.* [113], *Ikenoue et al.* [179], *Sarbassov et al.* [414], *Scheid et al.* [418], *Yang et al.* [534]).

Die Kinase phosphoryliert Proteine, die für den Metabolismus, das Überleben beziehungsweise die Apoptose, Differenzierung und Proliferation wichtig sind und reguliert dadurch deren Aktivität. Außerdem kann AKT Effektoren wie etwa Proteine aus der Bcl-2 Familie, NF-κB oder HDM2 binden und regulieren. So wird beispielsweise der Transkriptionsfaktor FoxO1/3 durch Phosphorylierung aktiviert, wodurch die Einleitung der Apoptose verhindert werden kann. Durch diesen AKT-vermittelten Mechanismus fördert mTORC2 das Überleben der Zelle (*Guertin et al.* [145], [144]). Darüber hinaus beeinflusst die Proteinkinase eine Reihe von intrazellulären Proteinen, die auch von anderen Signalwegen reguliert werden (siehe Abschnitt 1.3.3). Dies macht die Signalweitergabe komplex. Es trägt auch dazu bei, dass AKT noch immer erforscht und charakterisiert wird.

Obwohl heute bereits vergleichsweise viel über die Wirkung von mTORC2, seine Bedeutung für das Überleben der Zellen, ihren Metabolismus, die Organisation des Zytoskeletts und die Proliferation bekannt ist, konnte bislang die Signaltransduktion, die zur Aktivierung des Komplexes führt, nicht vollständig charakterisiert werden. Auch mTORC2-abhängigen Prozesse sind bislang nur unzureichend verstanden. Hierzu kommt, dass gerade die von mTORC2 regulierten Kinasen mit einer Vielzahl von Interaktionspartnern Bindungen eingehen und diverse zelluläre Reaktionen auslösen können. Das mTOR-Netzwerk stellt damit eine direkte Verbindung zu anderen Signalkaskaden her.

1.3.3 Interaktion von mTOR mit anderen Signalkaskaden

Das mTOR-Netzwerk zeichnet sich durch seine integrativen Fähigkeiten in Bezug auf extrazelluläre Stimuli aus. Hierbei erweist sich auch die Verknüpfung mit anderen Signalwegen als bedeutsam, darunter besonders die Interaktion mit der Ras-ERK-Kaskade.
ERK (extracellular signal-regulated kinase) ist eine Mitogen-Aktivierte Proteinkinase (MAPK) und wichtigstes Ziel des Ras Onkoproteins. Wie alle MAPK Signalwege besteht auch dieser aus einer initialen guanosinetriphosphataseregulierten Kinase (MAPKKK), die eine zwischengeschaltete Kinase phosphoryliert und aktiviert (MAPKK), welche dann die Effektorkinase MAPK phosphoryliert und aktiviert. Für den ERK-MAPK-Netzwerk sind dies die Ras-GTPase, die Proteinkinase Raf, MEK und ERK, welche durch Wachstumsfaktoren, Polypeptidhormone, Neurotransmitter, Chemokine oder Phorbolester und ihre vermittelnden Rezeptortyrosinkinase (RTK), G-Protein-gekoppelten Rezeptoren (GPCR) oder Proteinkinase C (PKC) aktiviert werden (*McKay et al.* [299], *Rozengurt et al.* [403]).
ERK kann, genau wie AKT, für eine Inhibierung von TSC2 sorgen. Die Kinasen phosphorylieren das Protein und inhibieren damit seine Fähigkeit als GTPase-aktivierendes Protein (GAP) für die GTPase Rheb (Ras homolog enriched in brain) zu fungieren. ERK kann TSC2 dabei an den Aminosäureresten Serin$^{540, 664}$ phosphorylieren, während AKT für die Phosphorylierungen an den Serinresten$^{939, 981, 1130, 1132}$ und an Threonin^{1462} sorgt (*Dibble et al.* [93]). Daraufhin akkumuliert GTP-gebundenes Rheb und aktiviert mTORC1. Darüber hinaus phosphoryliert

aktiviertes ERK im Zytoplasma weitere Signalproteine, wie etwa p90 ribosomale S6 Kinase (RSK) oder Transkriptionsfaktoren. Im Zellkern sorgt ERK für die Aktivierung einer Reihe weiterer Transkriptionsfaktoren, wie etwa dem TCF (Ternary Complex Factor), welche die Expression der IEG (Immediate Early Gene) bewirken, zu denen auch c-Fos und c-Myc gehören. Diese sorgen für die Induktion von Spätphase-Genen (Late-Response Genes), die Zellüberleben, Zellteilung und Zellmotilität vorantreiben (*Anjum et al.* [15], *Dhillon et al.* [90]).

Welche Signalwege durch einen bestimmten Stimulus aktiviert werden, hängt von der Stärke der Stimulation, ihrer Stimulationsdauer und von negativen Rückkopplungsmechanismen ab. So ist zum Beispiel IGF-1 ein schwacher Ras-ERK-Aktivator, aber ein starker PI3K-mTORC1 Aktivator (*Clerk et al.* [71], *Weng et al.* [514]). Wird also der IGF-Rezeptor durch die Bindung seines Liganden aktiviert, sorgt er über die Aktivierung der PI3K für eine Phosphorylierung von AKT, die sich positiv auf Proliferation und Überleben auswirkt. Gleichzeitig hemmt AKT das Protein Raf. Da über den IGF-Rezeptor auch die Ras-Raf-Mek-ERK-Kaskade aktiviert wurde, die zu Zellwachstum und Differenzierung führt, bewirkt dies, dass die Zelle sich teilt und vermehrt, zunächst jedoch weniger stark differenziert, als dies durch einen anderen Wachstumsfaktor ausgelöst werden würde.

Bei dieser Form der Signalintegration hängt der Grad der Aktivierung der Signalwege nicht nur von der Konzentration der Wachstumsfaktoren selbst ab, sondern auch der Expression und Lokalisation ihrer Rezeptortyrosinkinasen sowie der Expression weiterer Mitglieder der Rezeptorfamilie und Bindeproteinen (*Lemmon et al.* [258]).

Während einige Kinasen, wie etwa Raf, MEK oder der Komplex um mTOR, sehr präzise definierte Substratspezifitäten aufweisen, weisen andere, wie ERK, RSK, AKT, oder S6K, ein sehr breites Spektrum an Phosphorylierungszielen und Effektorproteinen auf. Die Integration der Signalwege geschieht dementsprechend eher über die letztgenannten Kinasen. Dabei erkennen die Kinase häufig unterschiedliche Domänen an den selben Proteinen, beispielsweise erkennt ERK als prolingerichtete Kinase das PXS/TP Motiv (*Hutti et al.* [177]), während RSK, AKT und S6K als Mitglieder der AGC-Kinase-Familie vorzugsweise das RXRXXS/T Motiv phosphorylieren (*Pearce et al.* [356]). Trotz dieser Unterschiede im Phosphorylierungsmotiv bewirken ERK- und AGC-Kinasen häufig die Aktivierung des selben Substrats oder Proteinkomplexes.

Auch die Glykogen Synthase Kinase-3 (GSK-3) gehört zu den AGC-Proteinkinasen und ist für zelluläre Prozesse essentiell, da sie biologische Prozesse wie die Zellentwicklung und Gewebedifferenzierung, den Glukosemetabolismus, Apoptose, die Stammzellhomöostase und den Zellzyklus reguliert (*Kockeritz et a.* [225]). Ihre Bedeutung wurde im Zusammenhang mit Alzheimer, Krebs, Bipolarer Störung und Schizophrenie nachgewiesen. Es sind mehr als 40 direkte Substrate bekannt, die zeigen, dass GSK-3 auch mit dem BMP-Signalweg, dem MAPK/ERK-Signalweg, dem Wnt-Signalweg und dem mTOR-Netzwerk interagiert. Durch die Phosphorylierung und Aktivierung von TSC inhibiert GSK den mTORC-Komplex, was wiederum durch extrazelluläres Wnt verhindert werden kann, da dessen Bindung an G-Protein-gekoppelte-Rezeptoren wie Frizzled-Rezeptoren die Kinase GSK-3 inhibiert, was zur Aktivierung von mTOR führt (*Roa et al.* [384]).

Eine Übersicht der komplexen Mechanismen, die durch das mTOR-Netzwerk reguliert werden, bietet Abbildung 1.3.5.

1 Einführung

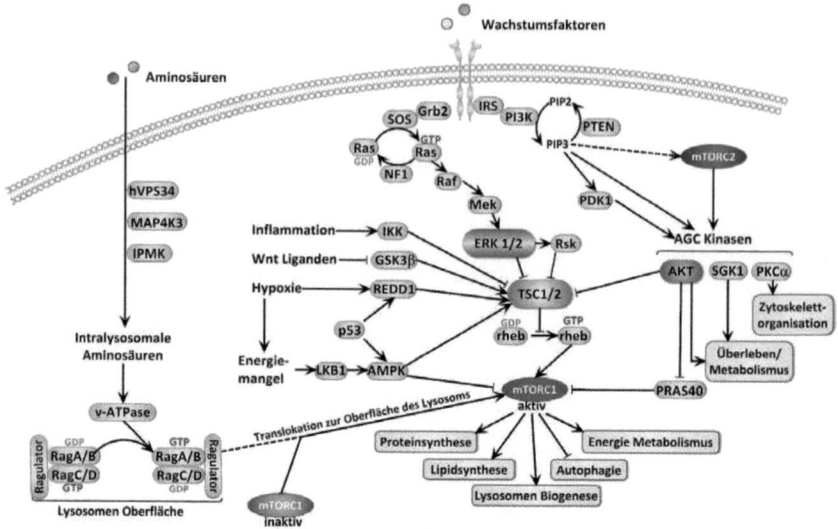

Abbildung 1.3.5: Das Netzwerk rund um mTOR

Das Schema hebt die wichtigsten Komponenten der Signalkaskaden hervor: Angeregt durch die von der Rezeptor-Tyrosin-Kinase weitergeleiteten Signale verläuft die Kaskade über Extracellular-regulated kinase 1/2 (ERK1/2) und durch die PI3-Kinase über AKT. Dabei wird der Tuberous Sclerosis Complex 1/2 (TSC1/2) blockiert und so der von diesem Komplex ausgehende inhibierende Effekt aufgehoben. Während mTORC1 hauptsächlich über die p70-S6-Kinase wirkt, sendet mTORC2 seine Signale größtenteils über AGC Kinasen.

1.3.4 Der Mechanismus der rapamycininduzierten mTOR-Modulation

Wie durch zahlreiche Arbeiten detailliert beschrieben und seit Jahren bekannt ist, bindet Rapamycin an das FK506 Bindeprotein 12 (FKBP12), das wiederum an die FRB-Domäne von mTOR bindet (Abbildung 1.3.6).

Hierdurch wird die Interaktion von mTOR mit Raptor verhindert und damit die Kopplung an Substrate inhibiert (*Oshiro et al.* [345]). Rapamycin verhindert auf diese Weise die Signalweitergabe durch mTORC1, ohne dessen intrinsische katalytische Aktivität zu vermindern.

Rapamycin ist daher in der Lage, wesentliche, jedoch nicht alle Funktionen, von mTORC1 zu inhibieren. Der mTOR-Komplex 1 entfaltet seine Wirkung durch 4E-BP und die p70-S6 Kinase, indem er diese beiden mittels Phosphorylierung aktiviert. Während das erste ein Bindeprotein für den eIF4B Initiationsfaktor der Proteintranslation ist und diesen hemmt, kann die p70-S6 Kinase nach ihrer Phosphorylierung weitere Regulatoren der Translation aktivieren.

Die Wirkung von Rapamycin auf diese Phosphorylierung ist bei den beiden Proteinen unterschiedlich, da mTORC1 das 4E-BP1 Protein an den Aminosäureresten Thr^{37}/Thr^{46} in einer nicht-rapamycinsensitiven Weise phosphoryliert (*Choo et al.* [66]).

1.3 Das mTOR Netzwerk

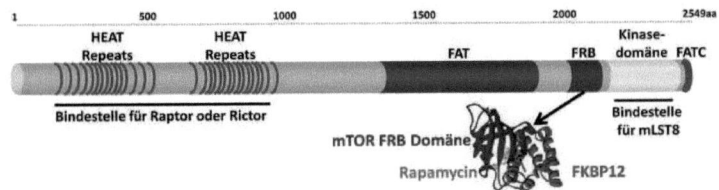

Abbildung 1.3.6: Struktur von mTOR und Bindung von Rapamycin

Struktur der rund 289 kDa großen Kinase mTOR, das carboxyterminal eine Serin/Threonin-Proteinkinase-Domäne enthält. Wie die anderen Mitglieder der PIKK Familie hat mTOR eine FAT (FRAP-ATM-TTRAP) und eine C-terminale FAT (FATC) Domäne. Rictor und Raptor interagieren mit dem Protein durch die sogenannten HEAT repeat-Domänen (deren Namen sich von Huntingtin, dem Elongation Faktor 3 (EF3), der Protein Phosphatase 2A (PP2A), und der TOR1 Kinase der Hefen ableitet). FKBP12 bindet an die FRB-Domäne (FKBP12-Rapamycinbindedomäne) und verhindert die Interaktion von mTOR und Raptor. Im unteren Bereich als 3D-Strukturmodel dargestellt[22].

Diese Phosphorylierungen sind die Voraussetzung für die nachfolgende Hyperphosphorylierung, die dann zur Dissoziation des Proteins vom Initiationsfaktor führt und die Translation ermöglicht (*Gingras et al.* [132]). Die Aktivierung von p70-S6 an Thr^{389} durch mTORC1 ist hingegen Rapamycin sensitiv (*Wullschleger et al.* [523]) (siehe Abbildung 1.3.7).

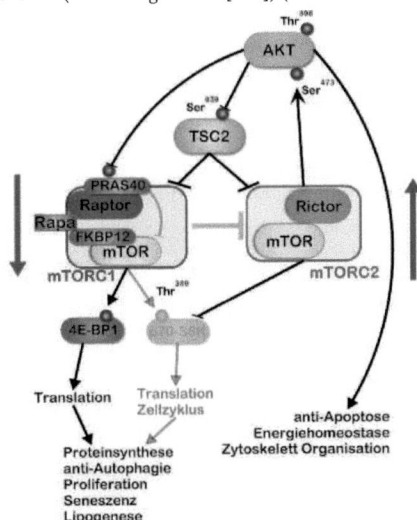

Abbildung 1.3.7: Die Wirkung von Rapamycin

Bei Bindung von FKBP12-Rapamycin (in blau) kann mTOR nicht mehr mit Raptor interagieren wodurch mTORC1 die p70-S6 Kinase nicht aktiviert. Die Phosphorylierung und von 4E-BP1 bleibt hingegen bestehen. Gleichzeitig erhöht sich die Aktivität von mTORC2 durch die Inhibition von mTORC1. Da dieses einen blockierenden Einfluss auf mTORC2 hat, führt die mTORC1-Inhibition zu einer gesteigerten pAKT^{S473} Phosphorylierung.

1 Einführung

Über die Auswirkung der Substanz auf mTORC2 ist bislang etwas weniger bekannt. An FKBP12 gebunden interagiert Rapamycin zwar mit mTOR, mLST8 und Raptor (=mTORC1), aber nicht mit mTOR, mLST8 und Rictor (=mTORC2) (*Jacinto et al.* [189]). Dennoch konnte in vielen Zelltypen eine inhibierende Wirkung von Rapamycin auf den Zusammenbau des mTOR-Komplexes 2 gezeigt werden. Bei mehrtägiger Inkubation führt Rapamycin zu einer Verminderung der mTORC2 Aktivität (*Sarbassov et al.* [413]).

1.3.5 Klinische Bedeutung des mTOR Netzwerks

Wegen seiner umfassenden regulatorischen Auswirkungen und die Möglichkeit der gezielte Inhibition steht das mTOR-Netzwerk seit Jahren im Fokus unterschiedlicher Forschungsgebiete und wurde als attraktives therapeutisches Ziel identifiziert. Das Makrolid Rapamycin wird dabei sowohl gegen die Transplantatabstoßung, als auch bei der Tumortherapie eingesetzt. Als Immunsuppressivum bei Organtransplantation verhindert der Wirkstoff die Antwort auf IL-2, wodurch die klonale Expansion von T-Zellen unterbleibt. Es gilt als weniger nierentoxisch als Calcineurininhibitoren (*Flechner et al.* [121]).

Bei der Behandlung von Krebserkrankungen wird Rapamycin genutzt, da es die Fähigkeiten des mTOR-Netzwerks, das Zellwachstum und Proliferation zu aktivieren blockiert und damit das Tumorwachstum vermindert (*Seto* [428]).

Darüber hinaus hat sich Rapamycin durch seinen wachstumshemmenden Effekt als Wirkstoff zur Verhinderung von in-stent-Restenosen nach Koronarangioplastie bewährt.

Obwohl hier eine direkte Wirkung der mTOR-Inhibition auf den Aufbau der Gefäßwand gezeigt wurde und sich die mTOR-Blockade als vorteilhaft erwiesen hat, fokussieren diese Arbeiten vor allem auf fibrotische und proliferative Gefäßwandprozesse und weniger auf Kalzifizierungsprozesse.

Des Weiteren kann die Bedeutung des Netzwerks für das Gefäßsystem an einem der beiden oralen antidiabetischen Medikamente gesehen werden, das als erste Wahl zur Behandlung von Typ 2 Diabetes gilt: Metformin.

Dieser Wirkstoff aktiviert die AMPK, einen wichtigen zellulären Regulator des Metabolismus (siehe Abschnitt 1.3.1.1). Sein Einfluss wird in Abbildung 1.3.8 dargestellt. Diese Kinase inhibiert mTORC1 und reduziert des Weiteren LDL Cholesterin und Triglyzeride. Dabei zeigt es starke präventive Fähigkeiten für kardiovaskuläre Komplikationen bei Diabetes (*Lamanna et al.* [247].)

Aufgrund der Vielzahl an Differenzierungsprozessen, die durch das mTOR-Netzwerk reguliert werden, und aufgrund seiner zentralen Stellung bei der Integration von Signalen, stellt sich die Frage, ob eine Modulation des Netzwerkes therapeutische Perspektiven für die Behandlung von Gefäßveränderungen bietet. Insbesondere die kalzifizierende Arteriopathie ist von großer klinischer Bedeutung (siehe Abschnitt 1.1.1), so dass die Beeinflussung der osteoblastären Differenzierung von Gefäßvorläuferzellen wie MSCs durch mTOR Modulation hierfür einen vielversprechenden Ansatz bietet.

1.3 Das mTOR Netzwerk

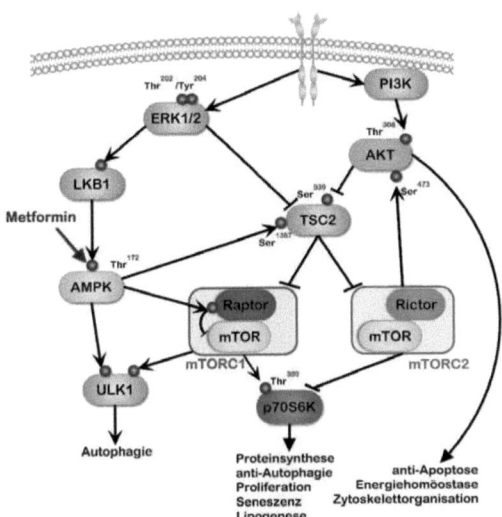

Abbildung 1.3.8: Einfluss von Metformin auf das mTOR-Netzwerk

Das vereinfachte Schema zeigt, wie Metformin durch seine Aktivierung von AMPK und der dadurch erfolgenden Aktivierung von TSC einen inhibierenden Effekt auf mTORC1 ausübt. Zusätzlich wird durch die Phosphorylierung von Raptor ein direkter, ebenfalls blockender Effekt auf mTORC1 ausgeübt.

2 Zielsetzung

Aufgrund der massiven gesellschaftlichen Problematik von kardiovaskulären Erkrankungen und den daraus resultierenden gesundheitlichen, sozialen und wirtschaftlichen Folgen, wird der Bedarf an Therapiemöglichkeiten für Gefäßverkalkungen immer offensichtlicher.
Ein wichtiges Merkmal kardiovaskulärer Erkrankungen sind schleichende Veränderungen der Gefäße, wie etwa ein stetiger, aktiver Aufbauprozess von knochenartigem Gewebe inklusive des Einbaus von Kalzium in die Gefäßwand. Die daraus resultierende Problematik, zu der versteifte Gefäße, Arrhythmien, linksventrikulärer Hypertrophie, koronarer Herzkrankheit und Schlaganfall gehören, sorgt dafür, dass Herz-Kreislauf-Erkrankungen die weltweit häufigste Todesursache sind.
Die Steuerung von Zelldifferenzierung in diesem Zusammenhang und die Bedeutung des mTOR-Netzwerks in diesem Kontext sind bislang nicht vollständig geklärt und nach wie vor fehlt es an Behandlungskonzepten. Ziel der vorliegenden Arbeit war es, zelluläre Mechanismen der vaskulären Kalzifizierung zu analysieren und die Bedeutung des mTOR-Netzwerkes für die fehlgeleitete Differenzierung von Gefäßvorläuferzellen in osteoblastenartige Zellen aufzudecken. Als Zellmodell sollten humane, mesenchymale, multipotente Stromazellen mittels Knochenmarkpunktionen gewonnen, expandiert und auf Zellintegrität, Populationshomogenität sowie multilineäres Differenzierungspotential überprüft werden, bevor sie gezielt in osteoblastäre Richtung differenziert werden sollten. Der Einsatz von Wachstumsfaktoren sollte pathophysiologisch relevante Beeinflussung der Differenzierungsvorgänge in der Gefäßwand repräsentieren. Der Kalzifizierungsprozess sollte mittels Aktivitätsmessung der alkalischen Phosphatase, Quantifizierung der kalzifizierten Matrix, Proliferationsbestimmungen und Expression von Osteoblastenmarkern mittels Proteinanalyse kontrolliert werden. Des Weiteren sollte die Aktivität des mTOR Netzwerks in seinen einzelnen Komponenten mittels Western-Blot-Technik nachvollzogen und festgestellt werden, in welcher Weise dieser wichtige Regulator von Zellschicksal, Wachstum und Differenzierung an der Differenzierung beteiligt ist. Dazu sollten auch einzelnen Komponenten durch pharmakologische Inhibitoren blockiert und die Auswirkung auf die Kalzifizierung analysiert werden. Da auch die selektive Stilllegung von mTORC2 erfolgen sollte, für den bislang kein spezifischer Inhibitor bekannt ist, sollte die Expression des Proteins Rictor als zentrale Komponente durch shRNA vermindert werden, was durch Gentransfer mittels Lentiviren erreicht werden sollte.
Durch den Einsatz primärer humaner Zellen in Kombination mit klinisch relevanten Medikamenten und selektiven molekularbiologischen Methoden war der hier vorgestellte Ansatz konzipiert, um einen dringend benötigten tieferen Einblick in die zugrunde liegenden Mechanismen der Arteriosklerose zu geben und gleichzeitig therapeutische Optionen aufzudecken. Dies sollte sowohl die Möglichkeit bieten, Grundlagenprozesse näher zu beleuchten, einen Einblick in bislang unerforschte metabolische Prozesse zu geben, als auch therapeutische Konzepte zu analysieren und neue Behandlungswege zu eröffnen.

3 Material und Methoden

3.1 Material

Eine Auflistung der verwendeten Antikörper für Western-Blot, Immunfluoreszenz und FACS-Analysen findet sich im Anhang unter 8.6 auf Seite 151.
Materialen für die Zellkultur, eingesetzte Inhibitoren oder Zytokine finden sich im Anhang unter 8.7 auf Seite 153.
Eine Auflistung der verwendeten Puffer und Lösungen für Zelllyse, Proteinaufarbeitung sowie DNA- und RNA-Arbeiten findet sich im Anhang unter 8.9 auf Seite 155.
Die in dieser Arbeit eingesetzten Chemikalien finden sich im Anhang unter 8.11 auf Seite 160, bereits vorgefertigte Komponenten und Kits sind ebenfalls dort notiert.
Eingesetzte Verbrauchsmittel und auch Verbrauchsmaterial für die Zellkultur stehen im Anhang unter 8.12 beziehungsweise 8.13 auf den Seiten 163 beziehungsweise 164.
Die Abbildungen, Darstellungen, Auswertungen, Grafiken und Statistik dieser Arbeit wurden mithilfe der unter 8.15 aufgelisteten Computerprogramme und Datenbanken erstellt (siehe Seite 168).

3.1.1 Urämisches Patientenmaterial

Bei humanem Probenmaterial, das in Versuchen eingesetzt wurde, die in dieser Arbeit vorgestellten werden, handelte es sich um Serum von Dialysepatienten. Alle Spender nahmen nach ärztlicher Aufklärung freiwillig und unentgeltlich an der Entnahme teil. Schriftliche Einverständniserklärungen sowie Genehmigungen der entsprechenden Ethikkommissionen lagen vor. Es handelt sich um Proben, die zur Erstellung eines urämischen Serumpools verwendet wurden. Dazu wurde 58 stabilen Hämodialysepatienten (37 Männern, 21 Frauen, Duschnittsalter 53 ± 15 Jahre) nach einem dialyse-freien Intervall von drei Tagen zwischen zwei Dialysebehandlungen 8 ml Blut entnommen, bevor die Dialysebehandlung durchgeführt wurde. Diabetiker, frühere Transplantatempfänger und akut kranke sowie Patienten mit chronischen Infektionskrankheiten wurden ausgeschlossen. Das Blut wurde 10 min bei 400 xg zentrifugiert, das Serum abgenommen, gepoolt, aliquotiert und bei -80°C gelagert.

3.1.2 Primäre humane multipotente mesenchymale Stromazellen

Die in dieser Arbeit eingesetzten humanen mesenchymalen multipotenten Stromazellen (MSC) wurden, sofern sie nicht von Kooperationspartner wie etwa PD Dr. Claudia Lange (UKE, Hamburg) beigesteuert wurden, selbst aus dem bei Knochenmarkpunktionen entnommenen Material gewonnen. Bei allen Spendern handelte es sich um gesunde Personen, die nach ärztlicher Aufklärung freiwillig und unentgeltlich an dem Eingriff teilnahmen. Schriftliche Einverständniserklärungen sowie Genehmigungen der entsprechenden Ethikkommissionen lagen vor.

Um die multipotenten Zellen zu isolieren und undifferenziert zu kultivieren, wurde auf Tierseren vollständig verzichtet und die Zellen entsprechend der empfohlenen Veröffentlichungen (*Lange et al.* [249]) in einem Zellkulturmedium mit humanen Bestandteilen kultiviert.

Dazu wurden Thrombozytenkonserven am Tage ihres Ablaufdatums von den Blutbanken in Hamburg und Berlin bezogen. Alle Konserven waren auf pathogene Bestandteile untersucht und für Patienten freigegeben worden, enthielten also keine infektiösen Bestandteile. Die Zahl der Thrombozyten lag zwischen 1,2 und 1,9 x 10^9/ml.

15-22 Konserven wurden gepoolt und steril in 25 ml Mengen aliquotiert, bevor sie bei -80°C gelagert wurden.

Die Zusammensetzung des Kulturmediums lautete:

MSC Zellkulturmedium	
αMEM mit Glutamin	1x
Heparin	2 IU/ml
Penicillin	100 E/ml
Streptomycin	0,1 g/l
Thrombokonzentrat	5%

3.1.3 Primäre humane koronare glatte Muskelzellen

Humane koronare glatte Muskelzellen (hVSMC) von gesunden Spendern wurden von den Firmen Promocell und Cellsystems (Lifeline Cell Technology) in Passage drei bezogen und in Medium mit der folgenden Zusammensetzung kultiviert:

VSMC Zellkulturmedium	
αMEM mit Glutamin	0.5x
DMEM 1g/L Glukose	0.5x
Glutamin	5 mM
Ascorbinsäure	50 µg/ml
FGF-2	5 ng/ml
EGF	5 ng/ml
Insulin	5 µg/ml
Penicillin	100 E/ml
Streptomycin	0,1 g/l
FBS	5%

3.1.4 Biologisch aktive Substanzen in der Zellkultur

3.1.4.1 Wachstumsfaktoren

Wachstumsfaktoren liegen typischerweise in sehr geringen Mengen vor, können im Blut häufig in pg oder ng/L-Konzentration nachgewiesen werden und haben bereits schon bei kleinsten Schwankungen ein breites Wirkungsspektrum. Ein wichtiger beeinflussender Faktor bei der Quantifizierung der Botenstoffe ist, dass Zytokine häufig proteingebunden vorliegen (*Hughes et al.* [175]), was in sofern relevant ist, da einige chronischen Krankheiten, wie zum Beispiel Urämie, eine veränderte Proteinbindung bewirken können und somit die biologisch aktive Fraktion der Signalmoleküle verändert wird (*Vanholder et al.* [492], *De Smet et al.* [85]). Da außerdem für biologisch regulative Systeme, wie etwa dem Hormonsystem, bekannt ist, dass es in Krankheiten wie Diabetes zu einer Resistenz bezüglich der Botenstoffe kommen kann, bleibt anzunehmen, dass eine reine Messung nicht ausreicht, um die Veränderung der Konzentration bezüglich ihrer Auswirkungen
einordnen zu können.
Diese Überlegungen wurden bei der Wahl der Konzentrationen für das hier verwendete Zellkulturmodell sorgfältig abgewogen. Anhand von aktuellen Literaturwerten wurde weiterhin versucht, eine möglichst physiologische Konzentration zu finden, die hoch genug war, um einen messbaren Effekt bei der Behandlung zu erzielen, und ferner berücksichtigte, dass lokale Konzentrationen um ein Vielfaches höher liegen können.

Relevant im Rahmen dieser Arbeit:
CTGF:
Die im Blut gemessene Konzentration von CTGF liegt bei gesunden Menschen im Bereich von 20 ng/ml (*Gressner et al.* [142]), daher wurden für Versuche Konzentrationen von 10 bis 100 ng/ml *in vitro* eingesetzt.
FGF: Bei gesunden Blutspendern kann typischerweise ein Gehalt von 4 bis 8 ng/L an FGF-2 beziehungsweise von rund 8-50 ng/L an FGF-23 nachgewiesen werden, bei Niereninsuffizienz oder Osteomalazie aber auch ein bis zu 10-fach höherer Wert (*Larsson et al.* [251], *Yamazaki et al.* [530]). Darüberhinaus ist die Gewebekonzentration von FGF-2 lokal häufig höher und liegt zwischen 10 und 500 ng/ml (*Gospodarowicz et al.* [136]). Gearbeitet wurden in der Zellkultur daher mit Konzentrationen von 6,6 ng/L bis 100 ng/ml.
PDGF-BB: Bei gesunden Menschen wird im Blut eine PDGF-BB-Konzentration von circa 4,5 bis 8,5 ng/ml gemessen (*Takayama et al.* [464]). In dem hier vorgestellten *in vitro* Modell wurden 10 ng/ml eingesetzt.
TGF-β1: Auch mehrere Jahrzehnte nach der ersten Isolierung von TGF-β1 aus menschlichem Blut ist nicht genau bekannt, in welcher Konzentration dieser Faktor typischerweise zu finden ist. Häufig können Werte von 1-25 ng/ml in der Literatur gefunden werden (zusammengefasst im Review *Grainger et al.* [138]), weshalb hier mit 10 ng/ml gearbeitet wurde.

3.1.4.2 Substanzen in der Zellkultur

Die in der Zellkultur eingesetzten Substanzen wurden entsprechend der Empfehlungen des Herstellers gelöst und gegebenenfalls sterilfiltriert, bevor sie aliquotiert und bei -80°C gelagert wurden.
Biologisch aktive, pulverisiert erworbene Substanzen wurden nicht länger als die vom Hersteller angegebene Zeitdauer aufbewahrt, nachdem sie gelöst worden waren.
In allen Analysen wurde für jede Substanz die Kontrolle jeweils mit dem entsprechenden Lösungsmittel behandelt, um Effekte desselben ausschließen zu können. Die Endkonzentrationen und Lösungsmittel der Substanzen können der nachfolgenden Tabelle entnommen werden.

Substanz	finale Konzentration	gelöst in
Rapamycin	20 nM	DMSO
Bafilomycin	1 nM	DMSO
MK2206	100 nM	DMSO
AZD-4547	0,1-100 nM	DMSO
Dexamethason	0,1-1 µM	Ethanol
β-Glycerophosphat	10 mM	ddH$_2$O
2-Phospho-L-Ascorbinsäure	0,1-0,5 mM	ddH$_2$O
Ascorbinsäure	50 µg/ml	ddH$_2$O
HEPES pH 7,3	20 mM	ddH$_2$O
Insulin	5 µg/ml	ddH$_2$O
Indomethazin	0,2 mM	Ethanol
3-Isobutyl-1-methyl-Xanthin	0,5 mM	Ethanol
CTGF	≤ 100 ng/ml	0,1% HSA 5 mM Azetat pH 6
FGF-2	∽ 10 ng/ml	ddH$_2$O mit 0,1% HSA
FGF-23	∽ 100 ng/ml	0,1 % HSA in 1x PBS
PDGF-BB	10 ng/ml	ddH$_2$O mit 0,1% HSA
TGF-β1	10 ng/ml	0,1% BSA in 20 mM Zitrat pH 3
β-Glycerophosphat	10 mM	ddH$_2$O

3.1.5 Tierexperimentelles Arbeiten

Die in dieser Arbeit vorgestellten tierexperimentellen Arbeiten wurden nach Beantragung und Genehmigung durch die zuständige Behörde (LaGeSo G0028/11, Berlin) sowie entsprechend der vorgeschriebenen Leitlinien der Charité Universitätsmedizin für die Haltung von Versuchstieren durchgeführt.
Bei den Tieren handelte es sich um zehn Wochen alte Mäuse (C57Bl/6JRccHsd), die von Harlan Winkelmann (Deutschland) erworben worden waren. Sie wurden von entsprechend geschulten Mitarbeitern in der Tierhaltung des CCR-Centrum for Cardiovascular Research, Berlin, versorgt und die medizinischen Eingriffen gemäß der geltenden Richtlinien von Fachkräften durchgeführt.

3.2 Methoden

3.2.1 Gewinnung und Expansion humaner MSC

Humanes Knochenmark enthält pro 1x10^6 Zellen circa 10-100 MSC (*Bruder et al.* [44], *Campagnoli et al.* [50], *Hernigou et al.* [163], *Prockop et al.* [370]). Daher wurde zur Gewinnung einer überlebensfähigen Stromazellkultur 5-10 ml frisches, bei Raumtemperatur transportiertes Knochenmark eingesetzt. Dieses wurde 1:1 mit 1x PBS versetzt und vorsichtig über eine Schicht von 10 ml Ficoll-Paque gelagert. Nach einer Zentrifugation bei 20°C, 500 xg für 30 min ohne Bremse waren vier Schichten erkennbar: eine wässrige Phase, eine dünne Schicht mononukleäre Zellen, Ficoll-Paque und ein Pellet aus Granulo- und Erythrozyten.

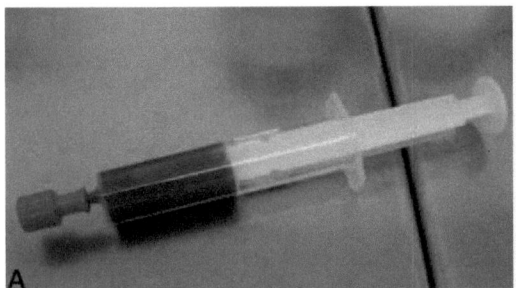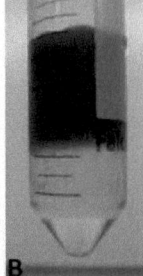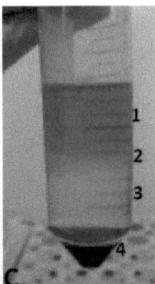

Abbildung 3.2.1: Isolation mesenchymaler Stromazellen aus Knochenmark
A: Spritze mit dem bei der Punktion gewonnenen Knochenmark. B: Mit 1x PBS verdünntes Knochenmark auf einer Schicht von Ficoll Paque vor der Zentrifugation. C: Nach der Zentrifugation, von oben nach unten sind folgende Schichten unterscheidbar: 1) wässrige Phase, 2) Mononukleäre Zellen, 3) Ficoll-Paque-Medium und 4) ein Pellet aus Granulo- und Erythrozyten.

Die Schicht mit mononukleären Zellen wurde abgenommen und zweimal mit 1x PBS gewaschen, der erste Waschschritt wurde mit 50 ml 1x PBS und einer Zentrifugation von 5 min bei 400 xg durchgeführt, der zweite Waschschritt mit 50 ml Kulturmedium und 5 min bei 80 xg Zentrifugation. Nach dem Zählen in der Neubauer-Zählkammer wurden pro 10 cm Kulturschale 1 Millionen mononukleärer Zellen in Thrombozyten-angereichertem Zellkulturmedium ausgesetzt (dies wurde als Passage 0 gezählt). Nach drei Tagen wurden nicht adhärente Zellen durch zweimaliges Waschen mit 1x PBS entfernt und die verbleibenden Zellen mit neuem Kulturmedium bedeckt.

Zellen wurden bei maximal 60%iger Konfluenz gesplittet, um die multipotente Differenzierbarkeit zu erhalten und nicht länger als 6 Passagen kultiviert. Alle in dieser Arbeit vorgestellten Versuche wurden in den Passagen 2-5 durchgeführt. Jede Zellpräparation wurde auf eine mögliche Kontamination von Mycoplasmen mittels einer PCR-Untersuchung getestet und nur eingesetzt, wenn der Test negativ ausfiel, des Weiteren wurde die Differenzierbarkeit der Kultur und die Expression der Oberflächenmarker analysiert.

3.2.2 Oberflächenmarkeranalyse

Die Untersuchung der Oberflächenmoleküle von gewonnenen Stromazellen wurde mittels Durchflusszytometrie durchgeführt, einer Methode, bei der optische Signale der Zelle beim Passieren eines Laserstrahles vermessen werden. Durch einen Hüllstrom fokussiert treten die Zellen einzeln in den Mikrokanal einer hochpräzisen Küvette ein, wobei sie einzeln einen Laserstrahl passieren. Hierbei enstehen Streulicht und bei fluoreszierenden Proben zusätzliche Signale, die von Detektoren aufgefangen und ausgewertet werden. Dies liefert quantitative und qualitative Informationen über jede Zelle, da Vorwärtsstreulich (FSC = Forward Scatter) ein Maß für die Beugung des Lichtes ist und vom Volumen der Zelle abhängt. Des Weiteren stellt Seitwärtsstreulicht (SSC = Side Scatter) ein Maß für die Granularität der Zelle, Größe des Zellkerns und Menge an Vesikeln dar, da hier die Brechung des Lichts im rechten Winkel erfasst wird. Durch die Analyse von über 1000 Zellen je Sekunde kann eine rasche, repräsentative Aussage über die Zellpopulation, die Zellgröße und Beschaffenheit gemacht werden.

Durch den Einsatz fluoreszenzmarkierter Antikörper, die spezifisch an Oberflächenmoleküle binden, kann zudem eine Einteilung vorgenommen werden, wie viele Zellen Träger des Markers sind und wie stark der Marker exprimiert wird. Da hierbei die unspezifische Bindung von Antikörpern an Zellen mitberücksichtigten werden muss, wird zunächst die Intensität des Fluoreszenzsignals bei der Inkubation der Zellen mit einem fluoreszenzgekoppelten Antikörpers der gleichen Spezies und des gleichen Isotyps wie der anschließend gemessene spezfische Antikörper analysiert. Diese beiden Signalmuster werden dann miteinander verglichen.

Für die Analyse wurden die Zellen in der zu untersuchenden Passage aus der Zellschale gelöst, indem die Zellen mit 1x PBS gewaschen und mit Accutase behandelt wurden. Nach drei Minuten konnten die Zellen problemlos von der Oberfläche gelöst, gewaschen und gezählt werden. 50 000 Zellen wurden in 50 µl FACS-Puffer aufgenommen und zusammen mit 3 µl des entsprechenden Antikörpers eine Stunde in einem lichtgeschützten Gefäß unter leichter Rotation inkubiert. Nachdem die Zellen in FACS Puffer gewaschen worden waren, wurden sie in 100 µl FACS-Puffer aufgenommen, in FACS-Röhrchen überführt und vermessen.

3.2.3 Gezielte Differenzierung von hMSCS

3.2.3.1 Adipozytäre Differenzierung

Differenzieren MSCs in Fettzellen, bilden sich in der Regel mehrere Vakuolen, die mit Triglyzeriden und Cholesterinestern gefüllt sind. Die Zellen haben einen Durchmesser von 50 bis 150 µm und können bis zu 1 µg Fett speichern (*Rognum et al.* [399]). Für diesen Prozess wurden die Zellen dicht ausgesät und vier Wochen lang alle drei Tage mit frischem Adipozytenmedium versorgt. Eine Kontrollschale, die lediglich mit DMEM ohne Zusätze inkubiert war, wurde mitgeführt. Nach Ausbildung der Fettvakuolen wurden die Zellen zweimal mit 1x PBS gewaschen und anschließend 10 min mit 5% Paraformaldehyd in PBS fixiert. Nachdem ein weiterer Waschschritt mit destilliertem Wasser durchgeführt worden war, wurden die Schalen eine Stunde bei Raumtemperatur mit 10 ml Oil-Red-O-Lösung inkubiert und anschließend wiederholt mit Wasser gewaschen, bevor sie fotografisch dokumentiert wurden.

Adipozytenmedium	
DMEM	1x
Penicillin	100 E/ml
Streptomycin	0,1 g/l
L-Glutamin	2 mM
Dexamethason	1 µM
Indomethazin	0,2 mM
3-Isobutyl-1-methyl-Xanthin	0,5 mM
Insulin	10 µg/ml

3.2.3.2 Chondrozytäre Differenzierung

Entwickeln sich MSCs zu Knorpelzellen, verläuft dieser Prozess zunächst über die Differenzierung der Zellen zu rasch proliferierenden Chondroblasten, die eine weiche Knorpelmatrix aus Kollagenen, Proteoglykanen und Hyaluronsäuren produzieren.

Sobald die Matrix aushärtet, werden die Knorpelzellen zu nicht mehr teilunsfähigen Chondrozyten, die dann als einziger lebender Bestandteil nur ca. 1% des Knorpels ausmachen[23].

Chondrozyten enthalten viel Wasser, Fett und Glykogen, sind kugelig geformt, besitzen einen rundlichen Zellkern und sind kleiner als Chondroblasten.

Knorpelzellen lassen sich durch die für sie spezifische Synthese von Kollagen II nachweisen (*Stanton et al.* [452]) oder aber durch die Anfärbung der Matrix mit Alcian-Blau (*Komaki et al.* [227]).

Um MSC zu Knorpelzellen differenzieren zu lassen, gibt es zwei verschiedene Ansätze: entweder können die Zellen in Chondrozytenmedium als Pellet in zylindrischen Zentrifugenröhrchen (Methode nach *Johnstone et al.* [198]) oder in eine dreidimensionale Gelmatrix eingebettet (Methode nach *Schneider et al.* [421], *Stark et al.* [453]) kultiviert werden. Bei beiden Methoden dauert der Differenzierungsvorgang circa 4 Wochen, mit Wechseln des Mediums alle zwei bis drei Tage. Für die Anzucht in Röhrchen wurden 1 Millionen Zellen in 3 ml Chondroblastenmedium mit frisch zugefügtem 10 ng/ml TGF-β1 in 15 ml-Zentrifugenröhrchen herunter zentrifugiert und mit leicht aufgedrehtem Deckel aufrecht bei 37°C inkubiert.

Nach vier Wochen wurde das Pellet geerntet, mit 0,5 ml Chromatinpuffer inklusive Inhibitoren in einem Glas-Homogenisator lysiert und anschließend eine Proteinbestimmung vorgenommen. Die so hergestellten Lysate konnten mittels Western Blot Analyse auf die Expression von knorpelspezifischen Proteinen untersucht werden. Für die Herstellung von 3D-Gelen zur Zellaufzucht wurde sterile 0,7 M Natriumhydroxid-Lösung 1:1 mit steriler 1 M HEPES-Lösung pH 7,3 gemischt und zu gleichen Teilen mit 10x DMEM vermengt. Der pH dieser Lösung wurde auf 7,9 bis 8,05 eingestellt, anschließend wurden 2 ml der Lösung mit 8 ml Kollagen G-Lösung gemischt und 2 ml dieser Lösung wurden mit 1 Millionen Zellen in ein Loch einer 6-Loch-Platte gegeben. Bei 37°C gelierte diese Mischung innerhalb von circa 15 Minuten.

Am nächsten Tag wurde das 3D-Gel mit reichlich Chondroblastenmedium bedeckt, das alle 2 bis 3 Tage durch frisches ersetzt wurde. Nach 4 Wochen konnte das Gel mit einer 4%-Paraformaldehyd-Lösung fixiert und anschließend mit Alcian-Blau-Färbelösung gefärbt werden. Nach gründlichem Waschen mit PBS wurde die Intensität der Blaufärbung und damit der

Nachweis von Knorpel-spezifischen Proteinen fotografisch dokumentiert.
Die Zusammensetzung des Chondrozytenmediums wurde wie folgt gewählt:

Chondrozytenmedium	
DMEM	1x
Penicillin	100 E/ml
Streptomycin	0,1 g/l
L-Glutamin	2 mM
Natriumpyruvat	1 mM
HEPES pH 7,3	20 mM
2-Phospho-L-Ascorbinsäure	0,1 mM
Dexamethason	0,1 µM
TGF-β1	10 ng/ml

3.2.3.3 Osteoblastäre Differenzierung

Die Differenzierung in Zellen, die Knochenmaterial bilden (Osteoblasten) wurde induziert, indem das Kulturmedium mit Phosphaten, Vitamin C und dem künstlichen Glukokortikoid Dexamethason (9-Fluor-16α-methylprednisolon) versetzt wurde. Die Zellen erhielten weniger Nährstoffe als im Thrombozyten-Kulturmedium, wurden nicht gesplittet und 2-4 Wochen lang alle drei Tage mit frischem Medium versorgt. Die Zusammensetzung des Medium lautete:

Osteoblastenmedium	
DMEM	1x
Penicillin	100 E/ml
Streptomycin	0,1 g/l
L-Glutamin	2 mM
Dexamethason	0,1 µM
β-Glycerophosphat	10 mM
2-Phospho-L-Ascorbinsäure	0,5 mM

Für den Nachweis der Differenzierung wurde mit dem 1,2-Dihydroxyanthraquinon Alizarin gefärbt, das von Osteoblasten produziertes Kalziumhydroxylapatit rötlich-orange färbt. Dazu wurden Monolayer zweimal mit 1x TBS gewaschen, 30 min mit eiskaltem Methanol bei -20°C fixiert und anschließend luftgetrocknet. Nach zweimaligem Waschen mit 0,1 M Borsäurepuffer pH 4,0 wurden die Zellen eine Stunde mit 5%iger, gefilterter Alizarin-Rot-Färbelösung bei Raumtemperatur inkubiert und anschließend wiederholt mit Borsäurepuffer gewaschen. Nach einem Waschschritt mit destilliertem Wasser wurde abschließend mit 95%igem Ethanol gewaschen, die Schalen getrocknet und anschließend fotografiert.

3.2.4 Verwendung von hMSCs

MSC wurden in Abhängigkeit davon, ob mit ihnen Versuche durchgeführt oder ob sie weiterkultiviert werden sollten, unterschiedlich dicht ausgesetzt. Bei Weiterkultivierung in Flaschen wurden knapp über 300 Zellen pro cm^2 ausgesetzt und alle drei Tage mit frischen Medium versorgt bevor sie stets im subkonfluenten Zustand gesplittet wurden. Anders als für die Aufzucht der Zellpräparationen, konnten anschließend für Analysen 13 000 Zellen/cm^2 in Kulturschalen ausgesetzt werden. Dazu wurde glutaminhaltiges Medium DMEM mit 1% FCS verwendet und die Zellen 24 Stunden später entsprechend des Experiments inkubiert.

Zum Ernten oder Umsetzen wurde das Kulturmedium von den Zellen genommen, diese mit 1x PBS/0,5 mM EDTA gewaschen, dann Trypsin/EDTA aufgetragen, nach gründlichem Verteilen wieder abgenommen und die Zellen 3 bis 5 min bei 37°C inkubiert. Dann wurde unter dem Mikroskop kontrolliert, dass sie abgerundet waren, sich vom Boden zu lösen begannen und so in frischem Medium aufgenommen werden konnten. Anschließend wurde die Zellsuspension gezählt und auf neue Flaschen verteilt oder bei 800 max. 200 rcf ca. 5 min zentrifugiert, um sie zu pelletieren, wobei das Pellet nach dem Verwerfen des Überstandes mit 1x PBS gewaschen und entsprechend weiter verwendet werden konnte.

Zum Einfrieren wurden die Zellen in einer Lösung aus 10% DMSO / 90% FCS aufgenommen und auf -80°C überführt, bevor sie 24 Stunden später in flüssigem Stickstoff bei -196°C gelagert wurden.

Aufgetaut wurden die Zellen, indem sie rasch auf Raumtemperatur gebracht wurden (beispielsweise durch ein Wasserbad bei 37°C), dann in 10 ml DMEM aufgenommen und zentrifugiert wurden (max. 200 rcf für 5 min). Anschließend konnte das Pellet entsprechend der Zellzahl in Medium resuspendiert und in eine Zellkulturflasche überführt werden.

Für alle Inkubationen mit Wachstumsfaktoren, Inhibitoren oder ähnlichen Zusätzen wurde jeweils eine Kontrolle mit den entsprechenden Lösungsmitteln mitgeführt, um auszuschließen, dass der beobachtete Effekt von diesem herrührte.

Um die geeigneten Bedingungen eines Wirkstoffes zu ermitteln, wurden Dosis- und Zeitreihen-Behandlungen durchgeführt und bei körpereigenen Stoffen darauf geachtet, eine möglichst physiologisch konzentrierte Behandlung durchzuführen.

3.2.5 Verwendung von hVSMC

Humane vaskuläre glatte Muskelzellen (hVSMC) wurden in Passage drei bezogen und zunächst in VSMC-Kulturmedium (siehe 3.1.3 auf Seite 32) expandiert. Sie wurden subkonfluent gehalten, bei maximal 60% Dichte auf die gleiche Weise wie MSCs gesplittet und bei den Versuchen in gleicher Dichte wie diese ausgesäht. Ebenso wurden regelmäßig Mykoplasmentests durchgeführt und die Zellen nicht länger als bis Passage sechs genutzt.

3.2.6 Messung der alkalischen Phosphatase

Alkalische Phosphatase (ALP) ist die Bezeichnung für eine Gruppe von Enzymen, die Phosphorsäureester hydrolysieren, also Phosphogruppen von Proteinen oder DNA abspalten können.

Die Messung der Enzymaktivität kann nur bei einem leicht alkalischen pH Wert vorgenommen werden (pH 9-10) und dient als früher Marker der osteoblastären Differenzierung.
Für die Analyse der ALP-Aktivität wurde die Messung an Tag sieben nach Induktion der osteoblastären Differenzierung vorgenommen. Die Zellen waren dazu in 6-Loch-Platten kultiviert und behandelt worden. Am Tag der Messung wurde der Überstand abgenommen, die MSCs mit 1x PBS gewaschen und mit 400 µl ALP-Puffer pro Loch 30 min bei Raumtemperatur schüttelnd inkubiert. Der Überstand wurde anschließend in vorgekühlte Eppendorf-Reaktionsgefäße überführt, 10 min bei 14 000 rpm und 4°C zentrifugiert und anschließend in 2 Aliquots aufgeteilt. Während eines davon für spätere Messungen bei -80°C gelagert wurde, konnte das andere zum Einen für eine Bestimmung der Proteinmenge und zum Anderen für die Messung der Enzymaktivität benutzt werden. Dazu wurden 50 µl des Lysats in mehreren Replikaten in eine 96-Loch-Platte pipettiert und mit 200 µl der Substratlösung (1 mg/ml p-Nitrophenylphosphat in ALP-Puffer) vermischt. Zusammen mit einer Verdünnungsreihe einer kommerziell erworbenen alkalischen Phosphatase als Standard wurden die Proben dann 60 min lang bei 37°C inkubiert und in bestimmten Zeitabständen bei 405 nm Wellenlänge die optische Dichte gemessen. Die Differenz zwischen den einzelnen Messungen wurde graphisch ausgewertet und mit dem Proteingehalt der Proben verglichen, bevor anhand der Standardkurve die enzymatische Aktivität bestimmt wurde.

3.2.7 Proliferationsmessung

Um zu quantifizieren, in welchem Maß sich die Zellen teilten, wurden, in Abhängigkeit von den Versuchsbedingungen, zwei unterschiedliche Varianten der gleichen Methode gewählt. Dabei wurde das Thymidinanalogon Bromodesoxyuridin (BrdU) eingesetzt, das von sich teilenden Zellen anstelle der natürlichen Base in die neu-synthetisierte deoxyribonucleic acid, engl. für Desoxyribonukleinsäure (DNA) eingebaut wurde und mithilfe eines Fluoreszenzfarbstoff- oder horse-radish peroxidase, engl. für Meerrettichperoxidase (HRPO)-gekoppeltem Antikörper detektiert werden konnte.
Die Messung von undifferenzierten mesenchymalen multipotenten Stromazellen wurde in 96-Lochplatten mithilfe des Proliferations-ELISA-Kits von Roche durchgeführt, wobei 4500 Zellen je Loch in 1%-FCS haltiges αMEM eingesäht wurden und nach dem Anwachsen für 24 Stunden serumfrei inkubiert wurden. Dann erfolgte die gewünschte Behandlung unter Zugabe von 1:500 BrdU-Lösung zum Medium für 48 Stunden.
Anschließend wurde das Medium von den Zellen genommen und diese mit 30 µl FixDenat-Lösung für 30 min bei Raumtemperatur schüttelnd inkubiert. Nach dem Abnehmen der Lösung und Trocknung der Platten wurden pro Loch 50 µl der Anti-BrdU-POD-Lösung in einer 1:250 Verdünnung mit auf die Zellen gegeben und für zwei Stunden mit 220 rpm vibrierend inkubiert. Nach dreimaligem Waschen mit 1x PBS und Trockenklopfen wurde 50 µl Substrat für 2-10 min auf die Zellen gegeben und nach dem Farbumschlag nach türkis mit 1 M H_2SO_4 abgestoppt. Anschließend wurde die Platte bei 450 nm fotometrisch vermessen und die Differenz zur Referenzwellenlänge 690 nm bestimmt, bevor der Blank (ohne BrdU inkubierte Zellen) von den Werten abgezogen und diese ausgewertet wurden.
Für Zellen, die einen Differenzierungsprozess durchlaufen sollten, war diese Methode nicht

möglich, da 96-Loch Platten nicht die geeigneten Bedingungen für eine bis zu vier Wochen-lang dauernde osteoblastäre Induktion eignet. Daher wurde hier auf Lochplatten mit einer größeren Fläche wie etwas 6- oder 12-Loch-Platten zurückgegriffen, in die runde Glasplättchen (Coverslips) gelegt wurden. Diese waren zuvor autoklaviert und 24 Stunden mit sterilem, 50% FBS und 10% (w/v) BSA angereichertem Medium inkubiert worden, um den plastikadhärenten Zellen geeignete Bedingungen zu bieten, auch auf Glas zu wachsen.

Sobald die Zellen angewachsen waren, wurde die Differenzierung durch das entsprechende Medium eingeleitet. Bei osteoblastärer Differenzierung konnte die Beeinflussung der Proliferation nach einer Woche analysiert werden. Zu diesem Zeitpunkt hatten die MSCs noch nicht das Stadium beendet, in dem sie sich teilten, waren aber bereits dabei, sich in Osteoblasten zu verändern, wie anhand der Morphologie und der Analyse des ALP geschlossen werden konnte.

Für die letzten 24 Stunden wurde das Zellkulturmedium mit 1:500 BrdU-Lösung gemischt um den Einbau des Basenanalogons in neugebildete DNA zu ermöglichen. Die Coverslips wurden dann zunächst mit 4% Paraformaldehyd in 1x PBS für 10 min fixiert, bevor sie dreimal mit PBS gewaschen und anschließend durch eine dreiminütige Behandlung mit 0,5% Triton-X100 in 1x PBS permeabilisiert wurden. Nach erneutem Waschen wurden die unspezifischen Bindungen durch eine zweistündige Inkubation mit einer 3% BSA Lösung geblockt und anschließend mit der 1x BrdU Färbelösung für eine Stunde bei 37°C inkubiert. Pro Glasplättchen wurden 50 μl Lösung eingesetzt. Nach dreimaligem Waschen mit 1x PBS wurden die Coverslips anschließend im Dunkeln eine weitere Stunde bei Raumtemperatur mit dem 1:1000 verdünnten Zweitantikörper, einem AlexaFluor488-konjugiertem IgG gefärbt, zu dem 1:1000 DAPI zugegeben wurden, um die DNA farbig darstellen zu können. Anschließend wurden die Coverslips erneut gewaschen und dann mit der Zellseite nach unten durch Aquamount auf Objektträgern fixiert.

Pro Coverslip wurden 5-10 Fotos am Mikroskop mit einer 20-fachen Vergrößerung gemacht und diese durch ein selbstverfasstes Macro mithilfe des Programmes ImageJ ausgewertet (die Befehlsstruktur kann dem Anhang entnommen werden, siehe 8.15 auf Seite 168).

Die Zahl der BrdU-positiven Zellen wurde mit der Gesamtzahl der Zellen verrechnet und anschließend die behandelten Zellen mit den entsprechenden Kontrollen verglichen.

3.2.8 Indirekte Immunfluoreszenz

Sollten bestimmte Proteine mikroskopisch auf Quantität, Lokalisation oder Akkumulation untersucht werden, wurden sie mithilfe der indirekten Immunfluoreszenzfärbung dargestellt.

Wie zuvor bei der BrdU-Messung beschrieben, wurden die Zellen hierzu auf Coverslips fixiert, durch eine Triton-X100-Behandlung permeabilisiert und anschließend die unspezifischen Bindestellen blockiert. Die Inkubation mit dem spezifischen Erstantikörper wurde in einer 1%-BSA-PBS-Lösung bei 4°C über Nacht durchgeführt, bevor die Coverslips dreimalig mit PBS gewaschen und dann mit dem entsprechenden Alexa-Fluor-konjugierten Antikörper eine Stunde bei Raumtemperatur inkubiert wurden.

Für alle Immunfluoreszenzantikörper wurde jeweils eine Probe mit unspezifischem IgG mitgeführt und eine weitere Probe, bei der nur mit dem korrespondierenden Sekundärantikörper gefärbt wurde, um sicherzustellen, dass die beobachteten Signale spezifisch waren.

3.2.9 Kalziumhydroxylapatit -Quantifizierung

Bei der Quantifizierung des von MSC gebildeten Apatits wurde die ortho-Cresolphthalein Komplexon - Methode eingesetzt, die darauf beruht, dass Kalzium zusammen mit ortho-cresolphthalein purpurfarbene Komplexe bildet. Der Einsatz von 8-Hydroxy-Quinolin vermindert die Beeinflussung der Messung durch Magnesiumionen und AMP bietet die nötige alkalische Umgebung für die Reaktion.

Alle Gefäße und Gegenstände, die für die Messung verwendet wurden, wurden eine Nacht in verdünnter HCl-Lösung inkubiert, anschließend mit doppelt-destilliertem Wasser gewaschen und getrocknet, um Spuren von Kalzium zu entfernen. Alle Lösungen wurden in dunklen Glasflaschen im Kühlschrank gelagert und nicht länger als 6 Wochen verwendet. Als Referenz wurde mithilfe von getrocknetem Kalziumcarbonat eine Eichreihe in Benzoesäure angefertigt. Nach der bis zu vier Wochen andauernden Behandlung der Zellen, in einem Zustand, wenn starke Verkalkung eingesetzt hatte, wurde der Übertand der Kulturen abgenommen. Anschließend wurden die Zellen zum Lösung des Apatits mit 0,6 M HCl bedeckt und 24 Stunden unter Schütteln bei 4°C inkubiert, anschließend sorgfältig abgekratzt und in Eppendorf-Reaktionsgefäße überführt. Nach 60 min Zentrifugation bei 20 000 xg wurden 10 µl Überstand mit 150 µl AMP-Puffer und 150 µl Ca^{2+}-Farbreagenz vermischt und in einer 96-Loch-Platte im Vergleich einer Eichreihe bestehend aus 0 bis 25 mg/dL Kalzium bei 540 nm vermessen.

Um zu berücksichtigen, in welchem Maße die Zellen während der Behandlung proliferiert waren, wurde das unlösliche Zellpellet nach der Zentrifugation in einer 0,1 M NaOH/1%-SDS-Lösung aufgenommen und der Proteingehalt mittels der Protein-DC-Methode analysiert.

3.2.10 LDH Messung

Die Messung der Aktivität des Enzyms Laktatdehydrogenase (LDH) wurde eingesetzt, um den prozentualen Gehalt an geschädigten Zellen in der Kultur festzustellen, die LDH aus der Plasmamembran in den Zellkulturüberstand abgeben. Die Aktivität der in den Überstand abgegeben LDH korreliert direkt mit der gebildeten Menge an Formazan, die während einer enzymatischen Umsetzung des Tetrazolium Salzes INT durch LDH entsteht. Die kolorimetrische Analyse erfolgt durch die Messung des Absorptionspektrums des Formazans bei ca. 500 nm in einem ELISA-Platten-Reader.

Für die Messung wurden Zellen entsprechend Tabelle 8.8 auf Seite 154 ausgesetzt und drei Tage mit der entsprechenden Behandlung ohne Mediumwechsel inkubiert. Anschließend wurde der Überstand abgenommen und 1 Minute bei 20 000 xg zentrifugiert, um abgelöste Zellen zu sedimentieren. 100 µl wurden in eine 96-Lochplatte überführt und mit 100 µL der Reaktionslösung versetzt. Diese wurde zuvor aus 11,25 ml der Färbelösung mit 250 µl der Katalysatorlösung des Cytotoxocity-Kits von Roche vermischt.

Nach der Mischung der Reaktionslösung mit dem Zellkulturüberstand wurde die 96-Lochplatte für 15 bis 30 min im Dunkeln bei Raumtemperatur inkubiert, dann bei 492 nm zusammen mit der Referenzwellenlänge 630 nm in einem ELISA-Reader vermessen, der Hintergrund abgezogen und die Daten in GraphPad Prism analysiert.

3.2.11 Apoptose Messung

Mit Hilfe des Cell Death Detection ELISA-Kits von Roche wurde analysiert, ob tote Zellen durch Apoptose oder Nekrose verendet waren, den beiden typischen Formen von eukaryotischem Zelltod. Während sich Nekrose durch eine erhöhte Permeabilität der Plasmamembran auszeichnet, was innerhalb von Minuten zu osmotischer Lyse führt, ist Apoptose ein selbstgesteuerter, gezielter Prozess, der sich durch Kondensation des Zytoplasmas und eine Aktivierung von endogenen Endonukleasen auszeichnet. Diese schneiden doppelsträngige DNA an den Verbindungsregionen zwischen Nucleosomen und lösen so eine Fragmentierung der DNA aus, die durch spezifische Antikörper in einem ELISA nachgewiesen werden können.

Die Zellen wurden dazu in 12-Loch Platten gesät und entsprechend der Versuchsbedingungen inkubiert. Anschließend wurden sie in den Vertiefungen gewaschen und 30 Minuten lysiert, das Lysat wurde 10 Minuten bei 200 xg geklärt und 20 µl Überstand zusammen mit 80 µl einer Mischung aus Anti-Histone-Biotin und Anti-DNA-Peroxidase in eine Streptavidin-beschichtete Mikrotiterplatter pipettiert. Nach zweistündiger Inkubation wurde die Platte dreimal mit Inkubationspuffer gewaschen und die kolorimetrische Reaktion mit ATBS ausgelöst. Nach maximal 15 Minuten wurde die Reaktion mit Stopplösung beendet und die Platte bei 405 nm in einem ELISA-Reader vermessen. Eine Positivkontrolle wurde mitgeführt und der Hintergrundwert von allen Proben abgezogen, bevor die Daten analysiert wurden.

3.2.12 Alizarin-Färbung

Die Färbung von Kalziumhydroxylapatit mit dem 1,2-Dihydroxyanthraquinon Alizarin, das auch als Mordant Red 11 oder Turkey Red bekannt ist, beruht auf der Bildung eines leuchtend roten Komplexes der fotometrisch vermessen werden kann und eine quantitative Aussage über den Kalziumgehalt erlaubt (*Caterson et al.* [56]).

Nach der Inkubation der Zellen und Differenzierung in Osteoblasten mit entsprechenden Kalziumhydroxylapatitablagerungen wurde das Monolayer zweimal mit 1x TBS gewaschen und 30 Minuten mit eiskaltem 100%igem Methanol bei -20 bis +4°C fixiert. Anschließend wurden die Schalen bei Raumtemperatur luftgetrocknet und zweimal mit 0,1 M Borsäurepuffer pH 4 gewaschen bevor sie für eine Stunde mit Alizarin-Red-Färbelösung inkubiert, zweimal mit Borsäurepuffer gewaschen und mit destilliertem Wasser gespült wurden. Nach einem erneuten Waschschritt mit 95%igem Ethanol wurden die Schalen getrocknet und die Färbung fotografisch dokumentiert.

3.2.13 β-Galaktosidase Färbung

Die Menge des gebildeten seneszenzassoziierten Enzyms β-Galaktosidase und seine Aktivität steigen in seneszenten Zellen circa 3 bis 6-fach an. Daher wurde die Messung des artifiziellen Substrats 5-Brom-4-chlor-3-indoxyl-β-D-galactopyranosid (X-Gal), das bei Hydrolyse seine Farbe verändert, zur Analyse des Alterungszustands der Zelle verwendet.

Die Zellen wurden für die Durchführung der Färbereaktion zunächst auf Glasplättchen in 12-Well-Platten ausgesetzt und entsprechend der gewünschten Differenzierungs- und Versuchsbedingungen bei 5% CO_2, 90% Luftfeuchtigkeit und 37°C inkubiert. Zum entsprechenden

3 Material und Methoden

Zeitpunkt wurde der Überstand verworfen und die Zellen zweimal mit der X-Gal-Waschlösung gewaschen, die aus 1x PBS bestand, dessen pH auf 6,0 gesenkt und das mit 1 mM $MgCl_2$ versetzt worden war. Anschließend wurden die Zellen durch eine 10-minütige Behandlung mit 2% PFA 1:200 gemischt mit einer 50% Glutaraldehydlösung fixiert und anschließend wieder gewaschen. Anschließend wurde jede Vertiefung der 12-Loch-Platte mit 1 ml der X-Gal-Färbelösung versetzt, die je Milliliter aus 925 µl 1x PBS/1mM $MgCl_2$/pH 6,0 sowie 50 µl 20x KC-Lösung und 25 µl X-Gal-Lösung bestand (Zusammensetzung der Lösungen: siehe 8.9).
Die Platten wurden 11 bis 24 Stunden bei 37°C inkubiert und der Färbeprozess stündlich kontrolliert, da zu lange Inkubation zu unspezifischer, generalisierter Blaufärbung führt. Nach der entsprechenden Zeit wurden die Glasplättchen mehrfach sorgfältig mit 1x PBS/1mM $MgCl_2$/pH 6,0 gewaschen und anschließend auf Objektträgern fixiert. Sobald die Präparate getrocknet waren, konnten sie am Mikroskop dokumentiert und ausgewertet werden.

3.2.14 Mykoplasmentest

Um die Kontamination der verwendeten Zellen mit Vertretern der Klasse der *Mollicutes* auszuschließen, wurde nach Anleitung des Herstellers in regelmäßigen Abständen eine polymerase chain reaction, engl. für Polymerasekettenreaktion (PCR) mit einem Mykoplasmen-Detektions-Kit durchgeführt. Da unterschiedliche Hersteller die entsprechenden PCR-Reaktionen für unterschiedliche Spezies entabiert haben, wurde zum einen mit einem Detektions-Kit von Applichem und zum anderen mit einem Detektionskit von Minerva gearbeitet. Beide Systeme arbeiten nach dem gleichen Prinzip und sind für die Erfassung von Mykoplasmen im Zellkulturüberstand mittels PCR entwickelt worden.
Der Zellkulturüberstand verblieb mindestens 48 Stunden auf den Zellen, bevor eine Menge von weniger als einem Milliliter abgenommen, in ein steriles Reagenzgefäß überführt und bei 250 xg kurz zentrifugiert wurde, um eukaryotische Zellen und Zellbestandteile zu pelletieren. Der Überstand wurde anschließend 20 min bei 20 000 xg zentrifugiert, um die möglicherweise vorhandenen Mykoplasmen zu zentrifugieren, dieses Pellet wurde dann in 50 µl Flüssigkeit bei 99°C für 5 min gekocht, um die Bakterien aufzubrechen und die DNA für die Reaktion zugängliche zu machen. Anschließend wurde entsprechend der Angaben des Herstellers die PCR-Rektion vorbereitet und durchgeführt, die Ergebnisse wurden mittels einer gelelektrophoretischen Auftrennung der PCR-Fragmente analysiert.
Für kontaminierte Zellen bestand die Möglichkeit einer Behandlung mit Ciprofloxacin oder Primocin, nach 2 Wochen unter Antibiose wurden die Zellen eine weiter Woche kultiviert, bevor die PCR wiederholt wurden. In allen Experimenten wurden nur Zellen eingesetzt, bei denen die PCR negativ ausgefallen war.

3.2.15 Zelllyse und Proteinaufreingung

Bei Lyse von MSC wurde je nach Zellschalengröße bei 6 cm-Platten mit 60 µl und 10 cm-Plattem mit 100 µl lysiert. Alle Lysepuffer wurden erst direkt vor dem Verwenden mit den entsprechenden Inhibitoren versetzt und alle Schritte wurden stets auf Eis ausgeführt. Als Inhibitoren wurden zum einen Substanzen eingesetzt, die Protein-spaltende Enzyme spezifisch in ihrer Funktion hemmen, des Weiteren wurden Substrate hinzugefügt, die zum Beispiel

Phosphatasen daran hindern sollten, zelleigene Phosphatgruppen anzugreifen. Nachfolgend eine Übersicht der typischerweise eingesetzten Substanzen:

- Natriumorthovanadat inhibiert vor allem Tyrosinphosphatasen und alkalische Phosphatasen kompetitiv. Die eingesetzte Endkonzentration im Lysepuffer betrug 1 mM.
- Natriumfluorid inhibiert als Lewis-Säure vor allem eisenhaltige Enzyme und wurde in einer Endkonzentration von 5 mM eingesetzt.
- β-Glycerophosphat wurde als Phosphatasesubstrat eingesetzt, um noch aktive Enzyme abzufangen und hatte eine Endkonzentration von 10 mM.
- Complete Protease Inhibitor Cocktail ist eine Mischung diverser Protease-Inhibitoren mit weitem Spektrum, es ist kommerziell erhältlich und wirkt vor allem auf Serin-, Cystein- und Metalloproteasen. In dieser Arbeit wird es lediglich als „Complete" bezeichnet. Der Inhibitor wurde als 100x Stocklösung aufbewahrt und entsprechend des Volumens mit einer Endkonzentration von 1x Complete eingesetzt.

Für die Durchführung der Zelllyse wurden der Zellkulturüberstand verworfen, die Zellen wahlweise mit kaltem 1x PBS gewaschen, die Flüssigkeit sehr gründlich abgesaugt und die Platten auf Eis gesetzt. Je nach Größe der Zellkulturfläche wurde eine entsprechende Menge Lysepuffer mit Proteinase und Phosphatase-Inhibitoren auf die Schalen gegeben und die Zellen mit einem Zellschaber abgekratzt. Die Suspension wurde entweder bei ausreichendem Volumen in einer Insulinspritze mit feiner Nadel (18 gauge) 5 bis 10 auf- und abgezogen, um DNA zu zerschrettern und anschließend in 1,5 ml Eppendorf-Reaktionsgefäße überführt, oder, wenn das Volumen nicht für diese Methode ausreichte, geratscht. Dazu wurde jedes Reaktionsgefäß kräftig und schwungvoll 3 bis 5 mal über einen holprigen Untergrund gezogen, wie beispielsweise einen Eppendorf-Reaktionsgefäßständer. Nachdem die Proben insgesamt circa 20 min auf Eis inkubiert hatten, wurden sie bei 4°C für 20 min bei 20 000 xg zentrifugiert und der Überstand für eine Proteinquantifizierung verwendet.

3.2.16 Proteinquantifizierung

Die Analyse des Proteingehaltes einer wässrigen Lösung wurde mit einer Reaktion durchgeführt, die an Anlehnung an die Proteinbestimmung nach Lowry entwickelt wurde (*Lowry et al.* [277]) und bei BioRad als Komplettsystem erworben wurde. Die Reaktion beruht auf der Reduktion des Folinreagents durch einen Protein-Kupfer-Komplex in alkalischem Milieu, bei der in Abhängigkeit der enthaltene Proteinkonzentration die Bildung eines blauen Farbkomplexes erfolgt, dessen Absorptionsmaximum zwischen 405 und 750 nm liegt.

Entsprechend den Vorgaben des Herstellers wurde für jeden Puffer, in dem Proteine gelöst waren, eine entsprechende Eichreihe aus BSA in der entsprechenden Lösung erstellt, die einen Bereich von 0 mg/ml bis 2,5 mg/ml umfasste. Alle Messpunkte wurden in Mehrfachbestimmungen angelegt und zeitgleich in einer 96-Loch-Platte vermessen. Dazu wurden 10 µl der Proteinlösungen mit 25 µl einer 1:50 Mischung der Substanzen A und S vermengt und anschließend mit 200 µl der Lösung B vermischt. Nach einer 15 minütigen Inkubation bei Raumtemperatur wurden die Proben bei 690 nm vermessen, der Hintergrund abgezogen und die Proteinkonzentration der Proben mit Hilfe der Eichreihe berechnet.

Die für die Auftrennung in einem Polyacrylamid-Gel benötigte Proteinmenge wurde berechnet, die Proteinlösung abgenommen, mit der entsprechenden Menge 5x Laemmli-Puffer versetzt, um auf eine finale Laemmli-Puffer-Konzentration von 1x zu kommen, und für 5 min bei 95-99°C erhitzt. Nach kurzer Zentrifugation konnte die Proteinlösung dann in einem Gel aufgetrennt werden.

3.2.17 Western-Blot Analyse

Die Analyse der Proteinexpression von Zellexperimenten erfolgte mittles Western-Blot Analyse. Ein Western- (oder Immun-)Blot besteht aus einer Polyacrylamid-Gel-Elektrophorese (PAGE), dem Blot-Vorgang und einem oder mehreren Immunreaktionen an die sich die Detektion anschließt.

Bei einer SDS- oder BICIN-PAGE (Sodium-Dodecyl-Sulfat-haltige Polyacrylamid-Gel-Elektrophorese beziehungsweise BICIN-haltige-Polyacrylamid-Gel-Elektrophorese) werden die Proteine durch das Durchwandern eines Acrylamid/Bisacrylamidgels anhand der Größe getrennt. Das Gel entsteht, indem sich Acrylamid in Anwesenheit freier Radikale zu langen Polymeren zusammen lagert, die durch Bisacrylamid vernetzt werden. Die Radikale entstammen dabei Ammoniumpersulfat (APS) und als Katalysator wird N,N,N',N'-Tetramethylethylendiamin (TEMED) eingesetzt.

Damit die Proteine während ihrer Wanderung durch das Gel eine konstante Ladungsverteilung aufweisen, wird ihre Eigenladung durch das anionische Detergenz Sodium dodecyl sulfate, engl. für Natriumdodecylsulfat (SDS) überdeckt, wobei 1,4 g SDS ungefähr ein Gramm Protein binden. Der Zusatz von Thiolverbindungen wie β-Mercaptoethanol oder Dithiothreitol im Probenpuffer hilft zudem, Disulfidbrücken aufzubrechen und das Erhitzen der Probe auf mind. 95°C unterbricht die Wasserstoffbrücken, so dass das Molekül gestreckt wird. Im Idealfall weisen Proteine am Ende dieser Prozedur eine SDS-beladene, ellipsoide Form auf, und ihre Laufgeschwindigkeit im Gel hängt nur noch von der relativen Molekülmasse ab.

Für die Blots in dieser Arbeit wurden 6 bis 15%ige PAA-Gele (Polyacrylamid-Gele) eingesetzt, die dargestellten Abbildungen sind, wenn nicht anders angegeben von 10%igen Gelen entstanden, des Weiteren wurde die Elektrophorese im Standardfall mit 80 Volt gestartet und nach 30 min auf 120 Volt erhöht. In einigen Fällen wurden die Proteine im Gel in circa 24 Stunden bei 25 V und 4°C aufgetrennt, was die Bandenschärfe erhöhte, oder die Elektrophoresekammern wurden mit Eis gekühlt und die PAGE fand bei 150 Volt statt.

3.2.18 DNA Aufreinigung, Klonierung und Plasmidexpression

Für die Arbeiten mit DNA wurden als Ausgangmaterial Plasmide genutzt, die transformiert, amplifiziert, aufgereinigt, analysiert, durch Restriktion spezifisch geschnitten, durch Gelelektrophorese separiert, aufgereinigt, neu ligiert, transformiert, per Mini-Präparation analysiert und dann in größerem Maßstab mittels Maxi-Präparation aufgereinigt wurden.

Sämtliche Vektoren für die Arbeiten mit Lentiviren wurden freundlicherweise von Dr. Markus Gödel, Arbeitsgruppe PD Dr. Tobius Huber (Universitätsklinikum Freiburg, Innere Medizin IV, Nephrologie und Allgemeinmedizin) bereit gestellt.

Für die Klonierung der humanen Rictor-shRNA-Lentivirenkonstrukte wurden die Vektoren

3.2 Methoden

pSuperRetro -Rictor und pLVTH mittels Verdau durch die Restriktionsendonukleasen *Eco*RI und *Cla*I geöffnet, wobei 1 µg DNA mit 0.5 µl Enzym in 20 µl Gesamtvolumen für eine Stunde bei 37°C inkubiert und die DNA anschließnd mittels Agarosegelelektrophorese aufgetrennt wurde. Die entsprechenden Banden wurden ausgeschnitten und die DNA mittels Kit aus dem Gel aufgereinigt (siehe 3.2.18.2 „Aufreinigung von DNA-Fragmenten aus Gelen"). Nach Auftrennung der eluierten DNA in einem weiteren Gel um Reinheitsgehalt und Menge des Materials abschätzen zu können, wurden die DNA Fragmente des Vektor-Rückrats und des shRNA-Rictor-Inserts ligiert, in kompetente *E.coli*Top10 transformiert, auf eine Ampicillin-LB-Agaroseplatte aufgetragen und am nächsten Tag mit gewachsenen Kolonien die Mini-Präp angesetzt. Nach 14 Stunden Inkubation wurde die Plasmid-DNA aus den Bakterien aufgereinigt, mittels Restriktion analysiert und anschließend die DNA-Maxi-Präp durchgeführt.

3.2.18.1 Agarose-Gelektrophorese

DNA-Fragmente aus PCR-Reaktionen und Restriktionsansätzen wurden ebenso wie RNA anhand ihrer Größe in TAE-Agarose-Gelen für DNA und TBE-Agarose-Gelen für RNA aufgetrennt. Sichbar gemacht wurden die Nukleinsäure mittels der Eigenfuoreszenz von Ethidiumbromid bei ca. 300 nm. Dieser Phenanthridin-Farbstoff lagert sich als interkalierende Substanz in Nukleinsäuren ein, wobei durch die Bindung seine Emission 50- bis 100-fach intensiver wird (*Aaij et al.* [1], *Waring et al.* [513]). Der Farbstoff wurde entweder direkt in die Agarose-Gele gegeben (0,2 bis 0,3 µg/ml) oder die Gele wurden nach der elektrophoretischen Auftrennung der DNA in einem Ethidiumbromid-Bad (30 µg/ml) inkubiert.

Die Gele bestanden aus 0,8%, 1%, 1,5% oder 2%-Agarose in 1x TAE- oder TBE-Puffer, die durch Erhitzen gelöst wurde. Nach dem Aufkochen wurde gewartet, bis die Flüssigkeit etwas abgekühlt war und anschließend das Ethidiumbromid zugefügt. Die Agarose wurde in einen Gelträger mit Kamm gegossen, der nach dem Abkühlen gezogen wurde. Anschließend wurde die DNA mit Ladepuffer versetzt, um die Migration durch das Feld beobachten zu können, und die Proben zusammen mit 2 µl des Größenmarkers in die Taschen pipettiert. Aufgetrennt wurde die DNA bei 80-100 Volt in circa 30 bis 120 Minuten, je nach Größe der gewünschten Banden.

3.2.18.2 Aufreinigung von DNA-Fragmenten aus Gelen

Die Aufreinigung von DNA-Fragmenten aus Ethidiumbromid-Agarose-Gelen wurde mittels des QIA-quick Spin PCR Purifcation Kits entsprechend der Anleitung durchgeführt. Dazu wurden die DNA-Banden auf einem UV-Transilluminator aus dem Gel geschnitten und auf einer Feinstwaage gewogen, um ein ungefähres Maß für ihr Volumen zu erhalten (100 µg Gel wurden mit ca 100 µl gleichgesetzt). Für ein Volumen Gel wurden drei Volumenteile des Puffers QG hinzugefügt und das Reaktionsgefäß bei 50°C inkubiert, bis sich das Agarosegel vollständig gelöst hatte (dies dauerte circa 10 min). Anschließend wurde ein Gelvolumen Isopropanol hinzugefügt, die Flüssigkeit auf eine QIAquick-Säule aufgetragen und eine Minute bei 11000 xg zentrifugiert.

Der Durchfluss wurde verworfen, die Membran der Säule mit 0,75 ml PE-Puffer gewaschen, abzentrifugiert und die Membran durch einen anschließenden Zentrifugationsschritt getrocknet.

Nachdem 30 µl Elutionspuffer eine Minute lang auf der Säule inkubierten, wurde die DNA-haltige Flüssigkeit durch eine letzte Zentrifugation (1 min bei 11000 rcf) in einem frischen Reaktionsgefäß gesammelt.

3.2.18.3 Ligation

Bei der Ligation mit der T4-DNA-Ligase wurde ein Verhältnis von Vektor zu Insert gewählt, das zwischen 1:3 bis 1:10 variierte. Die DNA-Menge des Inserts wurde mittels des Aufgragens von 1 µl DNA in einem Agarose-Gel abgeschätzt. Dabei wurden die Fragmente zusammen mit 5 µl DNA-Leiter aufgetrennt und ihre Banden mit der Intensivität der gleichhohen Markerbanden verglichen. Für die Ligation mit dem Rapid-Ligation-Kit wurden Vektor und Insert ebenfalls gemischt und mit 10 µl T4 DNA Ligation Buffer auf 20 µl aufgefüllt. Anschließend wurde 1 µl T4 DNA Ligase dazugegeben und das Reaktionsgefäß nach gründlichem Mischen 5 Minuten bei Raumtemperatur inkubiert. Anschließend erfolgte die Transformation.

3.2.18.4 Herstellung kompetenter Bakterien

Für die Herstellung chemisch kompetenter Bakterien wurde der entsprechende Stamm E.coli zunächst auf Antibiotika Sensitivität getestet und - sobald diese sicher gestellt war, eine einzelne Kolonie zur Animpfung von 5 ml sterilem, antibiotikafreiem 1x LB-Medium genutzt. Am nächsten Tag wurden 500 ml steriles LB-Medium mit der Vorkultur beimpft und bei 37°C unter ständigem Schütteln inkubiert bis die optische Dichte (OD_{600}) zwischen 0,3 und 0,4 lag. Dann wurde die Bakteriensuspension auf Eis heruntergekühlt und die Zellen mittels einer 20 minütigen Zentrifugation bei 5 000 rpm und 4°C in einem Sorvall GSA Rotor pelletiert. Anschließend wurde das Pellet in 125 ml einer eiskalt vorgekühlten, sterilen 100 mM $MgCl_2$ Lösung resuspendiert, erneut zentrifugiert und anschließend in 25 ml einer eiskalten, sterilen 100 mM $CaCl_2$ Lösung aufgenommen. Weitere 225 ml eiskalte $CaCl_2$ Lösung wurden inzugegeben und die Bakterien für mindestens 20 min auf Eis inkubiert, dann erfolgte die letzte Zentrifugation. Anschließend wurden die Zellen in 10 ml einer eiskalten, sterilen Lösung bestehend aus 85 mM $CaCl_2$ und 15% (w/w) Glycerin resuspendiert, in 100 µl Aliquots abgefüllt, die sofort in Flüssigstickstoff schockgefroren wurden und bis zur Verwendung bei -80°C gelagert.

3.2.18.5 Transformation

Für die Transformation wurden kompetente E. coli Bakterien eingesetzt, die bei -80°C gelagert worden waren. Pro Reaktionsansatz wurden 100 µl Bakteriensuspension auf Eis aufgetaut und dann direkt zum Ligationsansatz gegeben. Nach einer Inkubation von 20 min auf Eis, damit sich die DNA an die Bakterienzellwand anlagern konnte, erfolgte ein Hitzeschock bei 42°C für 45 sec, der die Membrandurchlässigkeit erhöhte und so die Aufnahme der DNA in die Zelle ermöglichte.
Anschließend wurden die Bakterien wieder herabgekühlt, 1 ml 1x LB-Medium wurde hinzugefügt, und die Zellen inkubierten für 1 Stunde bei 37 °C wobei sie mit ca. 180 rpm geschüttelt

wurden. Nach dieser Zeit wurde der Transformationsansatz auf Agar-Platten mit Selektionsmedium (zum Beispiel 1x LB, versetzt mit 100 µg/ml Ampicillin oder 30 µg/ml Kanamycin) aufgebracht, verteilt und nach einer kurzen Trocknungsphase über Nacht bei 37°C inkubiert.

3.2.18.6 Mini-Präparation von DNA

Zur Analyse von gewachsenen Bakterienkolonien auf LB-Agarplatten wurden einzelne Kolonien steril gepickt und 2-5 ml 1x LB-Flüssigmedium mit dem entsprechenden Antibiotikum angeimpft. Nach 12-16 Stunden Inkubation bei 220 rpm und 37°C wurden die Zellen in ein 2 ml Eppendorfreaktionsgefäß überführt und bei 20 000 xg für 5 min pelletiert. Das Pellet wurde in 150 Resuspensions-Puffer aufgenommen, 150 µl Lysis-Puffer wurden zugegeben, das Tube wurde sorgfältig invertiert und die Lysereaktion mit 150 µl Neutralisations-Puffer durch erneutes Invertieren abgestoppt.
Anschließend wurden die Reaktionsgefäße für 10 bis 20 Minuten bei 20 000 xg zentrifugiert, der Überstand in eine neues Tube überführt, mit 400-900 µl eiskaltem 100%igem Ethanol versetzt und gevortext. Nach erneuter Zentrifugation wurde der Überstand verworfen und das (meist unsichtbare) Pellet mit 1-2 ml 70%igem Ethanol gewaschen. Nach 5 min bei 20 000 xg Zentrifugation könnte der Überstand abgenommen und die DNA getrocknet werden, dann wurde sie in 30-50 µl Tris-Puffer oder einer anderen wässrigen Lösung (TE etc.) aufgenommen und am Nanotrop der DNA-Gehalt bestimmt.

3.2.18.7 Maxi-Präparation von DNA

Zur Aufreinigung bereits analysierter DNA in größerem Maßstab wurden silikatsäulenbasierende Kits eingesetzt, um eine möglichst hohe Reinheit zu Erreichen und die Qualität der Nukleinsäuren zu erhalten. Für die Produktion von Plasmiden zur Herstellung von Lentiviren wurde zudem ein System genutzt, dass die Kontamination mit Endotoxin vermindert. Bei beiden Präparationsverfahren wurden 600 ml 1x LB-Medium mit der für die transformierten Bakterien passenden Antibiotikakonzentration versetzt und angeimpft, die Kulturen wurde je nach Vektor bei 30 bis 37°C für 12 bis 18 Stunden und 220 rpm inkubiert.
Nach einer 20 minütigen Zentrifugation bei 5 000 rpm und 4°C in einem Sorvall GSA Rotor wurde das Pellet in 2 ml Puffer RES-EF aufgenommen und sorgfältig gelöst. Nach nicht länger als 5 min andauernder alkalischer Lyse durch Zugabe von 24 ml LYS-EF-Puffer und Invertieren wurde die Reaktion durch Zugabe von 24 ml Neu-EF-Puffer abgestoppt und die Säulen mit 35 ml EQU-EF-Puffer befeuchtet und equilibriert, während die lysierte Bakterienlösung 5 min lang auf Eis inkubierte. Anschließend wurde sie auf die Säulen aufgetragen und der Zellstofffilter nach Durchtropfen der Lösung mittels 10 ml FIL-EF-Puffer gespült, bevor er verworfen wurde. Anschließend wurde die Säule mit 90 ml ENDO-EF-Puffer und danach mit 45 ml WASH-EF-Puffer gewaschen und die DNA mit 15 ml Elutionslösung ELU-EF-Puffer eluiert.
Die Präzipitation der Nukleinsäure erfolgte durch Zugabe von 10,5 ml Isopropanol, nach sorgfältigem Mischen wurde die Lösung langsam durch den NucleoBond-Finalizer-Filter gedrückt und dieser anschließend mit 5 ml 70%em Ethanol gewaschen. Nach Trocknung konnte die DNA mit einem trishaltigen Puffer eluiert und in einem Eppendorfreaktionsgefäß gesammelt werden,

bevor die Konzentration mittels photometrischer Messung bestimmt und die Qualität der DNA durch Restriktionsanalyse und Auftragen in einem Agarosegel bestätigt werden konnte.

3.2.19 Zellkultur zur Virusproduktion

Neben den Versuchen mit humanen primären Zellen wurde in dieser Arbeit auch eine Zelllinie für die Produktion von Lentiviren eingesetzt. Es handelt sich dabei um HEK-293T-Zellen, die freundlicherweise von Prof. Dr. Hans Will (Heinrich-Pette-Insitut Hamburg) zur Verfügung gestellt wurden.
293T Zellen sind eine Weiterentwicklung der HEK (Humanen Embryonalen Kidney)-Zelllinie, die in den frühen 1970ern von Alex van der Eb generiert wurde, indem normale, bei einer legalen Abtreibung gewonnene, humane embryonale Nierenzellen mit Adenovirus 5 DNA transfomiert wurden. Das virale Genom wurde in Chromosom 19 eingebaut und die Zellen anschließend weiter modifiziert, indem das Gen für das polyomavirale SV40 T-Antigen inseriert wurde, diese Zellen werden als 293tsA1609neo oder 293T bezeichnet und sind durch die Expression des hexameren Proteins leichter zu transformieren. Das DNA-Profil der hypertriploiden Zelllinie lautet: Amelogenin: X; CSF1PO: 11,12; D13S317: 12,14; D16S539: 9,13; D5S818: 8,9; D7S820: 11,12; THO1: 7,9.3; TPOX: 11 und vWA: 16,19. Auch mit diesen Zellen wurde nur gearbeitet, wenn sie mykoplasmenfrei waren, dabei wurde folgendes Medium eingesetzt:

Substanz	finale Konzentration
DMEM	1x
Penicillin	100 E/ml
Streptomycin	0,1 g/l
L-Glutamin	2 mM
Natriumpyruvat	1 mM
HEPES pH 7,3	20 mM
FBS	10%

3.2.20 Produktion, Aufreinigung und Verwendung von Lentiviren

Alle Arbeiten mit Lentiviren wurden nach behördlicher Genehmigung und unter Anwendung der geltenden Sicherheitsmaßnahmen in einem S2-Labor durchgeführt. Produktion, Lagerung, Verwendung und Entsorgung entsprechend der LaGeSo-Vorgaben im Formblatt-Z dokumentiert und das Arbeitsgerät besonders markiert und getrennt von S1-Material gelagert, um jede Kontamination zu vermeiden.
Für die Produktion von Lentiviren wurden die 293T-Zellen in 175cm^2-Zellkulturflaschen ausgesetzt und bis auf 60%ige Konfluenz herangezogen, wobei darauf geachtet wurden, dass die Zellen durch sogenannte Zellseparatoren gefiltert worden waren, um sie möglichst zu vereinzeln. Außerdem wurden die Kulturflaschen vor Verwendung mit 2%iger steriler-Gelatine-PBS-Lösung 2 Stunden bei 37°C inkubiert, um die Adhärenz der Zellen zu erhöhen.
Für die Tripel-Transfektion mit den lentiviralen Expressionsvektoren wurde das 4,5g/L-Glucose-haltige Zellkulturmedium gegen 1,0 g/L-Glucose-haltiges DMEM ausgetauscht, da dies zu-

sätzlich die Adhärenz der Zellen verbessert. Steriles Wasser wurde mit Kalziumchloridlösung und der DNA unter Vortexen gemischt, bevor tröpfchenweise 2x HBS-Puffer zugegeben wurde, wobei die Lösung weiter kontinuierlich gevortext wurde.

Die eingesetzte Menge an Plasmid-DNA, die das Hüllprotein, beziehungsweise den Verpackungsanteil des Virus beziehungsweise die spezifische shRNA kodiert, kann der nachfolgenden Tabelle entnommen werden.

Gefäß	Oberfläche in cm^2	ddH$_2$O in µl	2,5 M CaCl$_2$ in µl	Packvektor psPAX2 in µg	Hüllvektor pMD2VSVg in µg	shRNA-Vektor in µg	Menge DNA in µg	2x HBS in µl
6 cm	21	496	55	4.3	1.4	5.7	11	554
10 cm	55	1300	145	11.25	3.75	15	30	1450
15 cm	150	3545	395	30.7	10.2	40.9	82	3955
T-25	25	591	66	5.1	1.7	6.8	14	659
T-75	75	1773	198	15.3	5.1	20.5	41	1977
T-175	175	4136	461	35.8	11.9	47.7	95	4614

Nach 10 min Inkubation bei Raumtemperatur wurde unter dem Mikroskop kontrolliert, dass sich feine Kristallsedimente gebildeten hatten, dann wurde die Lösung sehr langsam zu den Zellen getropft und diese für 24 Stunden bei 37°C inkubiert.

Nach vorsichtigem Absaugen des Mediums wurden die Zellen nun mit Viren-Medium bedeckt, dessen Zusammensetzung der folgenden Tabelle entnommen werden kann:

Substanz	finale Konzentration
DMEM 4,5 g/L Glucose	1x
Penicillin	100 E/ml
Streptomycin	0,1 g/l
L-Glutamin	2 mM
Natriumpyruvat	1 mM
HEPES pH 7,3	20 mM
FBS	10%
steriles BSA gelöst in DMEM	1%

Nach 24 Stunden wurde der nun idealerweise stark gelb-gefärbte Überstand abgenommen, bei 1000 x g zentrifugiert, durch ein 0,45 µm-Filter filtert und bei 4°C gelagert. Die Zellen wurden mit neuem Virenmedium bedeckt und weitere 24 Stunden inkubiert, bevor der Überstand ein weiteres Mal abgenommen, zentrifugiert und filtert und beide Überstände vereinigt wurden. Anschließend wurde das virenhaltige Medium 2 Stunden bei 4°C und 100 000 xg ultrazentrifugiert, der Überstand abgenommen und die Viren mit einem Hunderstel des ursprünglichen Volumens an Medium bedeckt. Durch 4 stündiges, kontinuierliches Schütteln bei 220 rpm wurden die Viren vorsichtig vom Boden der Zentrifugienröhrchen gelöst, dann in geeignete Kryogefäße mit Schraubverschluss aliquotiert und bei -80°C gelagert.

3 Material und Methoden

Für die Transduktion von humanen mesenchymalen Stammzellen wurden Aliquots mit den Lentiviren vorsichtig aufgetaut und mit einer sterilen Protaminsulfatlösung gemischt (finale Konzentration im Zellkulturmedium war 10 µg/ml Protaminsulfat). Da das thrombozytenhaltige Kulturmedium bei Zugabe dieser Substanz geliert, wurde es abgenommen und die Zellen mit 20%FCS-αMEM bedeckt. Anschließend wurden die Viren zugegeben und die MSCs für 24 Stunden bei 37°C inkubiert, bevor die Zellen gewaschen und wieder mit thrombozytenhaltigem Kulturmedium bedeckt wurden.

Wichtig bei der Transduktion der Zellen für einen lentiviralinduzierten Proteinknockdown war eine maximal 20%ige Konfluenz der MSC, nach Transduktion wurden die Zellen bis zur 60%igen Konfluenz hochgezogen und anschließend dünn in die gewünschten Zellkulturgefäße für die Durchführung der Versuche gesplittet.

3.2.21 Tierexperimentelles Arbeiten

Nach entsprechender Beantragung und Genehmigung durch die zuständige Behörde (LaGeSo G0028/11, Berlin) sowie entsprechend der vorgeschriebenen Leitlinien der Charité Universitätsmedizin für die Haltung von Versuchstieren wurden sämtliche Versuche durch entsprechend geschulte Mitarbeiter gemäß der geltenden Richtlinien durchgeführt. Dabei wurden zehn Wochen alte Mäuse (C57Bl/6JRccHsd, erworben von Harlan Winkelmann, Deutschland) über einen Zeitraum von 37 Tagen jeden dritten Tag intraperitoneal mit 1,5 mg/kg Rapamycin behandelt. Die Spiegel des Wirkstoffs wurden während des Versuchs im Serum mit Hilfe eines Mikropartikel Assays (ARCHITECT; Abbott) kontrolliert. Nach Versuchsdurchführung wurden die Tiere ausgeblutet, eröffnet und die Aorten herauspräpariert. Diese wurden in Flüssigstickstoff schockgefroren und bei -80°C gelagert.

3.2.22 Immunfluoreszenzfärbung von Kryoschnitten

Kryoschnitte von 6 µm Dicke der Aorten wurden in Tissue-Tek®O.C.T™ Compound von Sakura an einem CM1900 Leica Kryostat bei -24°C hergestellt und über Nacht bei Raumtemperatur getrocknet, bevor sie für mehrere Stunden bei -80°C gelagert wurden. Zur Fixierung wurden die Schnitte 20 min in eiskaltem Aceton inkubiert, getrocknet und zweimal mit 1x PBS gewaschen. Unspezifische Bindestellen wurden durch 4 stündiges Blocken in 5% Kaninchenserum in PBS bei Raumtemperatur abgesättigt, bevor die Inkubation mit den entsprechenden Antikörpern unten den in Abschnitt 8.6.3 auf Seite 152 angegebenen Bedingungen erfolgte.

Nach dreimaligem gründlichem Waschen in PBS erfolgte die Inkubation mit dem Alexa Fluorkonjugierten Sekundärantikörper in 3% Ziegenserum für zwei Stunden ebenfalls bei Raumtemperatur, bevor die Zellkerne mit 2 µg/ml DAPI gefärbt, die Schnitte mit TBS gewaschen und mit AquaPolymount eingebettet wurden. Analysiert wurden die Schnitte an einem Axio Imager A1 Immunfluoreszenzmikroskop von Zeiss mit entsprechender Kamera-Ausstattung.

3.2.23 Statistische Auswertung

Bei allen quantitativen oder semi-quantitativen Messungen wurden die Primärdaten aus den entsprechenden Pogramme in Excel übertragen und auf dem Fileserver der Arbeitsgruppe hinterlegt, bevor sie zur Varianzanalyse (ANOVA von englisch analysis of variance) in GraphPad Prism übertragen und ausgewertet wurden.

Bei der Messung zweier Gruppen (etwa Behandlung mit Wachstumsfaktoren und Behandlung mit einem pharmakologischen Inhibitor) wurde für die statistische Analyse der Zwei-Weg-ANOVA gewählt, der berechnet, ob es einen signifikanten Unterschied zwischen den Gruppen gibt. Um zu charakterisieren, welche Gruppe sich unterscheiden, wurde ein Post-Hoc Test angewandt, der Tukey-Kramer Test, wenn alle Parameter paarweise verglichen werden sollten, der Bonferroni Test, wenn eine bestimmte Anzahl von Werten paarweise analysiert werden sollte und der Dunnett Test, wenn alle Gruppe mit einer bestimmten Kontrollgruppe verglichen werden sollten.

Das angewendete Rechenverfahren sind ebenso wie die Signifikanzwerte (p-Werte) bei den entsprechenden Grafiken angegeben.

4 Ergebnisse

4.1 Charakterisierung humaner MSC

Humane mesenchymale multipotente Stromazellen können nicht durch einen einzigen definierten Oberflächenmarker identifiziert werden, wie dies bei anderen Zellen möglich ist. Die Internationale Gesellschaft für Zelltherapie hat daher Minimalkriterien definiert, die eine Zellpopulation erfüllen muss, um als MSC-Kultur zu gelten[24] (*Dominici et al.* [99]).
Aus Knochenmark isolierte mononukleäre Zellen, die an Plastik adhärieren, müssen sich in Osteoblasten, Chondrozyten und Adipozyten differenzieren lassen, damit sichergestellt ist, dass die Zellen ein multipotentes Differenzierungspotential haben.
Des Weiteren dürfen sie keine Oberflächenmarker für Endothelzellen, Leukozyten oder hämotopoietische Stammzellen aufweisen (weniger als 2% der Zellen dürfen CD11b oder CD14, CD19 oder CD79α, CD34, CD45 und HLA-DR exprimieren). Außerdem müssen mehr als 95% der Zellpopulation die Oberflächenmarker CD73, CD95 und CD105 exprimieren, eine Kombination, die eine einheitliche Population von isolierten Zellen bestätigt.

4.1.1 Oberflächenmarker-Analyse

Die Untersuchung der Oberflächenmoleküle von gewonnen Stromazellen wurde mittels Durchflusszytometrie durchgeführt, wobei jede Zellpräparation in mehreren Passagen analysiert wurde. Nur Zellen, die wie im gezeigten Beispiel in Abbildung 4.1.1, ein einheitliches Bild von Oberflächenmarkern mit positivem Nachweis für CD73, CD95 und CD105 und ohne Nachweis von Endothelzellmarkern, Leukozyten- oder hämotopoitischen Stammzellmarkern wurden für die Versuche eingesetzt.
Ein repräsentatives Beispiel einer solchen Untersuchung ist in Abbildung 4.1.1 zu sehen. Neben den drei Markern CD73, CD90 und CD105, die von mehr als 95% der Zellen exprimiert wurden, sind darüber hinaus die sechs verschiedenen Analysen für Oberflächenmarker dargestellt, die nicht beziehungsweise kaum von den Zellen exprimiert wurden. Zellen, die ein solches Profil ergaben, wurden anschließend auf ihr multilinieäres Differenzierungspotential untersucht.

4 Ergebnisse

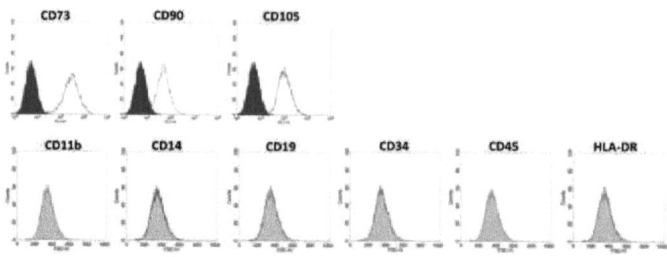

Abbildung 4.1.1: Durchflusszytometrie-Analyse von hMSC

Repräsentative Untersuchung einer einzelnen Zellpräparation in Passage 2 für die notwendigen Oberflächenmarker. Um die unspezifisch an den Zellen bindenden Antikörper zu identifizieren, wurde für jeden Antikörper der ensprechende Isotyp mitgemessen. Gefüllte Kurven zeigen den Isotyp an, farbige, ungefüllte Kurven stehen für die Menge an Zellen entsprechend der Intensität des abgegebenen Fluoreszenzsignals. Die X-Achse enspricht dem Intensitätssignal, die Y-Achse der Anzahl an gemessenen Zellen.

4.1.2 Multilinieäres Differenzierungspotential

4.1.2.1 Adipozytäre-Differenzierung

Die Differenzierung in Adipozyten erfolgte unter den in Abschnitt 3.2.3 auf Seite 36 genannten Bedingungen in circa vier Wochen. Anschließend wurden die Zellen fixiert und mit Oil-Red-O gefärbt, bevor sie im Vergleich zu einer Schale gefärbter, nicht-differenzierter Zellen mikroskopiert wurden. Während die Zellen unter Kontrollmedium ihre typische langgestreckte, spindelförmige Gestalt behielten, zeigten sich bei Adipozyten-Medium nach zwei bis drei Wochen Zellen mit durchsichtigen, hellen Vakuolen, die im Laufe der Zeit größer und zahlreicher. Die Inkubation mit Oil-Red-O-Färbelösung färbte diese Tröpfchen leuchtend rot (Abbildung 4.1.2).

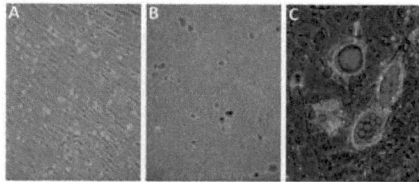

Abbildung 4.1.2: Oil-Red-O-Färbung von zu Adipozyten-Differenzierten MSC

Representative Darstellung einer MSC-Präparation, A mit Kontrollmedium kultiviert, B und C vier Wochen nach Induktion der adipoblastären Differenzierung und anschließender Oil-Red-O-Färbung aufgenommen. B und C: Fettgefüllte Vakuolen werden in der Oil-Red-O-Färbung leuchtend rot dargestellt. Vergrößerung: A und B 40x, C 100x

4.1.2.2 Chondroblastäre-Differenzierung

Für die Überprüfung der chondroblastären Differenzierbarkeit von MSC wurden diese vier Wochen in Pellet-Kulturen oder in 3D-Gelen mit Chondrozyten-Medium kultiviert. Anschließend erfolgte die Analyse mittels Western-Blot oder Alcian-Blau-Färbung (siehe Abbildungen 4.1.3 und 4.1.4). Nachgewiesen wurde im Western-Blot das Chondroblasten-spezifische Protein Kollagen IIA1, indem Proteinlysate von differenzierten und undifferenzierten Zellen mittels Gelelektrophorese separiert und mit Kollagen IIA1-Antikörper die Expression des Proteins dargestellt wurde (Abbildung 4.1.3).

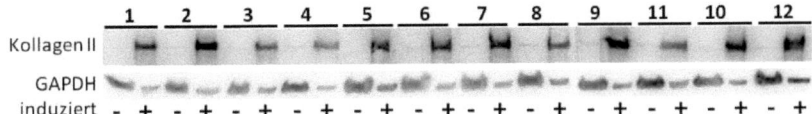

Abbildung 4.1.3: Western-Blot Analyse von Chondroblastärer Differenzierung

Western-Blot-Analyse von zwölf verschiedenen humanen MSC-Präparationen, die vier Wochen lang mit Chondrozyten-Induktionsmedium (CM) in konischen Zentrifugenröhrchen inkubiert wurden und den jeweils zugehörigen, nicht behandelten Kontrollen. Neben der Ladekontrolle mit GAPDH wurde die Expression von Kollagen II als spezifischem Knorpelmarkerprotein analysiert. Minus kennzeichnet nicht behandelte Zellen, Plus steht für die Behandlung mit CM.

Für den Nachweis der typischen knorpelspezifischen Glykoproteine mit Alcian-Blau wurden undifferenzierte MSCs in 3-D-Gel ausgesäht und für vier Wochen mit Chondroblasten Medium inkubiert. Nach Fixierung und Färbung der Wells zeigte sich eine deutliche Blaufärbung der differenzierten Zellen im Vergleich zu undifferenzierten MSCs (Abbildung 4.1.4).

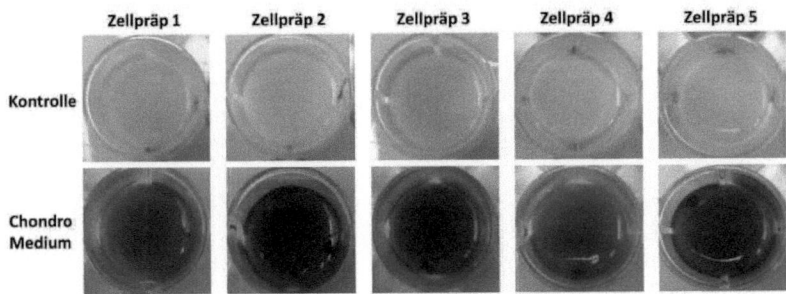

Abbildung 4.1.4: Alcian-Blau-Färbung von chondroblastärer Differenzierung

Fotographische Dokumentation der Alcian-Blau-Färbung von 3-D-Gelen mit MSCs nach 4-wöchiger Behandlung mit Kontrollmedium beziehungsweise Chrondroblastendifferenzierungsmedium. Die Anreicherung von Alcian Blau nach der Inkubation zeigt die Expression von Knorpelmatrix und spricht für die Differenzierung der Zellen. Bei den mit Kontrollmedium behandelten Zellen ließ sich das gefärbte Gel während des Waschens wieder entfärben.

4.1.2.3 Osteoblastäre Differenzierung

In Anlehnung an zahlreiche Protokolle (*Ozawa et al.* [347]; *Ohgushi et al.* [336]; *Igarashi et al.* [178]; *Kihara et al.* [216]; *Perinpanayagam et al.* [358]; *Maniatopoulos et al.* [287]; *Kulterer et al.* [240]) wurde die Differenzierung in knochenmaterial-bildende Zellen (Osteoblasten) induziert, indem die Zellen 2-4 Wochen lang alle drei Tage mit frischem Osteoblastenmedium versorgt und nicht gesplittet wurden. Das Medium bestand aus DMEM, 1% FCS, 2 mM L-Glutamin und zusätzlich 500 µM 2-Phospho-L-Ascorbinsäure und 10 mM β-Glycerophosphat als Phosphatquelle. Außerdem wurde 0,1 µM Dexamethason eingesetzt, da dieses Glukokortikoid die Proliferation inhibiert und die ALP-Aktivität stimuliert (*Eijken et al.* [108]). Für den Nachweis der Differenzierung wurde anschließend eine Alizarinfärbung durchgeführt. Die Intensität der Rotfärbung konnte als grober quantitativer Nachweis für abgelagertes Kalziumhydroxylapatit ausgewertet werden; dies wurde fotografisch dokumentiert (Abbildung 4.1.5).

Abbildung 4.1.5: Alizarinfärbung bei osteoblastärer Differenzung von MSC
A: Kontrollfärbung, die Zellen nach Kultivierung in normalem Kulturmedium ohne osteoblastäres Induktionsmedium zeigt, B: Aufnahme Zellen nach 10-tägiger Kultivierung in Osteoblastenmedium. C: Aufnahme einer Kultur, die 4 Wochen lang mit Osteoblastenmedium inkubiert und anschließend Alizarin gefärbt wurde. Das gebildete Apatit zeichnet sich durch die intensive rote Färbung aus.

4.2 *In vitro* Modell für arteriosklerotische Zellveränderungen

Für die Analyse der arteriosklerotischen Gefäßveränderungen wurde ein Zellkulturmodel etabliert, das aus humanen primären multipotenten Zellen mit Stammzellcharakter bestand, den mesenchymalen Stromazellen. Diese sind sowohl Vorläufer der glatten Muskelzellen als auch der Osteoblasten, haben demnach sowohl die Fähigkeit, in die physiologisch sinnvollen Zellen einer Gefäßwand zu differenzieren, als auch zur Entstehung von knochenähnlichen Strukturen beizutragen. Im menschlichen Körper dienen sie als Vorläuferzellen nicht nur für die Entwicklung der entsprechenden Gewebe, sondern sind durch ihre regenerativen Fähigkeiten auch wichtiger Bestandteil von Heilungsprozessen und in vielen Geweben zu finden.

Um arteriosklerotische Gefäßveränderungen in einem Zellkulturmodell analysieren zu können, wurde für die Zellen ein Mikromilieu erschaffen, das an die pathophysiologischen Bedingungen in der Gefäßwand angepasst war. Neben der Versorgung mit Glukose entsprechend einer Konzentration, wie sie für den erhöhten Blutzuckerspiegel bei Diabetes gemessen werden kann (25 mM), wurde den Zellen durch β-Glycerophosphat, Phospho-Askorbinsäure und Dexamethason auch die nötigen Voraussetzung geboten, um osteoblastär differenzieren zu können.

Im pathologischen Kontext werden die Zellen neben einer erhöhten Phosphatkonzentration der Umgebung auch durch Zytokine beeinflusst, deren Konzentration von der gesunden Situation abweichen kann, wie für Arteriosklerose und Atherosklerose gezeigt wurde (*Fiotti et al.* [117], *Tedgui et al.* [475], *Young et al.* [540]). Neben inflammatorischen Zytokinen, wie den Interleukinen, wurden auch einige Wachstumsfaktoren mit kalzifizierenden Gefäßerkrankungen in Verbindung gebracht, darunter CTGF, FGF-2, FGF-23, PDGF-BB oder TGF-β1 (*Raines et al.* [379], [380], *Oemar et al.* [333], [334], [332], *Xu et al.* [528]). Besonders die erhöhte Konzentration von bestimmten Wachstumsfaktoren in atherosklerotischen Gefäßläsionen impliziert ihre Bedeutung für pathologische zelluläre Differenzierungsprozesse. Des Weiteren wird die Wirkung von Wachstumsfaktoren über Signalkaskaden vermittelt, die entweder direkt oder indirekt auch die Aktivität des mTOR-Netzwerks beeinflussen (*Kim et al.* [220]). Um eine möglichst wirklichkeitsnahe Situation zu schaffen und auch die Aktivität des mTOR-Netzwerks unter Bedingungen zu modulieren, die zellphysiologisch relevant sind, wurden daher auch Wachstumsfaktoren zur Inkubation eingesetzt und ihre spezifische Wirkung auf die Aktivität des mTOR-Netzwerks sowie ihre Beeinflussung der osteoblastären Kalzifzierung analysiert.

4.2.1 Pharmakologische mTORC1-Blockade durch Rapamycin

4.2.1.1 Analyse von pp70-S6 zur Dosisfindung

Um den Wirkstoff Rapamycin für Versuche zur osteoblastären Differenzierung einzusetzen, wurden zunächst Dosisreihen durchgeführt, um eine möglichst geringe und gleichzeitig wirksame Konzentration zu finden, die während einer circa dreiwöchigen Behandlung der Zellen eingesetzt werden konnte.

4 Ergebnisse

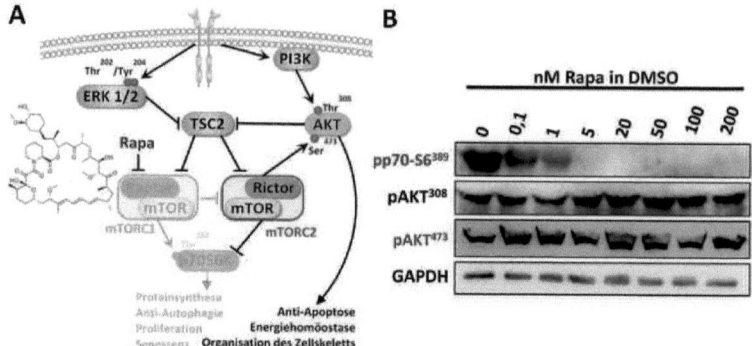

Abbildung 4.2.1: Wirkweise von Rapamycin und Western-Blot der Dosisreihe
A: Schema, das die Wirkung von Rapamycin auf das mTOR Netzwerk zeigt. Daneben die Strukturformel der Substanz. B: Western-Blot-Analyse der Dosisreihe. Humane mesenchymale Stromazellen wurden für 24 Stunden mit der angegebenen Konzentration an Rapamycin inkubiert. Anschließend erfolgte mittels Western-Blot-Verfahrens die Bestimmung der Proteinphosphorylierung. Proben, die mit 0 nM Blocker behandelt wurden, erhielten eine Inkubation mit dem Lösungsmittel DMSO

Da Rapamycin mTORC1 blockiert und so die Phosphorylierung von p70-S6 am Aminosäurerest Threonin[389] verhindert, wurde mittels Western-Blot-Analyse untersucht, ab welcher Konzentration diese Phosphorylierung nicht mehr nachzuweisen war (Abbildung 4.2.1).
Die Konzentrationsanalyse zeigte, dass Rapamycin schon bei 5 nM für die Phosphorylierungsstelle Threonin[389] am Protein p70-S6 Kinase seine volle inhibitorische Wirkung entfaltete. In Patienten wird zur dauerhaften Immunsuppression nach einer Organtransplantation ein Vollblut-Talspiegel von 4-12 ng/ml Rapamycin empfohlen[25]. Spitzenspiegel sollten nicht höher als 12-20 ng/ml liegen. Dies enspricht einer Konzentration von 20 nM (das Molekulargewicht von Rapamycin beträgt 914,172 g/mol).
Daher wurde für die Zellkulturversuche in dieser Arbeit eine Dosis von 20 nM gewählt, um den therapeutischen Blutspiegeln zu entsprechen.

4.2.1.2 Osteoblastäre Differenzierung unter mTORC1-Inhibition

Der Einfluss des mTORC1-Inhibitors Rapamycin bei der osteoblastärer Differenzierung von MSCs über einen längeren Zeitraum wurde analysiert, indem verschiedene Konzentrationen eingesetzt und sowohl die Aktivität der ALP nach sieben Tagen als auch die Menge an abgelagertem Kalzium nach 21 Tagen gemessen wurden. Auch eine Kontrolle mit dem Lösungsmittel DMSO wurde mitgeführt. So konnte ausgeschlossen werden, dass es zu einem ungewollten toxischen Effekt des Vehikels kam. Die Messung der alkalischen Phosphatase (Abbildung 4.2.2) zeigte eine von der Rapamycindosis abhängige Reduktion der Aktivität des osteoblastären Markerenzyms. Übereinstimmend mit diesen Beobachtungen nahm die nachweisbare Menge an Kalziumablagerungen mit höheren Dosen an Rapamycin ab.

4.2 In vitro Modell für arteriosklerotische Zellveränderungen

Da die klinisch relevante Konzentration von 20 nM bereits eine deutliche Wirkung auf ALP-Aktivität und Kalziumablagerung zeigte und auch bei der Untersuchung im Western-Blot einen sicheren Effekt hatte, wurde diese Konzentration in allen weiteren Versuchen eingesetzt.

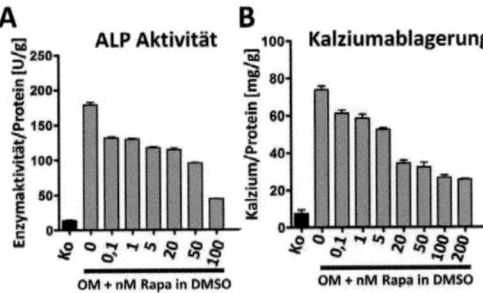

Abbildung 4.2.2: ALP und Kalziumanalyse bei Rapamycinbehandlung

A: Analyse der enzymatischen Aktivität von ALP nach sieben Tagen und B: der Ablagerung von Kalzium nach 21 Tagen Behandlung mit Kontroll- oder Osteoblastenmedium und der angegebenen Konzentration des mTORC1 Inhibitors Rapamycin. Als Lösungsmittelkontrolle wurde DMSO eingesetzt. Alle Proben wurden entsprechend ihres Proteingehaltes normalisiert, es handelt sich bei ALP um vierfach, bei Kalzium um zweifach Bestimmungen, angegeben sind Mittelwerte und SEM.

4.2.2 Osteoblastäre Differenzierung mit Wachstumsfaktoren und mTORC1-Blockade

4.2.2.1 Morphologische Veränderungen bei osteoblastärer Differenzierung unter Zytokinstimulation

Die Plastizität und Differenzierbarkeit der Zellen unter beeinflussenden urämischen Zytokinen wurde durch Behandlung mit unterschiedlichen Wachstumsfaktoren ergündet. Bereits während einer einwöchigen Behandlung konnten deutliche Unterschiede in der Morphologie der Zellen festgehalten werden.
Zellen, die mit FGF-2 oder PDGF-BB behandelt wurden, wiesen eine stark ausgeprägte Spindelform auf, wobei PDGF-BB behandelte MSC eine größere Zahl von dünnen, langen Zellausläufern ausformten und FGF-2 inkubierte Zellen noch etwas schmäler erschienen. TGF-β1 behandelte Zellen entwickelten dagegen eine stark ausgebreitete, flächige Struktur mit prominentem Zytoskelett in Form von sogenannten „Stressfasern".
Im Vergleich zu den morphologischen Veränderungen durch die anderen Wachstumsfaktoren waren die Veränderungen durch die Zytokine CTGF und FGF-23 schwächer ausgeprägt, wenngleich die Zellen auch hier eine leicht gestreckte, schmalere Form aufwiesen als unter Kontrollbehandlung (Abbildung 4.2.3 A bis L).

4 Ergebnisse

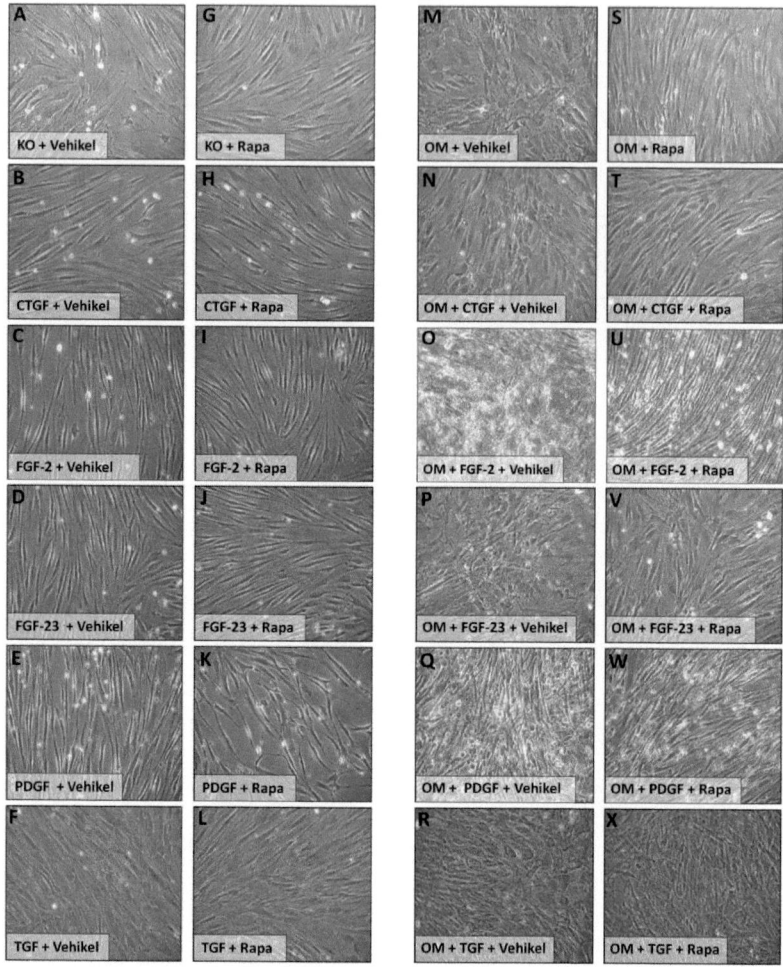

Abbildung 4.2.3: MSC Morphologie bei Differenzierung

A bis F zeigen humane mesenchymale Stromazellen nach 3 tägiger Behandlung mit den entsprechenden Wachstumsfaktoren und unter Zugabe des Lösungsmittels DMSO. In G bis L ist die Behandlung mit 20 nM Rapamycin dokumentiert. M bis X zeigen ebenfalls MSC nach Inkubation mit den Wachstumsfaktoren, jedoch nach 18-tägiger osteoblastärer Differenzierung. M bis R mit DMSO-Behandlung, S bis X mit Rapamycinbehandlung

Humane mesenchymale Stromazellen weisen per se das Potential zur Differenzierung in osteoblastenähnliche Zellen auf. Um diesen Prozess in der Zellkultur zu simulieren, wurden undifferenzierte MSC mit Osteoblastenmedium behandelt. Dieses bestand aus DMEM, 1% FCS, 2 mM L-Glutamin und zusätzlich 500 µM 2-Phospho-L-Ascorbinsäure und 10 mM β-Glycerophosphat.

4.2 In vitro Modell für arteriosklerotische Zellveränderungen

Diese Substanzen dienen den Zellen als Phosphatquelle. Außerdem wurde 0,1 µM Dexamethason eingesetzt. Dieses Glukokortikoid stimuliert die ALP-Aktivität und simuliert die physiologischen Bedingungen bei der Knochenbildung (Eijken et al. [108]) (siehe Abschnitt 3.2.3.3 und 4.1.2.3).

Nach ungefähr 2 bis 3 Wochen zeigten sich charakteristische Veränderungen: die Zellen verloren die spindelförmige Gestalt, die sie mit Kontrollmedium beibehielten, wurden runder und zeigten einen hell vom Zytoplasma abgesetzten, großen Zellkern.

Im Laufe der Inkubation entstanden vermehrt kristalline Strukturen, abhängig davon, ob die Zellen zusätzlich zu Osteoblastenmedium mit einem Wachstumsfaktor behandelt worden waren, in unterschiedlicher starker Mengen.

So zeigten sich beispielsweise bei FGF-2 und PDGF-BB Inkubation deutlich mehr körnige Ablagerungen als bei Zellen, die mit CTGF oder FGF-23 behandelt worden waren. Bei diesen vier Wachstumsfaktoren waren die Ablagerungen stärker ausgeprägt als bei Osteoblastenmediumbehandlung alleine.

Anders verlief der Prozess bei TGF-β1, dessen Inkubation zu weniger starken Zellveränderungen führte als die Behandlung bei Osteoblastenmedium ohne diesen Faktor.

Die MSC wiesen weniger eine rundliche, als eine flächige, an den Rändern durch viele Ausläufer ausgefranst erscheinende Struktur auf, zeigten keine kristallinen Ablagerungen und proliferierten augenscheinlich langsamer als vergleichbar lang inkubierte Zellen ohne Wachstumsfaktor (Abbildung 4.2.3 M bis X).

4.2.2.2 Alizarinfärbung

Zur Bestätigung, dass es sich bei den mikroskopisch beobachteten, hellen kristallinen Strukturen (siehe Abbildung 4.2.3) um Ablagerungen von knochenähnlicher Matrix handelt, wie sie von osteoblastär differenzierten Zellen produziert wird, wurde eine Färbung für Kalziumhydroxylapatit mit Alizarin-Rot durchgeführt. Bei dieser Färbung werden Kalziumhydroxylapatitablagerungen als rötlich-dunkler Niederschlag dargestellt.

Im Vergleich zu hellen, ungefärbten Zellen waren auf den mit Osteoblastendifferenzierungsmedium behandelten Zellen orange-rote Ablagerungen auszumachen (Abbildung 4.2.4). Dies war bei Kontrollmediumbehandlung nicht der Fall. Bei der Behandlung mit CTGF konnte kein zusätzlicher Effekt durch den Wachstumsfaktor festgestellt werden, bei FGF-23 fand sich eine deutliche Veränderung des Monolayers. Die Zellen zeigten einzelne, kleinere Flecken roter Kalziumhydroxylapatitablagerungen. Sie wiesen außerdem eine stärkere Lichtbrechung durch beginnende Bildung kristalliner Strukturen auf. Bei der Inkubation der Zellen mit FGF-2 und PDGF-BB zeigte sich eine starke Anhäufung von Apatit; die Zellen waren mit einem fast schon schwärzlich angefärbten Material überzogen. Bei PDGF-BB war dies ausgeprägter als bei FGF-2. Anders verhielt es sich, wenn die Zellen mit TGF-β1 behandelt wurden. Hier zeigte sich ähnlich wie bei Zellen, die mit Kontrollmedium behandelt worden waren, fast keine Ablagerung Kalziumhydroxylpatitablagerungen. Bei allen Versuchsbedingungen führte die Behandlung mit Rapamycin zu einer Abschwächung der Kalzifizierung, jedoch nicht zu einer vollständigen Verhinderung der Ablagerungen. Gerade bei PDGF-BB behandelten Zellen war eine deutliche Verminderung der noch immer flächendeckenden Färbung auszumachen.

4 Ergebnisse

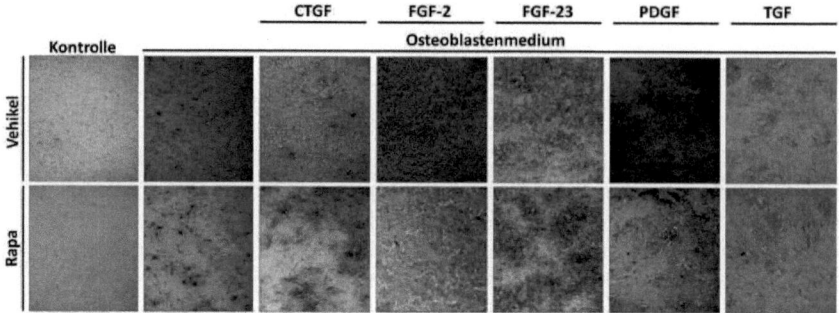

Abbildung 4.2.4: Apatitdarstellung mittels Alizarin
Alizarinfärbung nach dreiwöchiger osteoblastärer Differenzierung unter Kontrollbehandlung mit DMSO versus Inkubation mit 20 nM Rapamycin. Neben Zellen, die als Kontrolle nicht in Richtung Osteoblasten differenziert wurden, zeigen die Zellen bei Osteoblastenmedium Ablagerungen von Kalziumhydroxylapatit (rot bis schwarze Alizarinfärbung). Des Weiteren wird deutlich, dass die Verkalkung der Zellen von den eingesetzten Wachstumsfaktoren abhängt. Während unter TGF-β1 nahezu keine Alizarinfärbung zu sehen ist, weisen die Zellen bei FGF-2 und PDGF-BB eine sehr deutliche Ablagerung auf. Bei zusätzlicher Rapamycinbehandlung nimmt die Stärke der Färbung jeweils ab.

4.2.2.3 Messung der abgelagerten Kalziummenge

Für die quantitative Bestimmung des abgelagerten Kalziums wurde dieses nach 3-wöchiger Inkubation der Zellen mit Hilfe von Salzsäure aus dem Kalziumhydroxylapatit gelöst, in einen Komplex mit Hydroxyquinolin überführt, photometrisch vermessen und relativ zur Proteinmenge dargestellt.

Hierbei zeigte sich, dass Osteoblastenmedium eine circa fünffach stärkere Akkumulation von Kalzium bewirkte als das Kontrollmedium (Abbildung 4.2.5). Durch die Zugabe von CTGF wurde dies verdoppelt, bei FGF-2-Behandlung konnte die 6-fache Menge an Kalzium im Vergleich zu Osteoblastenmediumbehandlung alleine nachgewiesen werden. Die Zunahme der Kalziumablagerung durch FGF-23 war zwar nicht signifikant, lag jedoch tendenziell über der bei Osteoblastenmedium nachgewiesenen Menge, während bei PDGF-BB eine circa 5-fach höhere Menge an Kalzium nachgewiesen werden konnte. Im Gegensatz dazu zeigte die Behandlung mit TGF-β1 kaum einen Unterschied zur Behandlung mit Osteoblastenmedium.

Rapamycin reduzierte die Menge an nachweisbaren Kalzium bei allen untersuchten Behandlungen. Während die Reduktion bei Kontroll- und Osteoblastenmedium sowie Osteoblastenmedium mit CTGF, FGF-23 und TGF-β1 nicht signifikant war, konnte bei FGF-2 eine Verminderung der Kalziummenge um circa 50% festgestellt werden. Noch stärker, und damit ebenfalls signifikant, war die Reduktion bei PDGF-BB-Behandlung. Hier reduzierte Rapamycin den nachweisbaren Kalziumwert auf fast ein Drittel.

4.2 In vitro Modell für arteriosklerotische Zellveränderungen

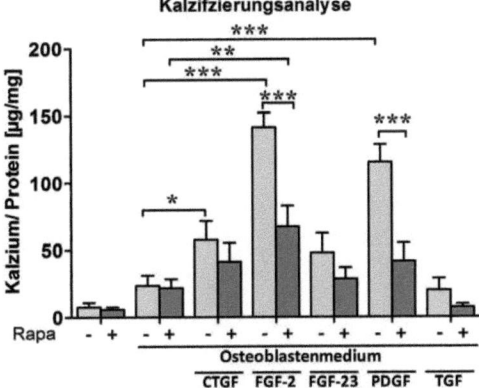

Abbildung 4.2.5: Kalziumhydroxylapatit-Messung
Messung der gebildeten Menge an Kalziumhydroxylapatit als Produkt der Kalzifizierung. Helle Balken geben die Lösungsmittelkontrolle wieder, dunkle Balken die Rapamycin behandelten Proben. Neben der Kontrolle mit normalem Wachstumsmedium wurden alle Zellen mit Osteoblastenmedium behandelt. Darstellung von Standardwerten mit SEM, n=8, Signifikanzberechnung: Zwei-Weg-ANOVA, Signifikanzwerte: * p<005; ** p<0,01; * * * p<0,001

4.2.2.4 Messung der alkalischen Phosphatase

Um zu analysieren, wie stark die Behandlung mit Osteoblastenmedium und Rapamycin sowie Wachstumsfaktoren die Differenzierung der Zellen zu Osteoblasten begünstigte, wurde die Aktivität der alkalischen Phosphatase, einem der frühesten Marker osteoblastärer Differenzierung, nach sieben Tagen Inkubation analysiert. Um zu berücksichtigen, dass die Zellen in Abhängigkeit von der Behandlung unterschiedlich stark proliferierten, wurde die Gesamtproteinmenge ermittelt und die Enzymaktivität hierauf bezogen (Abbildung 4.2.6).
Im Vergleich zu Kontrollmedium zeigten mit Osteoblastenmedium behandelte Zellen eine signifikante Zunahme der ALP-Aktivität. Im Vergleich zu den mit Osteoblastenmedium behandelten Zellen nahm die Enzymaktivität sowohl bei FGF-2, FGF-23 als auch PDGF-BB-behandelten Zellen unterschiedlich stark zu. Während FGF-23 eine circa 50% stärkere Aktivität bewirkte, wurde diese bei Behandlung mit PDGF-BB mehr als 2-fach, und bei FGF-2 sogar 3-fach stärker. Lediglich die Behandlung mit TGF-β1 führte zu einer deutlichen Reduktion der ALP-Aktivität, die so ausgeprägt war, dass die Werte bei den zusätzlich mit Rapamycin behandelten Proben sogar unter kontrollmediumbehandelten Zellen lagen. Rapamycin verminderte die osteoblastäre Differenzierung bei allen Behandlungen. Wurde kein Wachstumsfaktor, sondern lediglich Osteoblastenmedium eingesetzt, verminderte Rapamycin die ALP-Aktivität um fast die Hälfte. Bei CTGF, FGF-2, FGF-23 und PDGF-BB führte die zusätzliche Behandlung mit Rapamycin sogar zu einer signifikanten Reduktion der ALP-Aktivität um mehr als 50%.

4 Ergebnisse

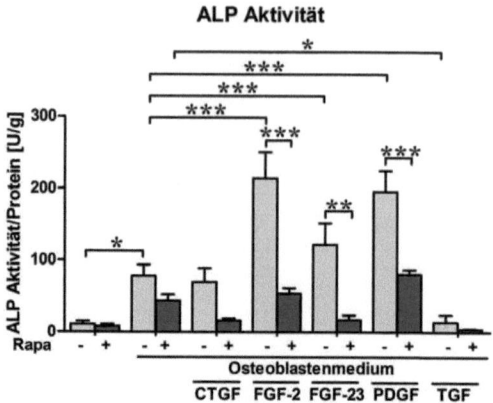

Abbildung 4.2.6: Quantifizierung der alkalischen Phosphataseaktivität

*Messung der Enzymaktivität der alkalischen Phosphatase bei Osteoblasten-Differenzierung von MSC. Helle Balken geben die Lösungsmittelkontrolle wieder, dunkele Balken die mit Rapamycin behandelten Proben. Außer der Kontrolle mit normalem Wachstumsmedium wurden alle Zellen mit Osteoblastenmedium (OM) behandelt. Darstellung von Standardwerten mit SEM, n=9, Signifikanzberechnung: Zwei-Weg-ANOVA, Signifikanzwerte:: * p<005; ** p<0,01; * * * p<0,001*

4.2.3 Proliferation

4.2.3.1 Proliferation unter Zytokinstimulation und mTOR-Inhibition

Da eine Inhibition von mTORC1 mit einer deutlichen Reduktion der Zellproliferation assoziiert ist, wohingegen Wachstumsfaktoren schon dem Namen nach das Gegenteil bewirken, wurde die Zellteilungsrate unter dem Einfluss von beiden analysiert. Dies wurde zunächst ohne zusätzliche Induktion mit Osteoblastenmedium untersucht, bevor auch diese Behandlung hinzugenommen wurde (siehe Abschnitt 4.2.3.2).

Die Zellen wurden dazu mit BrdU inkubiert, das als Thymidinanalogon in neu synthetisierte DNA eingebaut wird und quantitativ mittels eines ELISA-Verfahrens gemessen werden konnte (Abbildung 4.2.7). Die Behandlung der Zellen mit dem Wachstumsfaktor CTGF zeigte keine Beeinflussung der Proliferation. Auch bei der Behandlung mit TGF-β1 konnte keine wesentliche Veränderung des zellulären Wachstums festgestellt werden. Wurden die Zellen jedoch mit FGF-2, FGF-23 oder PDGF-BB Behandelt, nahm die Signalintensität pro Zellzahl um mehr als 100% zu. Dieser Anstieg der Proliferationsrate war bei den drei Wachstumsfaktoren höchst signifikant im Vergleich zur Kontrolle ohne Zytokine.

Rapamycin hatte bei allen Proben einen hemmenden Effekt auf die Proliferation, der jedoch nur dann signifikant war, wenn das Wachstums durch die Gabe der Faktoren FGF-2, -23 oder PDGF-BB auf mehr als das zweifache des Ausgangswertes angehoben worden war. Bei der Behandlung mit CTGF und TGF-β1 konnte keine signifikante Beeinflussung gemessen werden.

4.2 In vitro Modell für arteriosklerotische Zellveränderungen

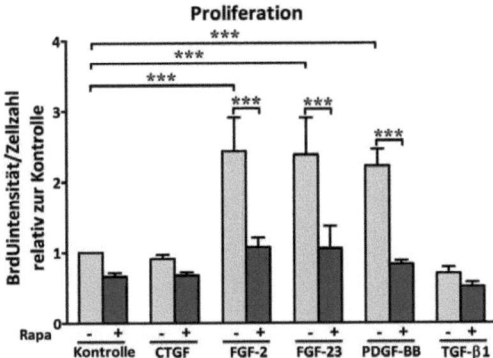

Abbildung 4.2.7: Proliferationsanalyse unter Einfluss von Wachstumsfaktoren und Rapamycin

*Messung der Wachstumsrate von humanen mesenchymalen Stammzellen unter dem Einfluss von Wachstumsfaktoren und Rapamycin. Als Lösungsmittelkomtrolle wurden die Zellen mit DMSO behandelt, Darstellung von Standardwerten mit SEM, n=10, Signifikanzberechnung: Zwei-Weg-ANOVA, Signifikanzwerte: * p<005; ** p<0,01; * * * p<0,001*

4.2.3.2 Proliferationsanalyse bei osteoblastärer Differenzierung

Da sowohl die Behandlung mit Wachstumsfaktoren als auch der Einsatz von Rapamycin zu einer Veränderung der Proliferation beiträgt, wurde das Zellwachstum auch bei osteoblastärer Differenzierung analysiert. Dazu wurden die MSC auf Glasplättchen ausgesetzt und dem Verkalkungsprozess unterzogen. Nach Einsetzen der Differenzierung wurde BrdU hinzugefügt und die Zellen für weitere 24 Stunden inkubiert. Anschließend erfolgte die Immunfluoreszenzfärbung.

Für die Auswertung wurden je Probe 5 Gesichtsfelder fotografiert und ausgezählt. Dabei zeigte sich, dass die Behandlung mit Osteoblastenmedium selbst keine Veränderung der BrdU-Inkoorperation bewirkte (Abbildung 4.2.8). Auch die Behandlung mit CTGF bewirkte keine Beeinflussung der Proliferation.

Durch FGF-2 und FGF-23 wurde ebenso wie durch PDGF-BB die Anzahl der Zellen um das dreifache gesteigert, bei FGF-2 und PDGF-BB war dieser Anstieg signifikant. Die Behandlung der Zellen mit TGF-β1 führte anders als die Behandlung mit den übrigen Wachstumsfaktoren zu einer nicht signifikanten Verminderung der Zahl der BrdU positiven Zellen. MSCs, die mit diesem Faktor behandelt wurden, wiesen halb so viele signalpositive Zellen auf wie die Kontrollen. Die Behandlung mit Rapamycin verminderte die Anzahl der BrdU-positiven Zellen bei allen Behandlungen. Für die Wachstumsfaktoren FGF-2, FGF-23 und PDGF-BB konnte sogar eine signifikante Reduktion der BrdU-Signale mit Rapamycin beobachtet werden, der Effekt der Wachstumsfaktoren wurde durch die starke proliferationshemmende Wirkung von Rapamycin nivelliert.

4 Ergebnisse

Unter Osteoblastenmedium, TGF-β1- und Rapamycinbehandlung sank die Teilungsrate nochmals um über die Hälfte im Vergleich zu Zellen, die mit Osteoblastenmedium und TGF-β1 alleine behandelt worden waren.

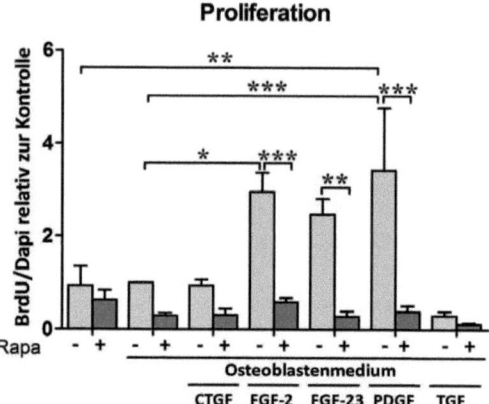

Abbildung 4.2.8: Proliferation unter Einfluss von Osteoblastenmedium, Wachstumsfaktoren und Rapamycin

*Die Grafik gibt den Einbau von BrdU in neu synthetisierte DNA in Abhängigkeit von der gewählten Behandlung wieder. Helle Balken repräsentieren lösungsmittelbehandelte MSCs (DMSO Behandlung), dunkle Balken Rapamycin behandelte Proben. Eingesetzt wurden 100 ng/ml CTGF, 10 ng/ml FGF-2, FGF-23 oder PDGF-BB beziehungsweise TGF-β1. Darstellung von Standardwerten mit SEM, n=5, Signifikanzberechnung: Zwei-Weg-ANOVA, Signifikanzwerte: * $p<005$; ** $p<0,01$; *** $p<0,001$*

4.3 Spezifische Wirkung von FGF-2 bei der osteoblastären Differenzierung

Die Untersuchung der alkalischen Phosphatase und der Kalziumablagerung gaben einen deutlichen Hinweis auf die Bedeutung von Wachstumsfaktoren im Mikromilieu der Zellen. Daher sollte an einem der Zytokine beispielhaft der Zusammenhang zwischen Wachstumsfaktor-Konzentration und Ausprägung der osteoblastären Differenzierung dargestellt werden. Hierzu wurde FGF-2 gewählt, dessen Bedeutung bei pathologischen Gefäßveränderungen schon vor Jahren erkannt wurde (*Hughes* [176]). Die erhöhte Expression des Faktors und seiner Rezeptoren in atherosklerotischen Läsionen hat mittlerweile zu einer Reihe von Studien über die Anwendung von pharmakologischen Inhibitionen geführt, die vorteilhafte Effekte für eine spezifische Behandlung implizieren (*Dol-Geizes et al.* [98], *Luo et al.* [279], *Liu et al.* [269], *Raj et al.* [381]). Des Weiteren gilt FGF-2 als eines von über hundert Urämietoxinen, die mittlerweile identifiziert werden konnten (*Vanholder et al.* [494], [490], [495], [501], [496], [499], [500], [493], [498], [491], [497], [491]).
Wie bereits dargestellt, ist der Zusammenhang zwischen Urämie und vaskulärer Kalzifizierung besonders prägnant (siehe Abschnitt 1.2). Daher wurden diese Untersuchungen auch genutzt, um therapeutischen Optionen mittels einer gezielten pharmakologischen Intervention zu analysieren. Zunächst wurden Zellen in Osteoblastenmedium mit 1% FCS und der angegebenen Konzentration des Wachstumsfaktors inkubiert und jeden zweiten Tag mit frischem Medium versorgt. Nach sieben Tagen wurde die Aktivität der ALP und nach 21 Tagen die Ablagerung von Kalzium analysiert. Eingesetzt wurde bei dieser Inkubation als höchste FGF-2-Konzentration 19,5 ng/L. Dieser Wert entspricht der höchsten jemals im Serum von Dialysepatienten gefundenen Konzentration (*Vanholder et al.* [494]). Damit unterschied sich die Konzentration des Wachstumsfaktors in diesem Experiment maßgeblich von der Konzentration, die in den übrigen Versuchen eingesetzt wurde, da in diesen 10 ng/ml als Konzentration eingesetzt wurde. Diese Konzentration wurde gewählt, um lokale Anreicherungen des Wachstumsfaktors und seine Proteinbindung zu berücksichtigen (siehe Abschnitt 5.1.1).

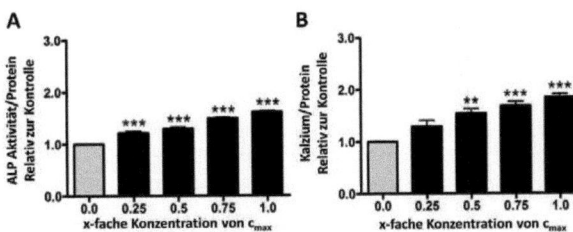

Abbildung 4.3.1: Dosisabhängige Differenzierung der MSCs durch FGF-2

*Induktion der osteoblastären Differenzierung von MSC mit Osteoblastenmedium, das zusätzlich mit FGF-2 versetzt wurde. Das Ergebnis für die höchste in Dialysepatienten gefundene Konzentration c_{max}= 19,5 ng/L wurde auf den Wert 1 gesetzt. Darstellung von Standardwerten mit SEM von ALP-Aktivität und Kalziumquantifizierung, n=5, Signifikanzberechnung: Ein-Weg-ANOVA, Signifikanzwerte: * p<005; ** p<0,01; * * * p<0,001*

4 Ergebnisse

Wie die Analyse zeigt (Abbildung 4.3.1), bestand zwischen der eingesetzten Konzentration an FGF-2 und der Aktivität der ALP eine signifikante Abhängigkeit; je mehr FGF-2 eingesetzt wurde, desto höher war die Aktivität des Enzyms. Ebenso konnte ein Zusammenhang zwischen der Konzentration an FGF-2 und der Menge an abgelagertem Kalzium dargestellt werden. Auch hier stieg die Menge an nachweisbarem Kalzium mit der Konzentration an FGF-2. Im Gegensatz zu den in Abschnitt 4.2.2.3 und 4.2.2.4 vorgestellten Ergebnissen liegt die maximale Zunahme der ALP-Aktivität und des Kalziumablagerung unter einem zweifachen Anstieg. Diese scheinbare Diskrepanz lässt sich aufgrund der deutlich niedrigen Konzentration, die für die hier vorgestellten Versuche eingesetzt wurde, erklären.

Um die Relevanz dieses Zusammenhangs zu unterstreichen, wurde eine Stimulation der MSCs mit Serum von Dialysepatienten durchgeführt (siehe Abschnitt 3.1.1). Hierzu wurde Osteoblastenmedium mit 20% urämischem Serum sowie mit steigenden Konzentrationen an AZD-4547 versetzt, einem spezifischen Inhibitor der FGF-Rezeptoren. MSCs wurden damit inkubiert und jeden zweiten Tag mit frischem Medium versorgt. Nach sieben Tagen wurde die Aktivität der ALP und nach 21 Tagen die Ablagerung von Kalzium analysiert (Abbildung 4.3.2).

Die Ergebnisse der ALP-Aktivitätsmessung zeigten eine sinkende Aktivität des Enzyms mit steigender Konzentration der FGF-Signaltransduktions-Blockade im Vergleich zu Zellen, die mit urämischem Serum und Lösungsmittelkontrolle behandelt worden waren. Auch die Bestimmung der abgelagerten Kalziummenge zeigte eine kontinuierliche Abnahme mit zunehmender Konzentration des Inhibitors.

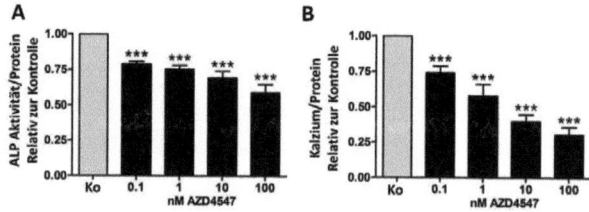

Abbildung 4.3.2: Dosisabhängige Differenzierung der MSCs bei FGF-Blockade

*Induktion der osteoblastären Differenzierung von MSC mit Osteoblastenmedium. Das Medium enhielt 20% Serum von einem Pool Dialysepatienten vor der Dialyse und wurde zusätzlich mit der gekennzeichneten Konzentration des FGF-Rezeptor-Inhibitors AZD-4547 versetzt. Ko = Lösungmittelkontrolle. Darstellung von Standardwerten mit SEM von ALP-Aktivität und Kalziumquantifizierung, Signifikanzberechnung: Ein-Weg-ANOVA, Signifikanzwerte: * $p<005$; ** $p<0,01$; *** $p<0,001$*

Bislang waren die deutlichsten Veränderungen der zellulären Differenzierung bei PDGF-BB und FGF-2 behandelten Proben zu beobachten. Auch der Einfluss von Rapamycin war hier am ausgeprägtesten. Daher stellte sich die Frage, wie aktiv einzelne Komponenten des mTOR-Netzwerks besonders bei diesen beiden Wachstumsfaktoren waren.

Um diese Frage beantworten zu können, wurde eine detaillierte Analyse des mTOR-Netzwerks und von ihm gesteuerter Zellschicksalsprogramme durchgeführt.

4.4 Auswirkungen der mTORC1-Blockade

4.4.1 Analyse der mTORC1 Aktivität

Für die Analyse der Aktivität des mTOR-Netzwerks wurde mittels Western-Blot untersucht, wie durch die Behandlung mit Wachstumsfaktoren oder Rapamycin die Expression und Phosphorylierung der wichtigsten Signaltransduktionsmoleküle beeinflusst wurde. Dazu wurden Zellen nach 21-tägiger Stimulation mit FGF-2, PDGF-BB oder Rapamycin lysiert und 30 µg Protein mittels spezifischen Antikörpern analysiert (Abbildung 4.4.1).
Die Kinase p70-S6 wird direkt durch mTORC1 am Threoninrest^{389} phosphoryliert. Dies kann durch Rapamycin verhindert werden. Um die Wirksamkeit des Inhibitors zu bestätigen, wurde der Phosphorylierungszustand von p70-S6 analysiert. Im Vergleich zu Kontrollmedium löste die Behandlung mit Osteoblastenmedium bereits ein etwas stärkeres Signal der Phosphorylierung aus. Während die Rapamycinbehandlung zu einer signifikanten Reduktion der Phosphorylierung um mehr als 50% im Vergleich zu Kontrollmedium führte, wurde die Phosphorylierung an Threonin^{389} nach Behandlung mit Wachstumsfaktoren vermehrt vorgefunden. Während bei FGF-Behandlung eine vierfach höhere Phosphorylierung des Proteins nachgewiesen werden konnte, löste die Inkubation mit PDGF-BB einen nicht-signifikanten Anstieg des phosphorylierten Proteins aus.

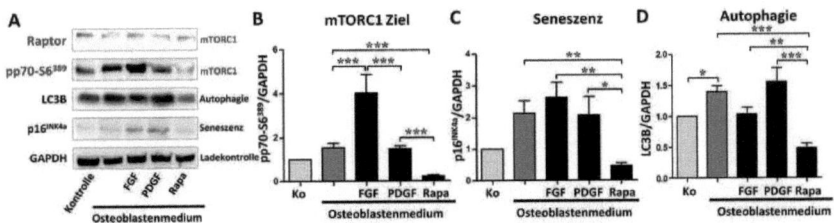

Abbildung 4.4.1: Aktivitätsanalyse des mTORC1-Komplexes und nachgeschalteter Zellschicksalsprogramme

*Mittels Western-Blot wurde analysiert, wie sich die Behandlung mit Wachstumsfaktoren oder Rapamycin auf die Aktivität des mTORC1-Armes des mTOR-Netzwerks nach 21-tägiger Behandlung mit Kontroll- beziehungsweise Osteoblastenmedium, 10 ng/ml FGF-2, 10 ng/ml PDGF-BB oder 20 nM Rapamycin auswirkt. Analyiert wurden die Phosphorylierungsstelle Threonin^{389} an p70-S6 sowie der Seneszenzmarker p16^{INK4a} und der Autophagiemarker LC3B. A: repräsentativer Western-Blot, B-D: Densitometrische Auswertung. Mittelwerte mit SEM, n=6. Ein-Weg-ANOVA, Signifikanzwerte: * p<005; ** p<0,01; *** p<0,001*

4.4.2 Analyse der zellulären Seneszenz

Das mTOR Netzwerk ist für die Steuerung von Alterungsprozessen von entscheidender Bedeutung. Dies wurde an verschiedenen Lebewesen analysiert: in Hefe (*Fabrizio et al.* [112], *Kaeberlein et al.* [207]), in *C. elegans* (*Jia et al.* [193], *Vellai et al.* [503]), in *Drosophila* (*Bjedow et al.* [31], *Kapahi et al.* [214]) sowie in Mäusen (*Harrison et al.* [157]).
mTORC1 hat neben der Regulation der Proliferation eine wichtige Funktion bei der Zelldifferenzierung und wird als treibende Kraft für Zellanpassungs- und Alterungsprozesse verstanden (*Selman et al.* [425], *Johnson et al.* [197]). Mit dem Ausdruck „Seneszenz" werden zellbiologische Veränderungen bezeichnet, die physiologisch zwar beim Altern auftreten, aber auch unabhängig davon durch Faktoren wie beispielsweise Stress induziert werden können. Seneszenz umfasst degenerative Veränderungen wie die Verkürzung der Telomere, vermehrte Produktion von RNA-Splice-Varianten, die Seneszenztoxine wie Progerin entstehen lassen, ein verändertes Muster der DNA-Expression, Zellschäden durch ROS und viele weitere Veränderungen. Da Zellen hierbei Plastizität und Anpassungsfähigkeit einbüßen, sind die Folgen für den Organismus unter anderem Verlust der Regenerationsfähigkeit, Abfall der Leistungsfähigkeit, Anfälligkeit für Infekte und andere Krankheiten (siehe *Lopez-Otin et al.* [275]).
Darüberhinaus trägt Seneszenz aber auch zu Tumorprogression und Geweberegeneration bei (*Rodier et al.* [392], [393], [397], [395], [394], [396]).
Zelluläre Seneszenz wird durch unzählige Faktoren begünstigt, wie etwa dem Verlust von DNA an den Telomeren bei jeder Replikation, der des Weiteren eine persistente „DNA damage response" (DDR) hervorruft, die wiederum Seneszenz initiiert (*Fagagna et al.* [82], *Takai et al.* [463], *Rodier et al.* [392], [393], [397], [395], [394], [396]). DNA-Doppelstrangbrüche sind besonders wirksam in der Induktion von Seneszenz (*Di Leonardo et al.* [91]), unter anderem auch, da sie die Expression von p53 und dem Protein ATM begünstigen (*Bakkenist und Kastan* [21]), die wiederum Seneszenz auslösen (*Ogryzko et al.*, [335]).

4.4.2.1 Analyse der zellulären Seneszenz mittels p16^{INK4a}

Die meisten seneszenten Zellen exprimieren das Protein p16^{INK4a}, während es nicht in terminal differenzierten Zellen oder in solchen, die sich in der G$_0$-Phase befinden, nachgewiesen werden kann (*Alcorta et al.* [9], *Hara et al.* [152], *Serrano et al.* [427], *Brenner et al.* [41], *Stein et al.* [455]). Das Protein kann zur Bildung von seneszenz-assoziierten Heterochromatinfoci beitragen, die für die Inhibition der Proliferation wichtig sind (*Narita et al.* [326]). Außerdem wird das Tumorsuppressorprotein bei Stress, Telomer- und intrachromosomalen DNA-Schäden induziert und mit dem Alter verstärkt exprimiert (*Brenner et al.* [41], *Ramirez et al.* [382], *Le et al.* [254]). Die Aktivität des Proteins wurde weiterhin funktionell mit der Reduktion von der Anzahl von Vorläuferzellen in diversen Geweben während des Alterns assoziiert (*Janzen et al.* [191], *Zindy et al.* [550], *Krishnamurthy et al.* [233], *Molofsky et al.* [318]).
Daher wurde p16^{INK4a} als Markerprotein der zellulären Seneszenz untersucht (Abbildung 4.4.1). Wie die Analyse der Western-Blots zeigte, bewirkte bereits die Behandlung mit Osteoblastenmedium nach 21 Tagen eine circa zweifache Verstärkung der Proteinexpression von p16^{INK4a},

4.4 Auswirkungen der mTORC1-Blockade

Somit löste die osteoblastäre Differenzierung Vorgänge aus, die zelluläre Seneszenz begünstigten. Bei FGF-Behandlung zeigte sich ein Anstieg der p16^{INK4a} Expression um circa das zweieinhalb-fache. PDGF-BB führte hingegen nicht zu einer weiteren Zunahme der Proteinexpression; hier lag das Niveau von p16^{INK4a} auf dem Expressionniveau von Zellen, die nur mit Osteoblastenmedium behandelt worden waren. Wurden die Zellen mit Rapamycin behandelt, sank das Signal um mehr als die Hälfte, womit sich ein signifikanter Unterschied zu MSCs ergab, die mit Osteoblastenmedium alleine behandelt worden waren. Rapamycin war somit ein sehr potenter Inhibitor von zellulärer Seneszenz in MSCs, die einem Milieu ausgesetzt waren, das osteoblastäre Differenzierung induzierten.

4.4.2.2 Analyse der zellulären Seneszenz mittels X-Gal-Färbung

In der Zellkultur kann der Alterungsvorgang durch den Nachweis von β-Galaktosidase nachvollzogen werden. Dies ist ein Enzym, das die Hydrolyse von β-Galaktosiden zu Monosacchariden katalysiert. Aufgrund der Anreicherung in Lysosomen von seneszenten Zellen wird die Expression des Enzyms als quantitativer und qualitativer Marker für deren Seneszenzniveau genutzt (*Bassaneze et al.* [25]).

Abbildung 4.4.2 zeigt die Fährbung des Enzyms nach dreiwöchiger Inkubation der MSCs. Die Zellen wurden hierzu auf Glasplättchen kultiviert und unter den entsprechenden Bedingungen mit Wachstumsfaktoren und Kontrollbehandlung beziehungsweise mTOR-Inhibition inkubiert. Nach Einsetzen der Kalzifizierung wurden die Zellen fixiert und anschließend die enzymatische Farbreaktion durchgeführt. Bei der Auswertung der sogenannten X-Gal-Färbung wiesen Zellen, die 21 Tage in Kontrollmedium inkubiert worden waren, eine leichte Blaufärbung im Zytoplasma um den Kern auf. Wurden die Zellen hingegen mit Osteoblastenmedium behandelt, war die bläuliche Färbung nicht nur intensiver, sondern erstreckte sich auch über größere Bereiche des Zytoplasmas.

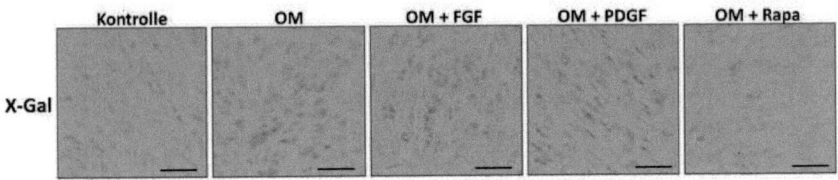

Abbildung 4.4.2: X-Gal-Färbung von osteoblastär differenzierten MSC

Repräsentante Mikrographien der β-Galaktosidasefärbung von MSC, die 21 Tage mit Osteoblastenmedium (OM) inkubiert und mit Wachstumsfaktoren behandelt worden waren. Die bläuliche Verfärbung ist ein Nachweis für die Aktivität der β-Galaktosidase, einem Enzym, das bei Alterungsvorgängen der Zellen exprimiert wird. Bei exakt gleichen Färbebedingungen und Färbezeit fällt eine weniger starke Färbung des Zytoplasmas in den Zellen auf, die kein Osteoblastenmedium erhielten oder mit Rapamycin behandelt worden waren. Vergrößerung x400, Maßstableiste = 100 μm

Bei der zusätzlichen Behandlung mit FGF-2 war die Färbung noch etwas stärker ausgeprägt als bei Osteoblastenmedium alleine. Dies konnte ebenso bei PDGF-BB beobachtet werden. Im

4 Ergebnisse

Gegensatz zu anderen Behandlungen mit Osteoblastenmedium zeigte die Inkubation mit Rapamycin eine deutliche Abschwächung der Signalintensität. Die Zellen waren sogar im Vergleich zur Kontrollbehandlung etwas weniger gefärbt.

4.4.3 Analyse der Autophagie

Wie bereits in anderen Arbeiten gezeigt wurde, reduziert die Inhibition von mTORC1 die Autophagie (*Yang et al.* [535]). Mit diesem Begriff wird die intrazelluläre Degradation von nicht notwendigen oder dysfunktionalen zellulären Komponenten durch lysosomalen Abbau bezeichnet. Der Abbau von Zellbestandteilen und Organellen versorgt die Zelle in Zeiten von Nährstoffknappheit mit Energie, indem Zellbausteine wieder zur Verfügung gestellt werden, reguliert den intrazellulären Recyclingprozess und dient dem Abbau von geschädigten Zellbestandteilen (*Meijer et al.* [301], *Levine et al.* [260]). Während Erkrankungen oder bei organischen Fehlfunktionen dient Autophagie häufig als adaptive Antwort der Zelle, die zum Überleben von Organen beiträgt (*Knaapen et al.* [224], *Shimomura et al.* [441], *Yan et al.* [533], [532]).
Um einen Einblick in den Durchsatz der Autophagie zu ermöglichen, wurde LC3B als Marker der intrazellulären Recyclingvorgänge analysiert (Abbildung 4.4.1).
Es handelt sich hierbei um das sogenannte Autophagie-Marker-Leichte Kette 3- Protein (LC3), eine Untereinheit des Microtubule-associated protein 1A/1B-(MAP 1LC3), das löslich ist und ein geschätzes Molekulargewicht von 17 kDa hat.
Das LC3-Protein, welches in allen Geweben und Zellen von Säugetieren exprimiert wird, exisitiert in drei Isoformen (LC3A, LC3B und LC3C), die während eines Autophagieprozesses post-translational verändert werden. Die Spaltung von LC3B am carboxyterminalen Ende führt zur zytosolischen LC3B -I Form, die dazu dient, während Autophagieprozessen zytoplasmatische Komponenten inklusive zytosolischer Proteine und Organellen einzuschließen. Dies geschieht, indem zytosolisches LC3B (LC3B-I) an Phosphatidylethanolamin konjugiert wird, um LC3B-Phosphatidylethanolamin-Konjugat (LC3B-II) zu bilden, das dann wiederum an die Membran der Autophagosomen rekrutiert wird. Durch die Fusionierung von Autophagosomen mit Lysosomen und die dadurch stattfindende Degradation mittels lysosomaler Hydrolasen wird LC3B-II ebenso wie die anderen intra-luminalen Komponenten des Phagosoms degradiert (*Tanida et al.* [468], *Kabeya et al.* [206]).
Ein Nachweis von LC3B alleine bedeutet demnach nur, dass Autophagie stattfindet. Ist hingegen kein oder wenig LC3B-Protein nachweisbar, kann dies entweder darauf zurückzuführen sein, dass keine Autophagie stattfindet oder dass die Zelle so stark Autophagie betreibt, dass das Protein sofort wieder abgebaut wird und daher kaum detektierbar ist. Um dies differenzieren zu können, muss mit einem spezifischen Autophagie-Inhibitor gearbeitet werden (siehe Abschnitt 4.5). Die Behandlung mit Osteoblastenmedium steigerte die nachweisbare Menge des LC3B-Proteins auf das 1,5-fache im Vergleich zu Kontrollmedium (Abbildung 4.4.1).
Ein geringer zusätzlicher, wenn auch nicht signifikanter Effekt war bei PDGF-BB-Behandlung zu verzeichnen. Wurden die Zellen hingegen mit FGF-2 und Osteoblastenmedium inkubiert, lag die Menge an LC3B auf Kontrollniveau. Die Blockade von mTORC1 mittels Rapamycin ergab ein deutliches Absinken des nachweisbaren Proteinlevels auf die Hälfte des Kontrollmedium-Wertes.
Es ist bekannt, dass mTORC1 die Autophagie negativ reguliert, jedoch, kann der Nachweis von

4.4 Auswirkungen der mTORC1-Blockade

weniger LC3B nicht zwangsläufig als Hinweis für weniger Autophagie interpretiert werden. Um tatsächlich eine quantitative Aussage machen zu können, muss eine zusätzliche Behandlung mit einem Autophagie-Inhibitor erfolgen. Erst dann kann geklärt werden, ob weniger LC3B bei Rapamycinbehandlung auf eine Reduktion der zelleigenen Recyclingvorgänge hindeutet oder ob soviel Autophagie stattfindet, dass dieses Protein nur in geringer Menge nachweisbar ist. Wenn die Zellen mit Rapamycin sowie einem Autophagie-Inhibitor behandelt werden und kaum Autophagie stattfinden würde, würde sich die Menge an nachweisbarem LC3B kaum verändern. Würde hingegen verstärkt Autophagie stattfinden, würde die Blockade des autophagosomalen Abbaus zu einer Anreicherung des LC3B-Proteins führen. Daher erlaubt diese Analyse einen Rückschluss auf den Durchsatz des zelleigenen Recyclingvorgangs.

4.4.4 Analyse der mTORC2-Aktivität

Die Untersuchung des mTORC2-Armes wurde ebenfalls mittels Western-Blot-Analyse durchgeführt (Abbildung 4.4.3). Bei der Analyse der AKT-Kinase als wichtiges Ziel des rictorhaltigen Komplexes zeigte sich an der Phosphorylierungsstelle Serin^{473} eine äußerst starke Signalzunahme bei Rapamycinbehandlung der Zellen.
Der Ausgangswert wurde auf das fast 15-fache angehoben, während die alleinige Behandlung mit Osteoblastenmedium lediglich einen ca. zweifachen Anstieg auslöste. Dieses Ergebnis war höchst signifikant und unterschied sich auch deutlich von der Behandlung mit den Wachstumsfaktoren. FGF-2- und PDGF-BB-Behandlung führten zu einer leichten Abschwächung der Phosphorylierung gegenüber der Osteoblastenmedium-Behandlung, wobei die Reduktion durch FGF-2 etwas deutlicher ausgeprägt war.

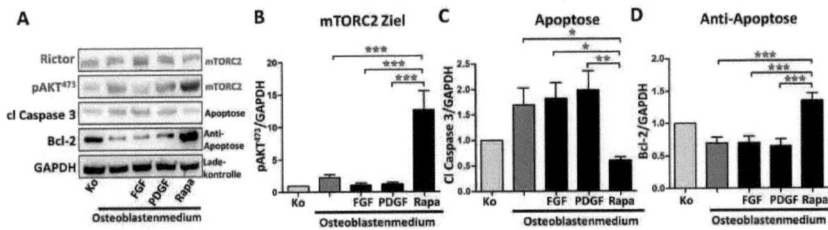

Abbildung 4.4.3: Aktivitätsanalyse des mTORC2-Komplexes und nachgeschalteter Zellschicksalsprogramme

*Mittels Western-Blot wurde analysiert, wie sich die Behandlung mit Wachstumsfaktoren oder Rapamycin auf die Aktivität des mTORC2-Armes des mTOR-Netzwerks nach 21-tägiger Behandlung mit Kontroll- beziehungsweise Osteoblastenmedium, ohne oder mit 10 ng/ml FGF-2, 10 ng/ml PDGF-BB oder 20 nM Rapamycin auswirkt. Analysiert wurden neben der AKT-Phosphorylierungsstelle am Serinrest^{473} der Apoptosemarker Cleaved Caspase 3 und sein Gegenspieler Bcl-2. A: repräsentativer Western-Blot eines Experiments, B-D: Mittelwerte mit SEM der densitometrischen Auswertung, n=6. Berechnung der Signifikanz: Ein-Weg-ANOVAs, Signifikanzwerte: * p<005; ** p<0,01; *** p<0,001*

4 Ergebnisse

Die Beobachtung, dass es zu einer massiven Verstärkung der mTORC2 Aktivität unter mTORC1-Blockade kam, bestätigte Ergebnisse anderer Autoren (*Breuleux et al.* [42]), die darauf hinweisen, dass mTORC1 einen inhibierenden Effekt auf mTORC2 hat, der durch die Rapamycinbehandlung aufgehoben wird.

Außergewöhnlich ist diese Beobachtung jedoch wegen der gleichzeitig beobachteten rapamycininduzierten Reduktion der osteoblastären Differenzierung. Allerdings gibt diese Analyse keinen Hinweis auf den zugrundeliegenden Mechanismus. Es könnte sich bei der verminderten osteoblastären Differenzierung sowohl um eine Folge der mTORC1-Inhibition, oder um eine Konsequenz der verstärkten mTORC2-Aktivität handelte.

Um die Auswirkungen der mTORC2-Aktivierung besser zu verstehen, wurde die Aktivität der durch diesen Komplex regulierten Zellschicksalsprogramme analysiert.

4.4.5 Analyse der Apoptose

Für die Untersuchung des sogenannten „programmierten Zelltods", der Apoptose, wurden sowohl regulierenden Proteine als auch ausführende Enzyme analysiert.

Apoptose wird von der betroffenen Zelle selbst aktiv durchgeführt und ist damit Teil des eigenen Stoffwechsels. Die Zelle reagiert so auf starken Stress, irreparable Schädigung, virale Infektion, Nährstoffentzug, Hitze, Bestrahlung, Sauerstoffmangel, erhöhte intrazelluläre Kalziumkonzentration und andere Herausforderungen, denen sie nicht mehr gewachsen ist. Apoptotische Signale lösen dann die Signaltransduktion aus, die über den „Todesrezeptor" vermittelt wird oder über die Störung der mitochondrialen Funktion zum Abbau des Zytoskelets, des Zellkerns und der DNA zum Zelltod führt, ohne benachbarte Zellen zu schädigen.

Die intrazelluläre proteolytische Kaskade wird von einer Familie von Proteasen, die Caspasen genannt werden, durchgeführt und vor allem durch die Bcl-2-Familie reguliert (siehe Abbildung 4.4.4).

Für Apoptoseprozesse sind die ausführenden Enzyme von besonderer Bedeutung. Es handelt sich dabei um Cystein-Asparaginsäure Proteasen, sogenannte Caspasen, die als inaktive Proenzyme vorhanden sind und durch Spaltung aktiviert werden. Die Spaltprodukte formen anschließend Dimere, die als aktive Enzyme für DNA Kondensation und Chromatinfraktionierung verantwortlich sind (*Porter et al.* [363]).

Grundsätzlich werden zwei Typen von Caspasen unterschieden: die Initiator- (apikalen) und die Effektor- (exekutiven) Caspasen. Zu den Initiatorcaspasen zählen 2, 8, 9 und 10. Diese spalten und aktivieren so die Effektorcaspasen, zu denen 3, 6 und 7 gehören, die dann die eigentlichen Apoptoseprozesse auslösen. Die Regulation der Enzymkaskade erfolgt mittels Inhibitoren wie etwa den IAP-Proteinen (Inhibitors of Apoptosis) (*Lavrik et al.* [253]).

4.4 Auswirkungen der mTORC1-Blockade

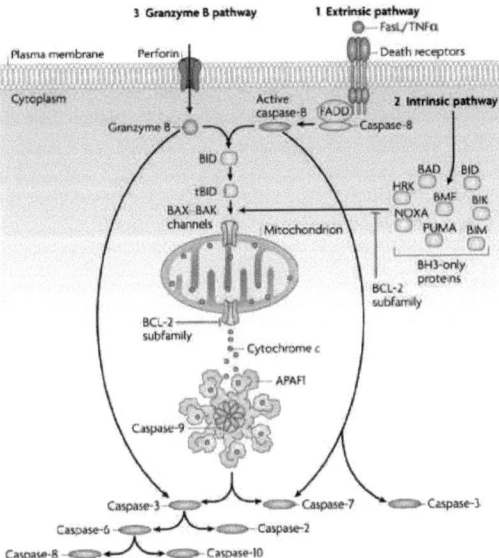

Abbildung 4.4.4: Schematische Darstellung der Apoptose

Die Abbildung wurde der Veröffentlichung „Apoptosis: controlled demolition at the cellular level" von Taylor et al. [473] entnommen und zeig wichtige Proteine und Abläufe des programmierten Zelltods

4.4.5.1 Untersuchung der Apoptose mittels Cleaved Caspase 3

Für den Nachweis von Apoptoseprozessen wurde im Western Blot Caspase 3 nachgewiesen, die zum einen die Wirkung von XIAP verhindert (das wiederum Caspase 9 inhibieren würde (*Denault et al.* [87]) und zum anderen als wichtige Effektorcaspase angesehen wird (*Stennicke et al.* [458]) (Abbildung 4.4.3).

Die densitometrische Auswertung der Western-Blot-Analyse für Cleaved Caspase 3 zeigte, dass die Behandlung der MSCs mit Osteoblastenmedium die Proteinexpression im Vergleich zu Kontrollmedium um circa 75% anhob. Die Behandlung mit FGF-2 oder PDGF-BB führte zu einem weiteren geringfügigen Anstieg im Vergleich zu Osteoblastenmedium-Behandlung alleine. Dieser war zwar nicht signifikant, führte aber dazu, dass die Signalintensität bei FGF-2 und PDGF-BB circa doppelt so stark war wie die von Kontrollmedium. Die Behandlung der Zellen mit Osteoblastenmedium und Rapamycin minimierte das Signal um fast 50% des Wertes bei Osteoblastenmediumbehandlung und erreichte damit weniger Signalintensität der Proteinexpression als die Kontrollbehandlung ohne Osteoblastenmedium.

4.4.5.2 Untersuchung der Regulation der Apoptose mittels Bcl-2

Die Familie der rund 25 Proteine, die von BCL2-Genen kodiert wird, ist evolutionär eng verwandt. Diese Proteine regulieren die Durchlässigkeit der äußeren Mitochondrienmembran, weshalb sie maßgebliche pro- oder anti-apoptitische Wirkungen haben. Zu den proapoptotischen Proteinen der Familie zählen Bax, BAD, Bak und Bok, während Bcl-2, Bcl-xL, Bcl-w wichtige anti-apoptotische Vertreter der Familie sind (*Gross et al.* [143], *Strasser et al.* [461], *Cory et al.* [74], *Borner et al.* [33]).

Obwohl noch nicht vollständig geklärt ist, wie die BCL2-Genfamilie ihre Wirkung letztendlich entfaltet, scheinen die Proteine die Permeabilität der inneren und äußeren Mitochondrienmembran so zu beeinflussen, dass Kalzium-, pH- und Leitfähigkeit der Zellen reguliert wird und dies einen Einfluss auf die Cytochrom C Verfügbarkeit hat (*Zamzami et al.* [542]). Sobald Cytochrom C durch pro-apoptotische Stimuli in das Zytosol entlassen wird, sorgt es dort für die Aktivierung von Caspase 3 und 9, die zur Apoptose führen (*Kinnally et al.* [222], *Martinez-Caballero et al.* [292]).

Das Protein Bcl-2, das als Apoptose-Inhibitor gilt, konnte in Zellen, die mit Osteoblastenmedium behandelt worden waren, in geringerer Menge nachgewiesen werden als bei Behandlung mit Kontrollmedium (Abbildung 4.4.3). Die Reduktion um zirka ein Drittel war neben der Osteoblastenmedium-Behandlung auch bei zusätzlicher FGF-2 und PDGF-BB-Behandlung festzustellen und unterschied sich damit deutlich von Zellen, die mit Rapamycin behandelt worden waren. Hier konnte Bcl-2 signifkant stärker nachgewiesen werden; die relative Signalintensität lag doppelt so hoch wie bei osteoblastenmediumbehandelten Zellen beziehungsweise noch immer 30% über der Signalintensität der Kontrolle. Die Analyse der Cleaved Caspase 3-Expression zeigte demnach ein gegenläufiges Bild zur Expression des Proteins Bcl-2.

4.4.5.3 Analyse der Apoptose mittels LDH-Aktivitätsmessung

Zusätzlich zur Analyse des Western-Blot Markers Cleaved Caspase für Apoptose und Bcl-2 für Anti-Apoptose wurde auch die Aktivität der Laktat-Dehydrogenase analysiert (Abbildung 4.4.5, A). Dieses Enzym, das als Teil des Prozesses der Milchsäuregärung in nahezu allen Zellen prinzipiell vorhanden ist, führt zur Oxidation von L-Lactat zu Pyruvat mit gleichzeitiger Reduktion von NAD^+ zu $NADH/H^+$ (beziehungsweise dessen Rückreaktion). Das intrazelluläre Enzym wird bei Verlust der Zellintegrität in die Umgebung freigesetzt und kann mittels colorimetrischer Analyse als Hinweis für die Menge der gestorbenen Zellen eingesetzt werden.

Für die Messung der LDH wurde nach der Behandlung der Zellen für drei Wochen mit regelmäßigen Medienwechseln der Überstand der Zellen an Tag 21 (welcher seit Tag 18 auf den Zellen war) abgenommen und analysiert. Durch Osteoblastenmedium zeigte sich im Vergleich zu den Kontrollmedium-behandelten Zellen eine Verstärkung des Signals um 100%, was durch Wachstumsfaktoren nochmals leicht beeinflusst wurde. Sowohl FGF-2-, als auch PDGF-BB-Inkubation führte zu einem weiteren leichten Anstieg auf bis zu 150% des Kontrollniveaus. Im Vergleich dazu lag die Signalintensität der mit Rapamycin behandelten Proben um rund zwei Drittel tiefer und damit unterhalb des Wertes der Kontrollbehandlung.

4.4 Auswirkungen der mTORC1-Blockade

4.4.5.4 Untersuchung der Apoptose mittels fragmentierter DNA

Um sicher zu gehen, dass bei der LDH-Messung Zellen erfasst worden waren, die durch den Vorgang der Apoptose und nicht durch nekrotische Prozesse gestorben waren, wurde zusätzlich ein ELISA zur Quantifizierung von fragmentierter DNA durchgeführt (Abbildung 4.4.5, B). Die Fragmentierung von DNA gilt als sicheres Zeichen von programmierten Zelltod und kann mittels elektrophoretischer Auftrennung oder ELISA nachgewiesen werden *(Bortner et al.* [34]). Auch bei dieser Untersuchung wurde berücksichtigt, dass sich die Zellen in den 21 Tagen Differenzierung je nach Behandlung unterschiedlich vermehrt haben konnten. Daher wurde eine Proteinbestimmung der Proben durchgeführt, gegen die die Menge der fragmentierten DNA verrechnet wurde. Bei der Analyse der Werte, die für osteoblastenmediumbehandelte Zellen im Vergleich zu kontrollmediumbehandelten Zellen erhalten worden waren, ergab sich eine Zunahme um mehr als 50%, was einer signifikanten Zunahme entsprach.

Noch größer war die nachweisbare Menge fragmentierter DNA bei Behandlung mit den Wachstumsfaktoren. FGF-2 behandelte Zellen zeigten fast 100% und PDGF-BB behandelte Zellen genau 100% mehr fragmentierte DNA als Zellen, die in Kontrollmedium inkubiert worden waren. Damit führte sowohl die Behandlung von Osteoblastenmedium alleine, als auch von Osteoblastenmedium mit Wachstumsfaktoren zu signifikant mehr fragmentierter DNA als die Inkubation mit Osteoblastenmedium plus Rapamycin. Hier erreichte die Signalintensität fast das Kontrollniveau und war demnach halb so stark wie unter PDGF-BB-Behandlung.

Sowohl die Messung der LDH Aktivität im Überstand der Zellen, als auch die Analyse der fragmentierten DNA deuteten auf eine deutlich höhere Apoptoserate unter Osteoblastenmedium hin, die durch zusätzliche Gabe von Rapamycin gesenkt werden konnte.

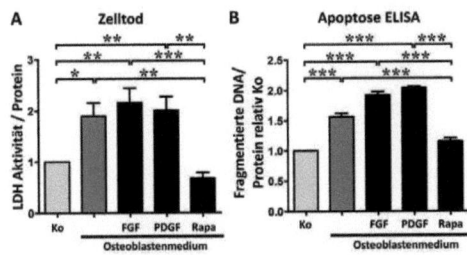

Abbildung 4.4.5: Quantifizierung der Apoptose

*A: Messung der Laktatdehydrogenase als Parameter von Zellsterben nach Normalisierung auf die Proteinkonzentration der Proben in Relation zu Kontrollmedium. Die Analyse wurde mit dem Medium, das von Tag 18 bis Tag 21 auf den Zellen inkubiert worden war, durchgeführt. Eingesetzt wurden neben der Kontrollbehandlung 10 ng/ml FGF-2, 10 ng/ml PDGF-BB oder 20 nM Rapamycin in Osteoblastenmedium. Mittelwert mit SEM, n=8. B: Quantifizierung der fragmentierten DNA normalisiert zur Proteinmenge der Zellen nach der gleichen Behandlung wie in A. Mittelwert mit SEM, n=5. Signifikanzberechnung: Ein-Weg-ANOVA, Signifikanzwerte: * p<005; ** p<0,01; * * * p<0,001*

4.4.6 Analyse von weiteren Signaltransduktionskaskaden

Die bisherigen Analysen hatten ein deutliches Muster von Aktivierungen und Inhibitionen von Proteinen, die für die Regulation des Zellschicksals verantwortlich sind, gezeigt. Durch Osteoblastenmedium waren Seneszenz und Apoptose induziert worden, was durch zusätzliche Behandlung mit Wachstumsfaktoren noch verstärkt worden war. Wurde hingegen Rapamycin zusätzlich zu Osteoblastenmedium eingesetzt, ließen sich mehr Anti-Apoptose, weniger Seneszenz und ein Abfall des Autophagie-Proteins LC3B nachweisen.

Um zu analysieren, inwieweit an diesen Beobachtungen Signalkaskaden beteiligt waren, die mit dem mTOR-Netzwerk verknüpft sind, wurden wichtige Signaltransduktionskaskaden analysiert, die ebenfalls einen Einfluss auf Zellschicksalsprogramme haben (Abbildung 4.4.7).

Da der MAP-Kinase-Signalweg sowohl über Rezeptortyrosinkinasen als auch über G-Proteingekoppelte Rezeptoren aktiviert werden kann, sollte die Aktivität der Kinase ERK1/2 analysiert werden. Da diese in der Lage ist, die p70-S6 Kinase an zwei Aminosäureresten in einer Serin-Prolin-reichen Region zu phosphorylieren und so seine Aktivierung zu verstärken, wurde auch diese Phosphorylierungsstelle analysiert. Darüber hinaus wurde die PI3-Kinase-abhängige Phosphorylierungsstelle an Threonin^{308} von AKT untersucht (Abbildung 4.4.7).

Dabei zeigte sich, dass die Phosphorylierung von ERK nach einer dauerhaften Behandlung über 21 Tage keine wesentlichen Unterschiede zwischen den Behandlungen mit Differenzierungsmedium, Wachstumsfaktoren oder Rapamycin aufwies. Auch das Zielsubstrat von ERK, die pp70-S6 Kinase zeigte nur geringe, nicht-signifikante Unterschiede ihres Phosphorylierungsmusters an den Aminosäureresten$^{421/424}$.

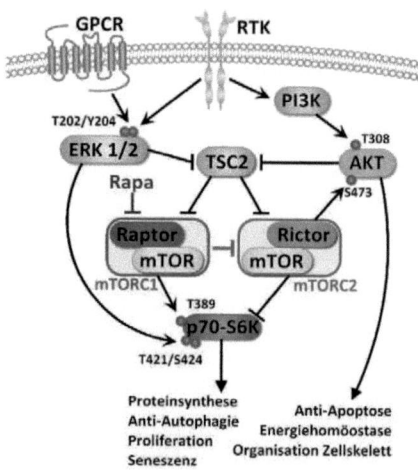

Abbildung 4.4.6: Signaltransduktion von ERK und mTOR-Netzwerk

Schematische Darstellung einiger Signalkaskaden, die mit dem mTOR-Netzwerk interagieren. GPCR: G-Proteingekoppelter Rezeptor, RTK: Rezeptortyrosinkinase

4.4 Auswirkungen der mTORC1-Blockade

Im Gegensatz dazu wies die Phosphorylierungsstelle von AKT am Threoninrest[308] eine signifikante Aktivierung durch Osteoblastenmedium auf, welche allerdings durch die zusätzliche Behandlung mit Wachstumsfaktoren unter das Kontrollniveau absank (signifkant zu Osteoblastenmedium) und mit Rapamycin ein Niveau zwischen dem Kontroll- und dem Osteoblastenmedium einnahm.

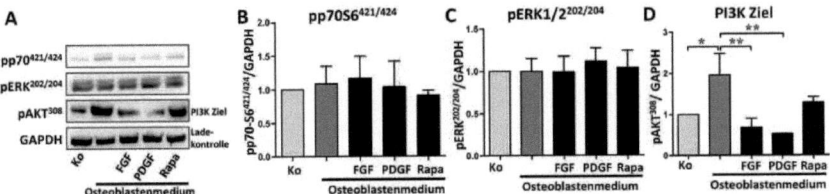

Abbildung 4.4.7: Aktivitätsanalyse weiterer Signaltransduktionskaskaden
*Mittels Western-Blot wurde analysiert, wie sich die Behandlung mit Wachstumsfaktoren oder Rapamycin auf die Aktivität von Kinasen auswirkt, die an der Regulation des mTOR-Netzwerks beteiligt sind, ohne direktes Ziel der beiden mTOR-Komplexe zu sein. Die Analyse wurde nach 21-tägiger Behandlung mit Kontroll- beziehungsweise Osteoblastenmedium mit oder ohne 10 ng/ml FGF-2, 10 ng/ml PDGF-BB oder 20 nM Rapamycin durchgeführt. A: repräsentativer Western-Blot eines Experiments, B-D: Mittelwerte mit SEM der densitometrischen Auswertung, n=6. Berechnung der Signifikanz an Tag 21: Ein-Weg-ANOVA, Signifikanzwerte: * p<005; ** p<0,01; *** p<0,001*

4.5 Zeitlicher Verlauf und Einfluss des Autophagieprozesses

Wie bereits in Abschnitt 4.4.3 erwähnt, lässt die vorhandene Menge des LC3B Proteins keine unmittelbaren quantitativen Rückschlüsse auf den Prozess der Autophagie zu, da eine Abnahme der Proteinmenge sowohl als Zeichen einer Zu- als auch einer Abnahme der Autophagie interpretiert werden kann. So wird das Protein bei geringem Bedarf an intrazellulärem Recycling kaum gebildet und lässt sich daher nur in geringer Menge nachweisen. Findet auf der anderen Seite verstärkt Autophagie statt, wird das Protein durch die Degradation der Autophagolysosomen stärker abgebaut und ist auch dann nur in geringer Menge nachweisbar. Daher wurde mit Hilfe eines Autophagie-Blockers gearbeitet, der vakuoläre H+ ATPasen (V-ATPasen) hemmt. Diese finden sich bei Zellen des vaskulären Systems auf Organellen wie Vesikeln, Endosomen, Lysosomen oder dem Golgi-Apparat und dienen der Aufrechterhaltung des sauren pHs in diesen Kompartimenten (*Mellman et al.* [302]). Mittels eines Antiporter-Prinzips tauschen sie Protonen gegen beispielsweise K^+ oder Ca^{2+}-Ionen unter ATP-Verbrauch aus.

Das aus Streptomyzeten isolierte Markolidantibiotikum Bafilomycin A1 ist durch seine Bindung an die membrandurchspannende Pore der V-ATPasen ein hoch spezifischer Inhibitor dieser Enzyme (*Bowman et al.* [39], *Crider et al.* [76], *Hanada et al.* [150], *Werner et al.* [516], *Zhang et al.* [544]). Wenn der Prozess der Autophagie durch Bafilomycin A1 gehemmt wird, bleibt die Degradation von LC3B aus und das Protein wird in der Zelle akkumuliert.

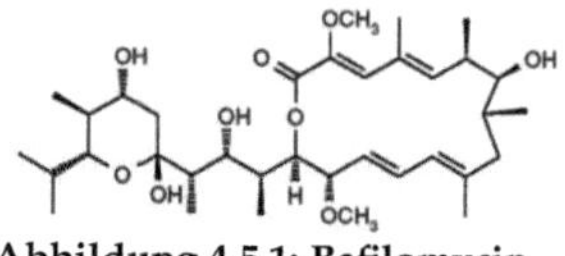

Abbildung 4.5.1: Bafilomycin A1

Strukturformel des Makrolidantibiotikums Bafilomycin

4.5.1 Osteoblastärer Phänotyp im zeitlichen Verlauf bei Autophagieinhibition

Für die Durchführung der Versuche wurden Zellen mit einer für sie gut verträglichen Menge des Inhibitors (1 nM Bafilomycin in DMSO) oder 20 nM Rapamycin (ebenfalls in DMSO) oder einer Kombination aus beiden über einen Zeitraum von drei Wochen in Osteoblastenmedium inkubiert. Ausgesetzt wurden die Zellen an Tag 0. Die Inkubation mit den Substanzen begann ab Tag 1, und das Medium wurde alle drei Tage gewechselt. An den Tagen 1, 3, 6, 9, 12, 15, 18 und 21 wurden sowohl der Überstand für die Messung der LDH gesammelt, als auch Proben für Western Blot, ALP und die Analyse des Kalziumgehalts genommen.

Bei Zellen, die mit DMSO behandelt worden waren, ergab die Auswertung der ALP-Aktivitätsmessung einen gleichmäßigen Anstieg der Enzymaktivität bis Tag 12, der sich dann bis Tag 15 auf einem Niveau von rund 600 U/g hielt, bevor er langsam wieder sank und an Tag 21 einen Wert von knapp unter 500 U/g erreichte (Abbildung 4.5.2, A).

Die Messung der Kalziumablagerung ergab einen mäßigen Anstieg bis Tag 12, der dann stärker zunahm und bis zu Tag 21 gleichmäßig bestehen blieb, wodurch die maximale Menge an abgelagerten Kalzium, die gemessen wurde, hier bei rund 500 µg/mg lag (Abbildung 4.5.2, B).

Bei der Messung der LDH-Aktivität im Überstand der Zellen zeigte sich, dass bereits ab Tag 9 ein Anstieg zu verzeichnen war, der bis zu Tag 21 kontinuierlich zunahm und bei der letzten

4.5 Zeitlicher Verlauf und Einfluss des Autophagieprozesses

Messung die gut siebenfache Aktivität im Vergleich zum Ausgangswert ergab (Abbildung 4.5.2, C). Diese Ergebnisse deckten sich mit der Western-Blot-Analyse, die einen Anstieg der mTORC1-Aktivität an den Tagen 6 bis 9 zeigte, dem ein Anstieg von $p16^{INK4a}$ folgte und auch mit einem folgenden, wenn auch geringen Anstieg der Expression von Cleaved Caspase 3 verbunden war (Abbildung 4.5.3, A). Die Aktivität des AKT-Proteins nahm bei Inkubation mit Osteoblastenmedium zunächst zu, wie die Analyse der beiden Phosphogruppen am Serinrest^{473} beziehungsweise Threoninrest^{308} zeigte, blieb dann aber ab Tag 3 konstant. Die Expression des Proteins LC3B war über den gesamten Zeitverlauf gleichmäßig.

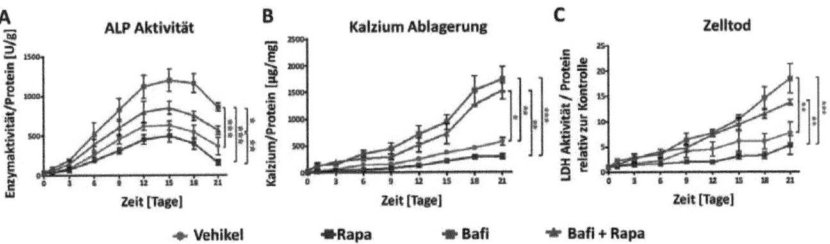

Abbildung 4.5.2: Zeitabhängige Analyse von Differenzierung und Zelltod
*Die drei Grafiken repräsentieren die Mittelwerte mit SEM von 4 unabhängig durchgeführten Experimenten für die Analyse A: Enzymaktivität von ALP, B: der Ablagerung von Kalzium, C: der LDH-Aktivität. Bei allen drei Untersuchungen wurden die Werte auf den Proteingehalt der Proben relativiert nachdem die Zellen entweder mit DMSO (als Vehikel), 20 nM Rapamycin, 1 nM Bafilomycin oder einer Kombination der beiden in Osteoblastenmedium behandelt worden waren. Berechnung der Signifikanz an Tag 21: Ein-Weg-ANOVA, Signifikanzwerte: * $p<005$; ** $p<0,01$; * * * $p<0,001$*

Zellen, die mit Rapamycin behandelt wurden, zeigten im Vergleich zur Behandlung von Zellen mit Kontrollmediumbehandlung einen schwächeren Anstieg der ALP-Aktivität, der seinen Höhepunkt erst an Tag 15 erreichte und dann 500 U/g ergab (Abbildung 4.5.2, A).
Auch die Menge des abgelagerten Kalziums war insgesamt bei Rapamycininkubation niedriger als bei Kontrollmedium und erreichte nach einem zögerlichen Anstieg ab Tag 15 nur 300 µg/mg (Abbildung 4.5.2, B). Des Weiteren konnt ab Tag auch ein minimaler Anstieg der LDH-Aktivität im Überstand verzeichnet werden, der bei der letzten Messung an Tag 21 einen 5-fachen Wert des Ausgangsniveaus ergab (Abbildung 4.5.2, C).

4.5.2 Analyse der Signaltransduktion und der Zellschicksalsprogramme

Die Aktivität von mTORC1 und mTOR2 wurde mittels Western-Blot analysiert. Während die Phosphorylierung des ribosomalen S6-Proteins bei der Behandlung mit Kontrollmedium gering war (Abbildung 4.5.3, A), ließ die Behandlung mit Osteoblastenmedium durch das stärkere Signal der pS6 den Schluss auf eine erhöhte Aktivität von mTORC1 zu. Die Wirksamkeit von Rapamycin wurde im Western-Blot ebenfalls anhand der Phosphorylierung des ribosomalen S6-Proteins überprüft, welches zwar vor der Behandlung noch über eine deutlich nachweisbare Phosphorylierung verfügte, diese sich aber ab der Inkubation mit Rapamycin nicht mehr

4 Ergebnisse

nachweisen ließ (Abbildung 4.5.3, B). Auch konnte im ganzen Zeitverlauf kein Anstieg der Signalintensität für den Seneszenzmarker $p16^{INK4a}$ verzeichnet werden. Sowohl LC3B als auch Cleaved Caspase 3 waren in geringen Mengen während der ganzen Untersuchung nachweisbar, jedoch wurde an den Tagen 18 und 21 bei beiden Markern ein leichter Abfall der detektierbaren Menge festgestellt.

Anders verhielt es sich bei beiden Phosphorylierungsstellen des Proteins AKT. Diese zeigten ab Tag 3 eine leichte, ab Tag 6 eine deutliche Intensitätszunahme des Signals, das bis Tag 21 gleichmäßig stark nachweisbar blieb. Damit bestätigte die Analyse des zeitlichen Verlaufs die bisherigen Ergebnisse im Bezug auf die Aktivierung von mTORC2, die ausgelöst wurde, sobald die rapamycininduzierte Inhibition von mTORC1 eintrat.

Die Beobachtung, dass bei einer verminderten mTORC1 und einer verstärkten mTORC2-Aktivität weniger osteoblastäre Differenzierung nachweisbar war, lieferte jedoch noch keinen Hinweis auf den Mechanismus dieses Zusammenhangs. Die Analyse zeigte nicht, ob es sich bei der verminderten osteoblastären Differenzierung um eine Folge der mTORC1-Inhibition oder um eine Konsequenz der verstärkten mTORC2-Aktivität handelte.

Im Vergleich zu den Zellen, die mit DMSO oder Rapamycin behandelt worden waren, ergab die Analyse der bafilomycinbehandelten Zellen einen deutlichen Anstieg der ALP-Aktivität, der an Tag 15 seinen Höhepunkt von 1200 U/g erreichte und dann langsam zurück ging. An Tag 21 war mit circa 800 U/g jedoch noch immer eine stärkere Aktivität des Enzyms als bei DMSO- oder Rapamycinbehandlung nachweisbar (Abbildung 4.5.2, A). Unmittelbar nachdem die ALP-Aktivität an Tag 15 ihren Höhepunkt erreicht hatte, nahm die Menge der nachweisbaren Kalziumablagerungen, die bis Tag 9 bereits deutlich angestiegen war, nochmals stärker zu. Sie erreichte an Tag 21 mit 1800 µg/mg einen 6-fach höheren Wert als dies bei den rapamycinbehandelten Zellen gemessen wurde. Auch im Vergleich zur DMSO-Kontrolle war dies eine 3-fache Steigerung der Kalziumablagerung und damit signifikant (Abbildung 4.5.2, B).

Vergleichbar verlief der Anstieg der LDH-Enzymaktivität, der bereits ab Tag 9 zunahm und an Tag 21 einen beinahe 20-fachen Wert im Vergleich zum Ausgangsniveau erreichte. Dieser Wert war signifikant größer als die Aktivität des Enzyms bei Rapamycinbehandlung und bei DMSO-Inkubation (Abbildung 4.5.2, C).

Die Western-Blot-Analyse zeigte eine mäßige Phosphorylierung des ribosomalen S6 Proteins, während bereits ab Tag 3 eine Zunahme des Seneszenzmarkers $p16^{INK4a}$ vorgefunden wurde (Abbildung 4.5.3, C). Ebenso konnte ab Tag 3 eine deutliche Zunahme des Apoptosemarkers Cleaved Caspase 3 nachgewiesen werden. Bemerkenswert war die deutliche und kontinuierliche Zunahme des Signals für den Autophagiemarker LC3B. Dies ließ auf eine Anreicherung des Proteins und damit auf ein vermehrtes, intrazelluläres Recycling schließen. Deutlich weniger als bei DMSO- oder Rapamycinbehandlung waren die Phosphorylierungen des Proteins AKT nachweisbar, auch konnte hier keine deutliche Zu- oder Abnahme im Verlauf der 21 Tage identifiziert werden.

Um den Einfluss von Rapamycin auf die Blockade der Autophagie durch Bafilomycin einschätzen zu können, wurde auch die Kombination dieser beiden Substanzen eingesetzt. Hierbei zeigte sich für die Messung der ALP-Aktivität eine Zunahme, die stärker als die bei Rapamycinbehandlung war, jedoch schwächer als die Zunahme bei Bafilomycinbehandlung alleine (Abbildung 4.5.2, A). Die Kurve erreichte ihren Höhepunkt an Tag 15, hier lag eine ALP-Aktivität von 800 U/g vor, die bis Tag 21 auf 600 U/g zurückging. Bei der Analyse der Kalziumablagerung zeigte

4.5 Zeitlicher Verlauf und Einfluss des Autophagieprozesses

sich ein vergleichbarer Befund (Abbildung 4.5.2, B). Zwar nahm auch hier die nachweisbare Menge an Kalzium im Vergleich zu den DMSO- und rapamycinbehandelten Zellen signifikant zu, erreichte aber mit 1500 µg/mg an Tag nicht den Wert der mit Bafilomycin behandelten Zellen. Die Quantifizierung der LDH-Aktivität ergab ab Tag 9 einen deutlichen und kontinuierlichen, fast linearen Anstieg (Abbildung 4.5.2, C), erreichte jedoch mit einer 12-fachen Zunahme an Tag 21 im Vergleich zu Tag 1 einen nicht ganz so hohen Wert wie bafilomycinbehandelte Proben. Die der Effektivität Rapamycinbehandlung wurde im Western-Blot überprüft und war unbeeinflusst von der gleichzeitigen Bafilomycinbehandlung durch das Fehlen der S6-Phosphorylierung ab Tag 3 nachweisbar (Abbildung 4.5.3, D).

Die Analyse des mTORC2-abhängigen Proteins AKT ergab eine leichte Zunahme des Signals bei Rapamycin- und Bafilomycinbehandlung im Vergleich zu dem Signal von Zellen, die nur mit Bafilomycin behandelt worden waren. Allerdings konnte keine so starke Zunahme der Phosphorylierung an Serin[473] festgestellt werden wie bei DMSO- oder Rapamycinbehandlung. Etwas weniger stark als bei der Behandlung der Zellen mit Bafilomyicin alleine zeigte sich die Expression des Protein p16[INK4a]. Zusätzlich konnte bei gleichzeitiger Behandlung der Zellen mit Rapamycin und Bafilomycin ein Rückgang der Proteinexpression im zeitlichen Verlauf nachgewiesen werden. Dies war auch bei der Analyse des Autophagiemarkers LC3B zu sehen: trotz insgesamt stärkerer Expression des Protein als bei Behandlung der Zellen mit DMSO oder Rapamycin war keine kontinuierliche Akkumulation des Proteins nachweisbar. Hingegen ging die Signalintensität sogar leicht zurück. Anders verhielt es sich bei dem Apoposemarker Cleaved Caspase 3. Dieser war zwar insgesamt schwächer exprimiert als bei Zellen, die Bafilomycinbehandlung alleine erhalten hatten, aber im Gegensatz dazu nahm die Signalintensität im Laufe der Behandlung stetig zu.

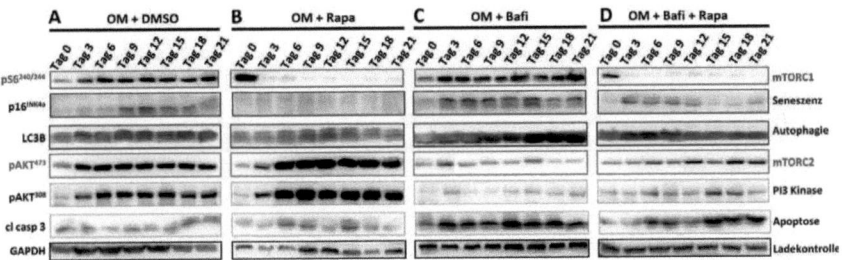

Abbildung 4.5.3: Aktivität des mTOR-Netzwerks und zellbiologischen Effektoren im zeitlichen Verlauf

Analyse der Expression von Proteinen des mTOR-Netzwerks und Zellschicksalsprogrammen bei dreiwöchiger Behandlung mit Osteoblastenmedium und Vehikelkontrolle (A), beziehungsweise Osteoblastenmedium und mTORC1-Inhibition (B), beziehungsweise Osteoblastenmedium und Autophagieinhibitor (C), beziehungsweise Osteoblastenmedium und mTORC1-Inhibition sowie Autophagieinhibitor (D). Dargestellt sind repräsentative Blots für vier unabhängige Versuche. Die Aktivität von mTORC1 wurde mittels des Phosphorylierungsziels, des ribosomalen Proteins S6 untersucht. Des Weiteren wurden die Aktivität des mTORC2 Komplexes und der PI3-Kinase mittels den Phosphorylierungsstellen von AKT nachgewiesen und der Seneszenzmarker p16[INK4a] analysiert. Für die Darstellung der Autophagie wurde das Protein LC3B detektiert, Apoptose wurde mittels Cleaved Caspase 3 dargestellt.

4.6 Mechanismus der rapamycininduzierten Minderung der Kalzifizierung

Das zentrale Ergebnis der bisherigen Untersuchung zeigte eine Verstärkung der mTORC2 Aktivität unter mTORC1-Blockade, die bestätigte, dass mTORC1 einen inhibierenden Effekt auf mTORC2 hat, der durch die Rapamycinbehandlung aufgehoben wird. Dies ist eine Beobachtung, die bereits von anderen Autoren beschrieben wurde (*Breuleux et al.* [42]). Gleichzeitig konnte unter dieser Behandlung eine Verminderung der osteoblastären Differenzierung beobachtet werden. Dies warf die Frage nach dem Mechanismus dieses Effekts auf.

Um zu differenzieren, ob es sich bei dieser Wirkung um eine Folge der mTORC1-Inhibition oder um eine Konsequenz der verstärkten mTORC2-Aktivität handelte, wurde eine Blockade dieser Seite des Netzwerks eingesetzt.

4.6.1 Pharmakologische mTORC2-Blockade

Während mit Rapamycin der mTOR-Komplex 1 direkt (mit wenigen Einschränkungen, siehe Abschnitt 1.3.4) inhibiert werden kann, ist derzeit kein selektiver Blocker für die Aktivität von Poteinen des den mTOR-Komplex 2 etabliert.

Um die Bedeutung der mTORC2-Aktivierung für die Rapamycin vermittelte Verminderung der osteoblastären Differenzierung zu analysieren, wurde AKT als direktes Ziel von mTORC2 mit Hilfe des Inhibitors MK2206 blockiert (*Liu et al.* [270], *Hirai et al.* [165]).

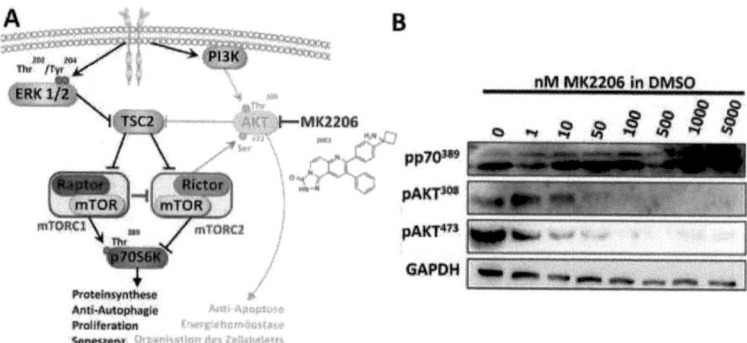

Abbildung 4.6.1: Wirkung des AKT-Inhibitors MK2206

A: Darstellung des Effekts von MK2206 auf AKT sowie die Strukturformel der Substanz. B: Western-Blot Analyse einer Dosisreihe. Humane mesenchymale Stromazellen wurden für 24 Stunden mit den angegebenen Konzentrationen an MK2206 inkubiert. Anschließend erfolgte mittels Western-Blot-Verfahrens die Bestimmung der Proteinphosphorylierung. Proben, die mit 0 nM Blocker behandelt wurden, wurden mit dem Lösungsmittel DMSO inkubiert.

Ein blockierender Effekt von mTORC1 auf mTORC2, der durch Rapamycin unterbunden wird, könnte zwar auch unter Einwirkung von MK2206 noch zu einer Aktivierung von mTORC2

führen, die nachfolgende Aktivierung von AKT wäre jedoch blockiert. Eine mTORC2 vermittelte Aktivierung eines anti-apoptotischen Zellschicksalsprogrammes über AKT wäre demnach nicht mehr möglich.
Um die spezifische Wirkung des Inhibitors auf AKT zu bestimmen, wurden zunächst Zellen mit unterschiedlichen Wirkstoffkonzentrationen behandelt und im Western-Blot die Phosphorylierungszustände der Proteine untersucht. Die Analyse der Inkubation von MSCs mit unterschiedlichen Konzentrationen an MK2206 zeigte eine Inhibition beider AKT-Phosphorylierungsstellen ab einer Konzentration von 100 nM. Als niedrigste wirksame Dosis wurde daher diese Konzentration in den folgenden Versuchen eingesetzt.

4.6.2 Osteoblastäre Differenzierung unter AKT Inhibition

Die Auswirkungen von MK2206 auf die osteoblastäre Differenzierung bei Anwendung über einen längeren Zeitraum wurden analysiert, indem verschiedene Konzentrationen eingesetzt und sowohl die Aktivität der ALP nach sieben Tagen als auch das Ausmaß der Kalziumablagerungen nach 21 Tagen gemessen wurden.
Die Messung der alkalischen Phosphatase zeigte bei MK2206 keine dosisabhängige Inhibierung des osteoblastären Markerenzyms. Die Kalziummessung zeigte ebenfalls keine Beeinflussung durch MK2206.

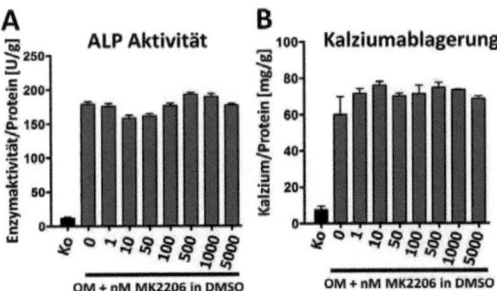

Abbildung 4.6.2: ALP und Kalziumanalyse bei AKT-Inhibition

Analyse der enzymatischen Aktivität von ALP nach sieben Tagen und der Ablagerung von Kalzium nach 21 Tagen bei Behandlung mit Kontroll- oder Osteoblastenmedium und der angegebenen Konzentration des AKT Inhibitors MK2206. Als Lösungsmittelkontrolle wurde DMSO mit dem größten verwendeten Volumen an Inhibitor eingesetzt. Alle Proben wurden entsprechend ihres Proteingehaltes normalisiert, es handelt sich bei ALP um vierfach, bei Kalzium um zweifach Bestimmungen. Angegeben sind Mittelwerte und SEM.

Um zu prüfen, ob die verminderte Kalzifizierung der Zellen unter Rapamycineinfluss durch die hierunter beobachtete verminderte Aktivität von mTORC1 oder die ebenfalls nachweisbare mTORC2-Aktivierung hervorgerufen wurde, wurden Rapamycin und MK2206 kombiniert. Humane MSC wurden über einen Zeitraum von 3 Wochen mit Osteoblastenmedium inkubiert, dem entweder das Lösungsmittel als Kontrolle zugegeben worden war oder der einen beziehungsweise beide Wirkstoffe für mTORC1- und AKT-Inhibition enthielt. Das Medium wurde jeden dritten Tag gewechselt.

4.6.2.1 Analyse des Phänotyps

Um den Differenzierungsvorgang in Osteoblasten qualitativ und quantitativ interpretieren zu können, wurde die Aktivität der alkalischen Phosphatase nach sieben Tagen bestimmt, die Kalziumablagerungen an Tag 21 quantifziert und die Analyse durch eine Alizarinfärbung an Tag 21 ergänzt.

Die Messung der alkalischen Phosphatase ergab eine signifikante Zunahme der Enzymaktivität bei Behandlung mit Osteoblastenmedium um fast 100%. Diese wurde durch eine Behandlung mit Rapamycin um mehr als 50% reduziert, was ebenfalls ein signifikantes Ergebnis war. Die Inkubation der Zellen mit Osteoblastenmedium und dem AKT-Inhibitor MK2206 ergab einen Zunahme von circa 75% der ALP-Aktivität im Vergleich zu Kontrollmedium, die damit zwischen den Werten für Osteoblastenmedium alleine und Osteoblastenmedium mit Rapamycin lag.
Wurden die Zellen sowohl mit Rapamycin als auch MK2206 inkubiert, konnte keine Verminderung der ALP-Aktivität wie unter alleiniger Rapamycinbehandlung gemessen werden. Die Enzymaktivität lag in diesem Fall noch immer bei nahezu 100% (Abbildung 4.6.3, A).

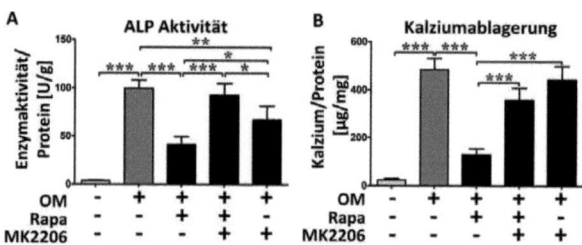

Abbildung 4.6.3: ALP und Kalziumanalyse nach Inkubation mit MK2206 und/oder Rapamycin

*hMSC wurden mit Osteoblastenmedium, 20 nM Rapamycin (Rapa) und/oder 100 nM MK2206 inkubiert und ihre Differenzierung im Verleich zu mit Kontrollmedium behandelten Zellen dargestellt. Die Aktivität der alkalischen Phosphatase wurde sieben Tage nach Beginn der Inkubation gemessen und anhand des Proteingehaltes normalisiert. Die Ablagerung von Kalzium wurde nach 21 Tagen quantifiziert und ebenfalls mit der gemessenen Proteinmenge verrechnet. Mittelwerte mit SEM der densitometrischen Auswertung, n=6. Berechnung der Signifikanz: Ein-Weg-ANOVA, Signifikanzwerte: * p<005; ** p<0,01; * * * p<0,001*

Ähnliche Beobachtungen konnten auch bei der Quantifizierung der Kalziumablagerungen gemacht werden (Abbildung 4.6.3, B). Hier führte die alleinige Rapamycinbehandlung zu einer Senkung der nachweisbaren Kalziummenge um mehr als zwei Drittel im Vergleich zu Osteoblastenmedium ohne mTORC1-Inhibition. Die alleinige Behandlung der Zellen mit dem AKT-Inhibitor minderte die Kalziumablagerungen hingegen nicht. Bei der kombinierten Inkubation von AKT- und mTORC1-Blocker kam es zu einer nicht-signifikanten Minderung im Vergleich zu Behandlung mit Osteoblastenmedium. Damit lag die Menge an nachweisbaren Kalziumablagerungen bei der Gabe von Rapamycin und MK2206 zusammen noch immer signifikant über der Menge, die bei alleiniger Inkubation mit dem mTORC1-Blocker nachweisbar war.

4.6 Mechanismus der rapamycininduzierten Minderung der Kalzifizierung

Die morphologischen Veränderungen während der Inkubationszeit und insbesondere die Ablagerung von Kalziumhydroxylapatit wurden dokumentiert, indem nach drei Wochen Behandlung eine Alizarinfärbung durchgeführt wurde (Abbildung 4.6.4). Diese zeigte gegenüber nahezu ungefärbten Kontrollen verstärkte Ablagerungen bei Osteoblastenmedium, die durch Rapamycininkubation deutlich vermindert wurden. Wurde gleichzeitig mit Rapamycin der AKT-Inhibitor MK2206 eingesetzt, konnte die reduzierte Ablagerung von Kalzium nicht beobachtet werden. Hier zeigten sich sogar noch stärkere Ablagerungen als bei Behandlung mit Osteoblastenmedium. Die alleinige Behandlung mit MK2206 führte hingegen zu einer Ablagerung ähnlich der Ablagerung mit Osteoblastenmedium.

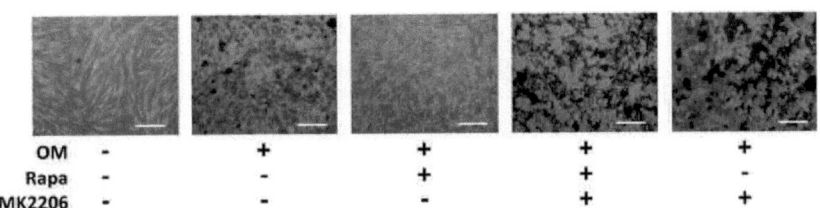

Abbildung 4.6.4: Alizarinfärbung nach Inkubation mit MK2206 und/oder Rapamycin

Spezifische Färbung von Kalzium in Form von Kalziumhydroxylapatit mit Alizarin Rot nach dreiwöchiger Behandlung von humanen MSC mit Osteoblastenmedium (OM), 20 nM Rapamycin und/oder 100 nM MK2206. Vergrößerung x400, Maßstabsleiste = 100 µm

4.6.2.2 Analyse von Signaltransduktion und Zellschicksalsprogrammen

Nach einer Inkubation von drei Wochen mit Kontrollmedium beziehungsweise Osteoblastenmedium sowie Rapamycin und /oder MK2206 wurden Proteinlysate hergestellt, um die Aktivität von mTORC1 und mTORC2 sowie der von ihnen regulierten Zellschicksalsprogramme zu untersuchen (Abbildung 4.6.5).
Wie bereits zuvor gesehen (siehe Abschnitt 4.4.1 und 4.5), löste die Inkubation der Zellen mit Osteoblastenmedium einen leichten Anstieg der mTORC1-Aktivität aus, repräsentiert durch p70-S6^{T389}. Dessen Aktivierung wurde durch Rapamycin vollständig verhindert. Ebenso verminderte der Blocker die Expression des Seneszenzmarkers p16^{INK4a} sowie dem Autophagiemarker LC3B. Gleichzeitig löste Rapamycinbehandlung die signifikante Aktivierung von pAKT^{S473} aus, die bereits zuvor festgestellt worden war (siehe Abschnitt 4.4.4 und 4.5). Außerdem war der anti-Apoptosemarker Bcl-2 verstärkt und das Apoptoseprotein Cleaved Caspase vermindert nachweisbar.
Die Behandlung der Zellen mit dem AKT-Inhibitor alleine veränderte die Signalstärke der pp70-S6^{T389}-Phosphorylierung im Vergleich zu Kontrollbehandlung nicht. Die Untersuchung der beiden AKT-Phosphorylierungsstellen zeigte stark verringerte Signale. Das Markerprotein für Seneszenz, p16^{INK4a}, war ebenso nachweisbar wie Cleaved Caspase 3, das als Nachweis der Apoptose untersucht wurde. Sowohl das Autophagieprotein LC3B, als auch der anti-Apoptosemarker Bcl-2 waren etwas vermindert.

4 Ergebnisse

Die gleichzeitige Behandlung mit MK2206 und Rapamycin inhibierte sowohl das Signal für p70-S6^{T389} als auch die Signale für pAKT^{S473} und pAKT^{T308} im Vergleich zur Kontrolle. Die durch Rapamycinbehandlung gesteigerte AKT Phosphorylierung am Serinrest^{473} konnte demnach nicht mehr nachgewiesen werden. Die Behandlung mit dem AKT-Inhibitor und dem mTORC1-Modulator senkte die Proteinexpression von Bcl-2 und steigerte die Signale für Cleaved Caspase, dies stellt einen Hinweis für erhöhte Apoptose dar.

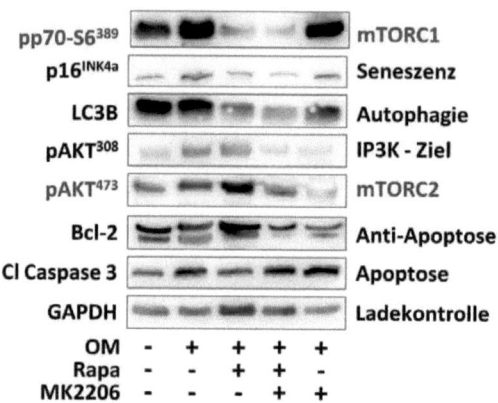

Abbildung 4.6.5: Western Blot Analyse nach Inkubation mit MK2206 und/oder Rapamycin

Analyse der Aktivität von wichtigen Kinasen des mTOR-Netzwerks sowie Expressionsanalyse von Markerproteinen für zelluläre Prozesse. Eingesetzt wurden 20 nM Rapamycin und/oder 100 nM MK2206 in Osteoblastenmedium (OM). Dargestellt ist ein repräsentatives von vier unabhängig voneinander durchgeführten Experimenten.

Um dies zu bestätigen, wurde auch hier ein ELISA für fragmentierte DNA durchgeführt (Abbildung 4.6.6).
Bei dieser Untersuchung konnte in Proben, die mit Osteoblastenmedium behandelt worden waren, circa 1,5-mal mehr Apoptose nachgewiesen werden, als bei Kontrollmedium. Durch die Behandlung mit Rapamycin alleine konnte dies nahezu wieder auf den Wert von Kontrollmedium gesenkt werden. Die Behandlung der Zellen mit dem AKT-Inhibitor alleine hatte dagegen keine Auswirkungen auf die Menge an fragmentierter DNA. Hier blieb das Niveau ähnlich hoch wie bei Osteoblastenmedium alleine und war damit signifikant höher als die Menge an fragmentierter DNA bei Kontrollniveau.
Wurde MK2206 gemeinsam mit Rapamycin gegeben, nahm die Menge der nachweisbaren fragmentierten DNA deutlich zu, und es war kein protektiver Effekt von Rapamycin mehr zu verzeichnen.

4.6 Mechanismus der rapamycininduzierten Minderung der Kalzifizierung

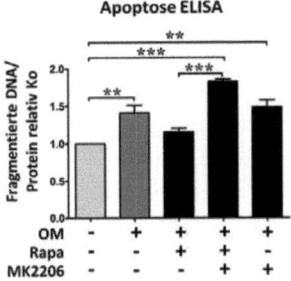

Abbildung 4.6.6: Nachweis von Apoptose mittels ELISA
Um zwischen Apoptose und nekrotischen Prozessen unterscheiden zu können, wurde mittels eines ELISA fragmentierte DNA nachgewiesen. Zur Normalisierung wurde die Menge an gebildetem Protein berücksichtigt. Rapa = 20 nM Rapamycin, OM = Osteoblastenmedium. Mittelwerte mit SEM der densitometrischen Auswertung, n=6. Berechnung der Signifikanz: Ein-Weg-ANOVA, Signifikanzwerte: ∗ p<005; ∗ ∗ ∗ p<0,001

4.6.3 Viral induzierte mTORC2-Blockade

4.6.3.1 Herstellung von Lentiviren mit Rictor-gerichteter shRNA

Durch die Analyse der Verkalkung bei Einsatz des mTOR-Modulators Rapamycin und des AKT-Inhibitors MK2206 war naheliegend, dass die Aktivierung durch mTORC2 wichtig für die rapainduzierte Inhibierung der osteoblastären Differenzierung war. Da die Inhibierung von AKT möglicherweise unspezifische Wirkungen haben könnte oder bestimmte Proteine, die abhängig von der Phosphorylierung an pAKT^{T308} sind, nicht aktiviert werden, sollten die Ergebnisse mittels einer zweiten Methode verifiziert werden.
Hierzu sollte molekularbiologisch interveniert werden, indem mittels shRNA das Protein Rictor depletiert werden sollte. Eine Aktivierung von pAKT^{T308} durch die PI3K wäre dann immer noch möglich, während mTORC2 keine Wirkung mehr haben dürfte.
Da sich mesenchymale Stromazellen nicht effektiv transfizieren lassen, wurde die Expression der shRNA durch eine virale Transduktion der Zellen angestrebt. Hierfür musste eine rictorspezifische shRNA mittels eines lentiviralen Expressionssystem in die Zellen eingebracht werden. Durch die Arbeitsgruppe von Prof. Tobias Huber (Freiburg) konnte eine spezifische shRNA für Rictor in einem retroviralen Expressionsvektor namens pSuperRetro erhalten werden. Diese Sequenz wurde mittels Klonierung in den pLTVH-Vektor überführt.
Dazu wurden die Vektoren mittels zweier Restriktionsenzyme geöffnet, die Fragmente in einem Agarosegel separiert, einzelne Banden ausgeschnitten, aufgereinigt und anschließend neu ligiert. Der entstandene Vektor wurde mittels Restriktionsanalyse beziehungsweise Sequenzierung überprüft und anschließend in E.coli-Bakterien amplifiziert (Abbildung 4.6.7).

4 Ergebnisse

DNA-Gelelektrophorese in 1% Agarosegel in TAE-Puffer.

Eine DNA-Leiter links in Spur 1 und eine weitere DNA-Leiter rechts in Spur 7 für die Ermittlung der Größe kleinerer DNA-Fragmente.

Spur 2, 3 und 4 enthalten 1 µg DNA nach Restriktion mit EcoRI und ClaI, in Spur 2 der pSuperRetro-Rictor-shRNA-Vektor, in Spur 3 der pLVTH und in Spur 4 der neu klonierte pLTVH-shRNA-Rictor Vektor.

Spuren 5 und 6 enthalten 1 µg DNA der Vektoren pLVTH und pLVTH-shRNA-Rictor nach Verdau mit den Enzymen XbaI und XhoI.

In Spur 2 und 4 ist das Fragment, das die Information für die shRNA gegen Rictor trägt, rot markiert. In Spur 6 ist das Fragment mit einem blauen Kreis markiert, das im Vergleich zum ursprünglichen Vektor links daneben einen Größenschift nach oben aufweist, da es ebenfalls die shRNA enthält.

Durch die unterschiedlichen Größenverhältnisse der Fragmente wurde das Gel mit zwei unterschiedlichen Belichtungszeiten photographiert, daher ist dieses Bild aus zwei Fotos zusammengesetzt.

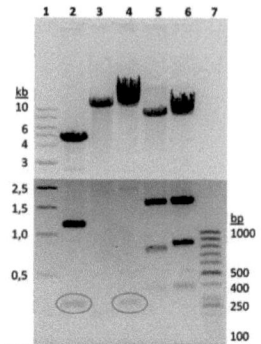

Abbildung 4.6.7: Restriktionsanalyse

Der Vektor trägt die Bezeichnung pLVTH-shRNA-Rictor und besitzt neben der eingefügten shRNA -kodierenden Kassette eine GFP (Green-Fluorescence-Protein)-Sequenz. Diese führt dazu, dass Zellen, die durch Lentiviren infiziert wurden, nicht nur die shRNA exprimieren, sondern auch grün fluoreszieren und so unter dem Mikroskop die Transduktionseffizienz überprüft werden kann.

Dementsprechend wurden für alle Versuche Kontrollgruppen mitgeführt, in denen die Zellen ebenfalls durch ein pLVTH-Plasmid transduziert worden waren und grün leuchteten, jedoch anstatt einer rictorspezifischen shRNA eine unspezifische shRNA exprimierten (Abbildung 4.6.8).

Für die Generierung der viralen Partikel wurden drei Plasmide eingesetzt: ein Plasmid für die Expression der shRNA, eines für die Expression der Hüllproteine des Virus und eines, das das sogenannte „packaging ", also den Zusammenbau des Virus, bewirkt.

Die Viren für die Transduktion der MSC wurden in 293T-HEK-Zellen generiert, indem diese durch eine Kalziumphosphat-Behandlung mit allen drei Plasmiden transfiziert wurden. Sobald die Zellen die Plasmide transkribiert und die entsprechenden Proteine generiert hatten, wurden die Viruspartikel zusammengesetzt und sezerniert.

Nach zwei Tagen konnte der Überstand der Zellen geerntet werden, der die Viren enthielt, diese wurden mittels Ultrazentrifugation aufkonzentriert. Anschließend wurden die Viren mit 10 µg/ml Protaminsulfat versetzt, um die Adhäsion an die MSCs zu erleichtern und für die Infektion der Stromazellen verwendet.

Die MSCs wurden bei sehr niedrigen Konfluenz (circa 20%) mehrfach im Verlauf weniger Tage transduziert und die Expression von GFP mittels Fluoreszenzmikroskopie kontrolliert.

4.6 Mechanismus der rapamycininduzierten Minderung der Kalzifizierung

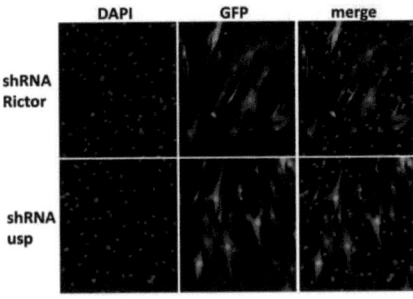

Abbildung 4.6.8: Immunfluoreszenzanalyse

Repräsentative Mikrographien von hMSC nach Infektion mit GFP-vermittelnden Lentiviren. Während die Zellen bei der Kontrolle durchaus noch Rictor produzieren können, produzieren die grün flureszierenden Zellen rechts eine shRNA, die die Expression von Rictor hemmt. Neben der Darstellung der mit DAPI gefärbten DNA in blau links und der durch GFP autofluoreszenzierenden Zellen in der Mitte ist in den Abbildungen rechts die Überlagerung (merge) der beiden Kanäle gezeigt. usp=unspezifische shRNA, Ric= shRNA gegen die mRNA von Rictor

4.6.3.2 Analyse des Phänotyps

Die Analyse des Differenzierungsprozesses durch Osteoblastenmedium wurde mittels Aktivitätsmessung der alkalischen Phosphatase, Quantifizierung der abgelagerten Menge Kalzium und Darstellung des Kalziumhydroxylapatits durch Alizarinfärbung durchgeführt (Abbildung 4.6.9).

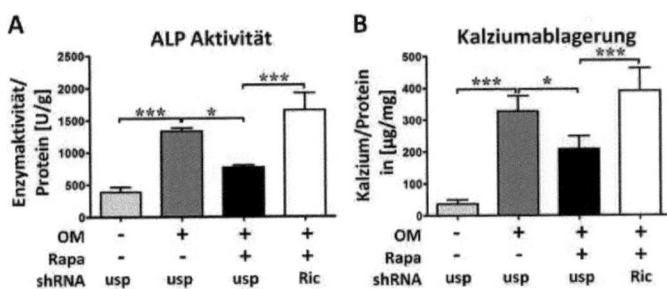

Abbildung 4.6.9: ALP und Kalzium Analyse nach viraler Transduktion

*hMSC wurden mit Lentiviren transduziert und anschließend mit Osteoblastenmedium und 20 nM Rapamycin (Rapa) behandelt. Dargestellt ist die Aktivität der alkalischen Phosphatase nach 7 Tagen und die Quantifizierung der Kalziumablagerung nach 21 Tagen. In beiden Grafen wurden die Werte mit der gemessenen Proteinmenge normalisiert. Abkürzungen: usp=unspezifische shRNA, Ric= shRNA gegen die mRNA von Rictor, Rapa = 20 nM Rapamycin, OM = Osteoblastenmedium. Mittelwerte mit SEM, n=5. Berechnung der Signifikanz: Ein-Weg-ANOVA, Signifikanzwerte: * $p<005$; *** $p<0,001$*

4 Ergebnisse

Die Messung der ALP-Aktivität zeigte eine signifikante Zunahme der Enzymaktivität bei der Behandlung mit Osteoblastenmedium. Wurde Rapamycin eingesetzt, war eine 50%ige Verminderung messbar, die nur auftrat, wenn unspezifische shRNA bei der Transduktion eingesetzt worden war. Wurde hingegen shRNA gegen Rictor eingesetzt, stieg die Aktivität der ALP bei Rapamycinbehandlung sogar leicht über das Niveau der Osteoblastenmediumbehandlung. Ein nahezu identisches Bild lieferte die Auswertung der Kalziumquantifizierung. Während im Vergleich zu Kontrollmedium eine signifikante Zunahme der Kalziumablagerung beobachtet werden konnte, war die messbare Menge bei Rapamycinbehandlung davon abhängig, ob Rictor exprimiert wurde oder nicht. War eine unspezifische shRNA eingesetzt worden, sank die nachweisbare Kalziummenge um fast 50%. Bei rictorspezifischer shRNA zeigte sich eine leichte Steigerung der Kalziumablagerung im Vergleich zu Osteoblastenmedium. Im Vergleich zu Rapamycinbehandlung bei unspezifischer RNA war dieses Ergebnis höchst signifikant.
Optisch wurden diese Messergebnisse durch die Alizarinfärbung bestätigt (Abbildung 4.6.10). Diese zeigte, dass mit Rictor-shRNA transduzierte Zellen auch nach Behandlung mit Rapamycin stark rot, fast schon schwärzlich gefärbt waren. Im Gegensatz dazu zeigten Zellen, die mit unspezifischer shRNA verändert worden waren, zwar ohne Rapamycin eine ähnlich starke Farbgebung, wiesen aber nach Rapamycinbehandlung weniger massive Färbereaktionen auf.

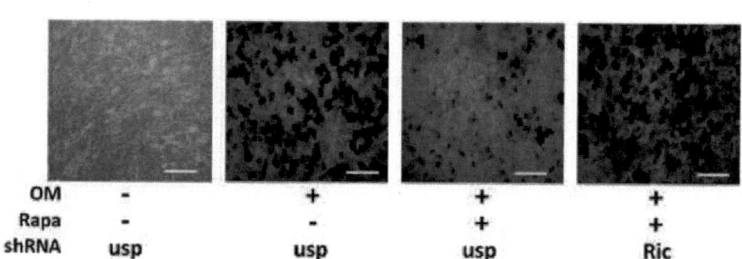

Abbildung 4.6.10: Alizarinfärbung nach viraler Transduktion

Neben Kontrollmedium-Behandlung sind repräsentative Mikrographien von Alizaringefärbten MSCs nach 21 Tagen Inkubation mit Osteomedium abgebildet, die entweder mit unspezifischen oder rictorspezifischer shRNA transduziert wurden. Abkürzungen: usp=unspezifische shRNA, Ric= shRNA gegen die mRNA von Rictor, Rapa = 20 nM Rapamycin, OM = Osteoblastenmedium.

4.6.3.3 Analyse von Signaltransduktion und Zellschicksalsprogrammen

Für die Untersuchung der Bedeutung des mTOR-Komplexes 2 beim Differenzierungsprozess in Osteoblasten wurden MSC nach ihrer Transduktion mit Osteoblastenmedium kultiviert. Neben der Kontrolle mit normalem Wachstumsmedium wurde außerdem die gleichzeitige Blockade von beiden mTOR-Komplexen untersucht, indem die Zellen zusätzlich noch mit Rapamycin behandelt wurden. Nach dreiwöchiger Inkubation wurden Lysate hergestellt und die Proteinexpression im Western Blot analysiert.
Die Untersuchung der Expression im Western-Blot zeigte für das Protein Rictor keine Veränderung der Signalstärke, wenn die Zellen mit unspezifischer shRNA transduziert worden waren

4.6 Mechanismus der rapamycininduzierten Minderung der Kalzifizierung

(Abbildung 4.6.11). War jedoch ein Virus mit rictorspezifischer shRNA eingesetzt worden, konnte eine deutliche geringere Menge des Proteins nachgewiesen werden. Auch die Phosphorylierung AKT^{S473} ließ sich dann kaum mehr nachweisen.

Die Wirksamkeit der Behandlung mit Rapamycin wurde durch die Untersuchung der Phosphorylierung p70-S6^{T389} überprüft, die nicht mehr nachgewiesen werden könnte, wenn mTORC1 inhibiert war. Allerdings konnte im Vergleich zu Kontrollmedium eine deutliche Intensivierung des Signals bei Behandlung mit Osteoblastenmedium festgestellt werden, was auf erhöhte mTORC1-Aktivität deutet. Bei Zellen mit normaler Rictor-Expression führte die Rapamycinbehandlung zu einer starken Signalzunahme von AKT^{S473} im Vergleich zu Kontrollmedium. Dies konnte jedoch nicht beobachtet werden, wenn die Zellen Rictor-shRNA exprimierten.

Während Rapamycin in Zellen mit unspezifischer shRNA-Expression die Signalintensität des Seneszenzmarkers p16^{INK4a} minimierte, ließ sich dieses Protein wieder unvermindert nachweisen, wenn gleichzeitiger Rictor depletiert wurde.

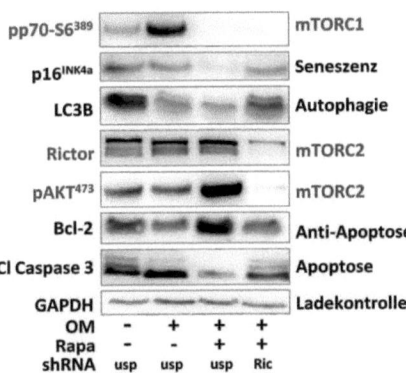

Abbildung 4.6.11: Western Blot Analyse nach viraler Transduktion

Für den Nachweis der mTORC1 Aktivität wurde die Phosphorylierung der p70-S7-Kinase überprüft, für mTORC2 wurde scwohl die Expression des Proteins Rictor, als auch seines Substrates AKT analyiisert. Die davon abhängigen Prozesse wurden mittels relvanter Markerproteine dargestellt. Gezeigt ist ein repräsentativer von fünf unabhängig voneinander durchgeführten Versuchen. Abkürzungen: usp=unspezifische shRNA, Ric= shRNA gegen die mRNA von Rictor, Rapa = 20 nM Rapamycin, OM = Osteoblastenmedium.

Bei mTORC1-Modulation durch Rapamycin war die Expression von LC3B und Cleaved Caspase 3 reduziert. Diese Minderung wurde durch den lentiviralen Knockdown aufgehoben. Die Expression von Bcl-2, das durch Rapamycin stärker vorzufinden war, war unter zeitgleicher Rictor-shRNA-Expression deutlich vermindert.

Um zwischen den Prozessen Nekrose und Apoptose unterscheiden zu können und zu untersuchen, welche Auswirkung die Expression der rictorspezifischen shRNA für den programmierten Zelltod hatte, wurde mittels eines ELISA untersucht, ob in diesen Zellen eine unterschiedliche Menge an fragmentierter DNA im Vergleich zur Expression mit unspezifischer shRNA zu finden war. Fragmentierte DNA kann als Hinweis auf Apoptose verstanden werden, da bei diesem Prozess ein gezielter Abbau der Nukleosomen stattfindet.

Die Analyse der transduzierten Zellen zeigte, dass Osteoblastenmedium die Menge an fragmentierter DNA im Vergleich zu Zellen, die mit Kontrollmedium behandelt worden waren, um das fast dreifache steigerte (Abbildung 4.6.12). Die Behandlung mit Rapamycin senkte die Menge an nachweisbaren DNA-Fragmenten wieder bis auf das Kontrollniveau, wenn die Zellen mit unspezfischer shRNA behandelt worden waren. Wurden sie hingegen mit Rictor-spezfischer-shRNA transduziert, konnte Rapamycin diesen Effekt nicht mehr bewirken, hier war die Menge an fragmentierter DNA unvermindert hoch.

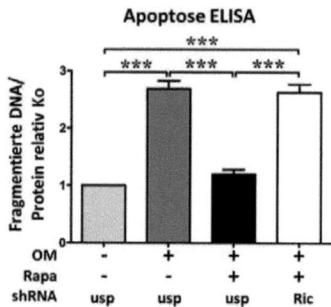

Abbildung 4.6.12: Nachweis von Apoptose mittels ELISA

*Um zwischen Apoptose und nekrotischen Prozesse unterscheiden zu können, wurde mittels eines ELISA fragmentierte DNA nachgewiesen. Zur Normalisierung wurde die Menge an gebildetem Protein berücksichtigt. Abkürzungen: usp=unspezifische shRNA, Ric= shRNA gegen die mRNA von Rictor, Rapa = 20 nM Rapamycin, OM = Osteoblastenmedium. Mittelwerte mit SEM, n=6. Berechnung der Signifikanz: Ein-Weg-ANOVA, Signifikanzwerte: * p<005; * * * p<0,001*

4.7 Der Einfluss von Rapamycin auf die Gefäßwand *in vivo*

Die bisherigen *in vitro* Untersuchungsergebnisse sprachen für einen benefiziellen Einfluss von Rapamycin auf die Differenzierungs- und Kalzifizierungsprozesse von MSCs. Dieser verlief mittels rapamycininduzierter Hemmung von mTORC1 durch eine dadurch hervorgerufene Aktivierung von mTORC2. Die Verminderung der mTORC1-Aktivität und die Verstärkung der mTORC2-Aktivität veränderte dann die Aktivität von Genprogrammen, die das Schicksal der Zelle modifzierten.

Um zu überprüfen, ob die im Zellkulturmodell gewonnenen Erkenntnisse auch *in vivo* relevant sind, sollte der Einfluss von Rapamycin auf die Geschehnisse in der Gefäßwand überprüfen werden.

Durch zeitgleich stattfindende tierexperimentellen Arbeiten, die von Dr. rer. nat. Dennis Gürgen durchgeführt wurden, gab es im Labor der AG Dragun ein Mausmodell, das für die Untersuchung der Fragestellung in Betracht kam.

In dieser Untersuchung waren Mäuse 37 Tage lang mit Rapamycin oder Vehikel behandelt worden. Aorten dieser Tiere waren nach der Durchführung des Versuchs schockgefroren worden und konnten für Kryoschnitte eingesetzt werden. Diese wurden mittels Immunfluoreszenzfärbung auf die Aktivität von Kinase des mTOR-Netzwerks untersucht. Außerdem wurde dargestellt, wie stark die Expression von Markerproteinen der Zellschicksalsprogramme war, ähnlich wie dies bei den *in vitro*-Arbeiten im Western-Blot durchgeführt worden war.

Bei der Analyse des mTOR-Netzwerks wurde zunächst die Aktivität von mTORC1 bestimmt, dazu wurde die Wirkung von Rapamycin in der Gefäßwand durch Färbung der mTORC1-abhängigen Phosphorylierungsstelle pp70-S6^{T389} überprüft (Abbildung 4.7.1, A und B). Bei Behandlung der Tiere mit der Lösungsmittelkontrolle war diese Phosphorylierung nachweisbar, waren die Tiere jedoch mit Rapamycin behandelt worden, lag die Signalintensität pp70-S6^{T389} deutlich vermindert vor oder war überhaupt nicht nachweisbar. Zwar war der Medikamentenspiegel der Tiere mittels Serumanalysen während des Versuchs überprüft worden, erst die Darstellung der pp70-S6^{T389}-Phosphorylierung konnte jedoch die Wirksamkeit der Behandlung im Gewebe zeigen.

Der Seneszenzmarker p16^{INK4a} konnte stärker nachgewiesen werden, wenn die Tiere mit der Lösungsmittelkontrolle behandelt worden waren als unter der Behandlung mit Rapamycin (Abbildung 4.7.1, C und D). Ebenso ließ sich bei Vehikelkontrolle auch der Autophagiemarker LC3B stärker nachweisen als bei Rapamycinbehandlung. Die Signalstärke war geringer, wenn die Tieren mit Rapamycin behandelt worden waren, hier ließ sich fast kein LC3B nachweisen (Abbildung 4.7.1, E und F).

Die Analyse der Phosphorylierungsstelle pAKT^{S473} zeigte eine mäßige, zytoplasmatisch-diffuse Färbung bei Tieren, die Verhikelbehandlung erhalten hatten. Im Vergleich dazu wiesen die Tiere bei Rapamycinbehandlung eine stärkere und auch nukleär deutlich angereicherte Färbung auf (Abbildung 4.7.1, G und H).

Waren die Mäuse mit der Vehikelkontrolle behandelt worden, konnte ein stärkeres Signal des Apoptosemarker Caspase 3 nachgewiesen werden, als wenn die Tiere Rapamycin erhalten hatten (Abbildung 4.7.1, I und J). Der anti-Apoptosemarker Bcl-2 war in Aorten von Mäusen, die Rapamycin erhalten hatten, deutlich nachweisbar, er lag hingegen vermindert vor, wenn die Tiere die Lösungsmittelkontrolle erhalten hatten (Abbildung 4.7.1, K und L).

4 Ergebnisse

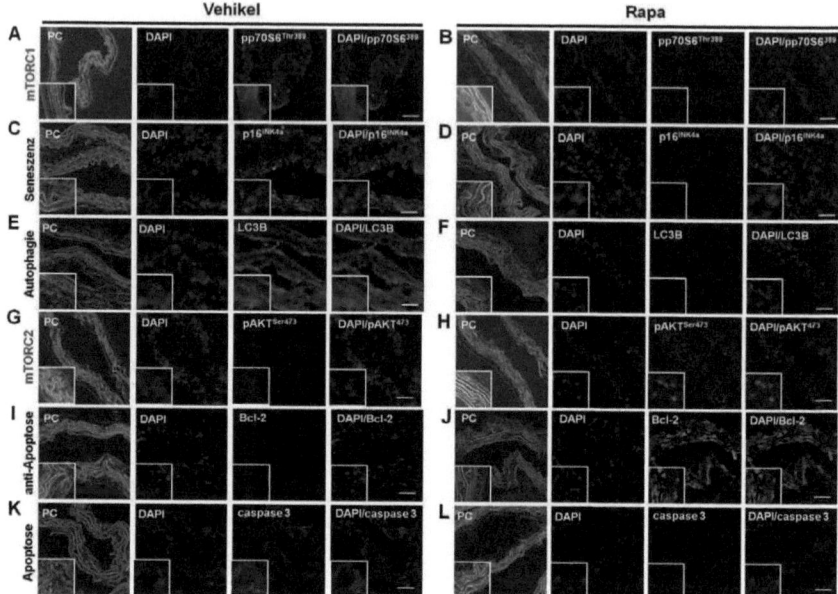

Abbildung 4.7.1: Immunfluoreszenzfärbung von Mäuseaorten

Aorten-Kryoschnitte von Mäusen, die ab der 10ten Lebenswoche für 37 Tage jeden dritten Tag mit 1,5 mg/kg Rapamycin oder Vehikel injiziert worden waren (A, C, E, G, I und K jeweils Vehikel, B, D, F, H, J und L Rapamycinbehandlung). Die Färbung mit dem jeweiligen Antikörper ist rot dargestellt, Zellkerne wurden mit DAPI blau gefärbt. Daneben Phasenkontrastbilder und Überlagerungen der Färbungen. A und B zeigen repräsentative Färbungen des mTORC1 Ziels phospho-p70-S6^{T389}, C und D stellen den Marker für zelluläre Seneszenz p16^{INK4a} dar, E und F zeigen den Autophagiemarker LC3B. Die Abbildungen in G und H zeigen das mTORC2 Ziel phospho-AKT^{S473}. In I und J ist der Marker für anti-Apoptose Bcl-2 dargestellt. K und L zeigen den Apoposemarker Caspase 3. Eines von vier unabhängigen Experimenten ist dargestellt, Vergrößerung x400, die kleinen Bilder entsprechen einem 5-fach Zoom, Maßstableiste = 100 µm

4.8 Interzelluläre Beeinflussung der Kalzifizierung durch Rapamycin

Bislang wurden die Untersuchungen lediglich für den direkten Effekt von Rapamycin auf Zellen oder Gewebe durchgeführt. Die Anwendung des Wirkstoffs hat jedoch, wie in Abschnitt 1.3.5 erwähnt wird, eine starke immunsupprimierenden Wirkung. Bei einer hypothetischen Anwendungen des Wirkstoffs zur Minderung der Gefäßverkalkung wäre diese jedoch nicht erwünscht. Daher wurde nach einer Möglichkeit gesucht, die positiven Aspekte der Substanz für die Minderung der Kalzifizierung zu nutzen, ohne das Abwehrsystem zu beeinflussen. Dabei sollte auch berücksichtigt werden, dass die betroffenen Zellen in der Gefäßwand im Gegensatz zu multipotenten Zellen bereits einen Reifeprozess durchlaufen haben und hauptsächlich als glatte Muskelzellen (VSMCs) in der Media vorliegen. Zwar ließ die Analyse der Aortenschnitte den Hinweis zu, dass dort prinzipiell die gleiche Signaltransduktionskaskade ablaufen könnte wie in den undifferenzierten Vorläuferzellen, die Untersuchung konnte jedoch nicht klären, ob die mTORC1-Inhibition eine Verminderung der Kalziumablagerung in VSMCs herbeiführen könnte.

4.8.1 Modell zur Nutzung parakriner Effekter von MSCs

Da MSCs für parakrine Effekte und immunmodulatorische Eigenschaften außerordentlich bekannt sind (*Di Nicola et al.* [92], *Potian et al.* [364], *Tse et al.* [486], *Bartholomew et al.* [362], [24], *Krampera et al.* [230], [231], *Djouad et al.* [96], *Rasmusson et al.* [385]), wurde ein Untersuchungsmodell etabliert, das die sekretorischen Fähigkeiten der mesenchymalen Gefäßvorläuferzellen in den Vordergrund stellt. Gleichzeitig sollte dabei das Potential der mTOR-Modifikation genutzt werden, um zum einen die Gefäßverkalkung zu beeinflussen und des Weiteren einen positiven Effekt auf die parakrinen Effekte der MSC auszuüben.

4.8.1.1 Beeinflussung der Kalzifizierung mittels parakriner Effekte

Zunächst wurde untersucht, ob MSCs prinzipiell parakrine Effekte haben, die eine Minderung der Gefäßverkalkung herbeiführen. Um zu klären, ob die Zellen per se einen positiven Einfluss auf die Differenzierung von glatten Gefäßmuskelzellen haben könnten, wurden MSCs in Kontrollmedium (ohne Zusätze von Faktoren, die Osteoblastendifferenzierung einleiten) kultiviert. Dieses enthielt entweder die Lösungsmittelkontrolle DMSO oder 20 nM Rapamycin, um den Einfluss der mTOR-Modifikation auf parakrinen Effekte zu analysieren. Das so konditionierte Medium wurde jeweils nach zwei Tagen von den Zellen abgenommen, kurz zentrifugiert, um abgelöste Zellen zu entfernen, und der Überstand dann mit zweifach konzentriertem Osteoblastenmedium vermischt. Das so erhaltene Medium entsprach dementsprechend dem üblichen Osteoblastenmedium und wurde durch DMSO und Rapamycin auf eine finale Konzentration von 20 nM ergänzt, dann auf glatte Muskelzellen übertragen und auf diesen wiederum bis zum nächsten Mediumwechsel zwei Tage später belassen. Zu diesem Zeitpunkt wurden die VMSCs erneut mit MSC-konditioniertem Medium behandelt. Dieser Vorgang wurde insgesamt über

4 Ergebnisse

drei Wochen durchgeführt.

Um kontrollieren zu können, welchen Effekt das Medium hatte, wenn es bereits auf Zellen inkubiert worden war, wenn also ein Teil der Nährstoffe verbraucht und zelluläre Abfallprodukte darin freigesetzt worden waren, wurde eine Kontrolle mitgeführt. Diese bestand aus Medium, das auf VSMCs konditioniert worden war und dann auf glatte Muskelzellen übertragen wurde. So konnte bestimmt werden, welche Effekte durch die MSCs hervorgerufen wurden und damit nicht durch die Veränderungen der Konditionierung bewirkt wurden.

Nach dem dritten Mediumtransfer und weiteren zwei Tagen Inkubation wurde die Aktivität der alkalischen Phosphatase gemessen, dies entsprach ungefähr einer Woche Inkubation der VSMC-Zielzellen. Nachdem das Medium insgesamt zehn Mal übertragen worden war, wurde die Ablagerung von Kalzium im Verhältnis zur Proteinmenge bestimmt. Dies entsprach einer circa dreiwöchigen Inkubation der VSMCs und stellte damit den auch bislang gewählten Differenzierungszeitraum dar.

Verglichen wurde dann bei den Analysen, ob die Behandlung mit MSC-konditioniertem Medium einen anderen Grad der osteoblastären Differenzierung auslöste, als die Behandlung mit VSMC-konditioniertem Medium, und welche Wirkung eine mTOR-Modulation hierbei hatte. Die Analyse der ALP-Aktivität zeigte, dass VSMCs, die Medium erhalten hatten, das durch MSCs konditioniert worden war, etwas weniger Enzymaktivität aufwiesen und auch bei der Messung der Kalziumablagerung eine leichte, jedoch nicht signifikante Reduktion der Kalzifizierung zeigten. Im Unterschied zu dieser Beobachtung war die ALP-Aktivität bei rapamycinbehandelten VMSCs etwas und bei MSCs sogar signifikant reduziert. Die Messung der Kalziumablagerung zeigte keine Verminderung durch die Behandlung mit Rapamycin bei VSMC-konditioniertem Medium, jedoch eine signifikante Reduktion der abgelagerten Kalziummenge bei MSC-konditioniertem Medium, das Rapamycin enthielt. Neben einem leichten benefiziellen Effekt des MSC-konditioniertem Mediums konnte demnach vorallem ein begünstigender Einfluss der mTOR-Modulation durch Rapamycin auf die Differenzierung und Verkalkung von VMSCs beobachtet werden.

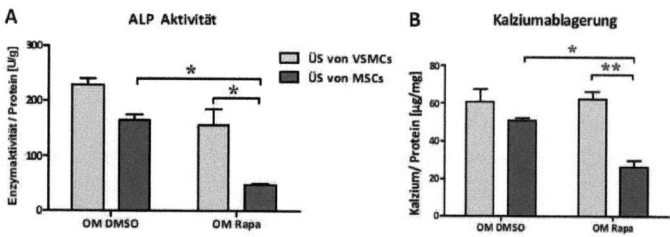

Abbildung 4.8.1: Einfluss der parakrinen Effekte von MSCs auf die Differenzierung von VMSCs

*ALP-Aktivitätsanalyse und Quantifizierung der Kalziumablagerung in VSMCs, welche mit konditioniertem Medium von MSCs oder VSMCs behandelt worden waren und zusätzlich entweder Rapamycin oder die Lösungsmittelkontrolle DMSO erhalten hatten. OM: Osteoblastenmedium, Rapa: 20 nM Rapamycin, ÜS: Überstand. Mittelwerte mit SEM, n=3. Berechnung der Signifikanz: Ein-Weg-ANOVA, Signifikanzwerte: * p<005; ** p<0,01.*

4.8.1.2 Wiederherstellung der benefiziellen parakrinen MSCs Effekte durch mTOR-Modulation

Die Inkubation der VSMCs mit Medium, das zuvor auf MSCs konditioniert worden war, ergab eine leichte Beeinflussung der Differenzierungs- und Kalzifizierungsvorgänge, die sich auch durch Rapamycin weiter verstärken ließ. Dennoch gab dieser Versuch die tatsächliche Situation im Gefäß nicht adäquat wieder, da nicht berücksichtigt wurde, dass im Patienten bereits die Vorläuferzellen der Gefäßwand unter den selben Bedingungen heranwachsen, unter denen die fertig differenzierten Zellen später leiden. Dementsprechend befinden sich die vaskulären Vorläuferzellen bereits in einer Umgebung, die osteoblastäre Differenzierung beeinflusst, und erfahren daher möglicherweise bereits während ihrer Differenzierung zu Zellen der Gefäßwand einen Einfluss, der sich negativ auf ihre parakrinen Kapazitäten auswirkt.

Um diesen Aspekt zu untersuchen und festzustellen, ob eine mTOR-Modulation die parakrinen Fähigkeiten der Zellen schützt, wurden MSCs zunächst mit oder ohne Rapamycin in Osteoblastenmedium kultiviert. Das so konditionierte Medium wurde jeweils nach zwei Tagen auf glatte Muskelzellen übertragen, ohne weitere Zusätze hinzuzufügen. Nach zwei Tagen wurde das Medium gegen frisch konditioniertes Osteoblastenmedium ausgetauscht und diese Behandlung über insgesamt drei Wochen durchgeführt.

Wie bereits zuvor wurde, um kontrollieren zu können, welchen Effekt das Medium hatte, wenn es bereits auf Zellen inkubiert worden war, eine Kontrolle mitgeführt. Diese bestand aus Osteoblastenmedium, das auf VSMCs konditioniert worden war und dann auf glatte Muskelzellen übertragen wurde.

Nach dem dritten Mediumtransfer und weiteren zwei Tagen Inkubation wurde die Aktivität der alkalischen Phosphatase gemessen, dies entsprach ungefähr einer Woche Inkubation der VSMC-Zielzellen. Nachdem das Medium insgesamt zehn Mal übertragen worden war, wurde die Ablagerung von Kalzium im Verhältnis zur Proteinmenge bestimmt und eine Alizarin-Färbung durchgeführt. Dies entsprach einer circa dreiwöchigen Inkubation der VSMCs und stellte damit den auch bislang gewählten Differenzierungszeitraum dar.

Verglichen wurde dann bei den Analysen, ob die Behandlung mit MSC-konditioniertem Medium einen anderen Grad der osteoblastären Differenzierung auslöste als die Behandlung mit VSMC-konditioniertem Medium. Außerdem wurde überprüft, ob sich dies veränderte, wenn zusätzlich Rapamycin verwendet wurde.

Zunächst wurden die Zellen analysiert, die zur Konditionierung des Mediums eingesetzt worden waren. Hier zeigte sich bei der Alizarinfärbung (Abbildung 4.8.2), dass Zellen, die mit Osteoblastenmedium behandelt worden waren, sowohl bei VSMCs als auch bei MSCs eine deutlich rote Färbung im Vergleich zu Zellen zeigten, die mit Kontrollmedium behandelt worden waren. Demnach konnte davon ausgegangen werden, dass bei den Zellen, die zur Konditionierung des Mediums eingesetzt worden waren, osteoblastäre Differenzierung mit Ablagerung von Kalzium stattgefunden hatte. Im Gegensatz zu den VSMCs (Abbildung 4.8.2, A) ließ sich die Färbung des Kalziumhydroxylapatits bei MSCs (Abbildung 4.8.2, B) durch Rapamycinbehandlung deutlich reduzieren. Dies war vergleichbar mit den Ergebnissen, die bereits in Abschnitt 4.2.2.2 gezeigt wurden. Wurden hingegen die VSMCs mit Rapamycin behandelt, war die Reduktion der Färbung lediglich schwach und noch immer konnten deutliche Mengen an Kalziumhydroxylapatit nachgewiesen werden.

4 Ergebnisse

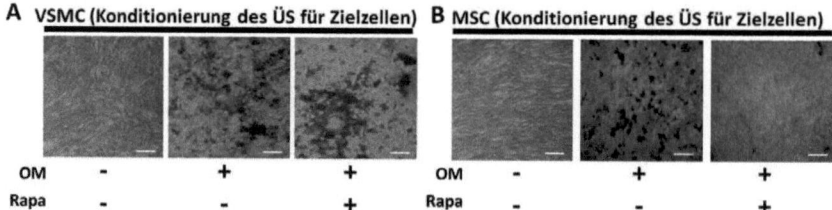

Abbildung 4.8.2: Alizarinfärbung der Zellen für die Mediumkonditionierung

Färbung mit Alizarin-Rot für abgelagertes Kalziumhydroxylapatit auf VSMCs (links) und MSCs (rechts) nach drei Wochen Inkubation mit Kontroll- oder Osteomedium, das entweder die Lösungsmittelkontrolle DMSO oder 20 nM Rapamycin enthielt. ÜS = Überstand, Vergrößerung x400, Maßstableiste = 100 μm. Gezeigt sind präsentative Abbildungen eines von insgesamt vier unabhängigen voneinander durchgeführten Versuchen.

Die Untersuchung wurde durch die Analyse der ALP-Aktivität und der Quantifizierung von abgelagertem Kalzium ergänzt (Abbildung 4.8.3). Hierbei zeigten die Zellen, die mit Osteoblastenmedium zur Konditionierung des Medium inkubiert worden waren, ebenfalls Anzeichen von Differenzierung, jedoch wurden hier deutliche Unterschiede zwischen den VSMCs und den MSCs sichtbar.

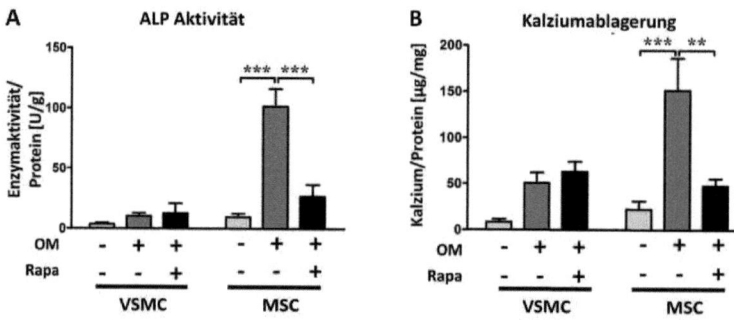

Abbildung 4.8.3: ALP-Aktivität und Kalziumquantifizierung der Konditionierungszellen

VSMCs und MSCs, die zur Konditionierung des Medium eingesetzt worden waren, wurden nach ihrem Gebrauch auf das Maß ihrer osteoblastären Differenzierung überprüft. Im Vergleich zu Kontrollmedium löste Osteoblastenmedium eine stärkere Enzymaktivität und größere Menge nachweisbaren Kalziums aus. Während dieser Effekt bei VMSCs nicht durch Rapamycin zu beeinflussen war, zeigte die Behandlung mit dem mTORC1-Inhibitor eine Reduktion der Differenzierung von MSCs. Mittelwerte mit SEM, n=4. Berechnung der Signifikanz: Ein-Weg-ANOVA, Signifikanzwerte: $*$ $p<005$; $**$ $p<0,01$; $***$ $p<0,001$.

4.8 Interzelluläre Beeinflussung der Kalzifizierung durch Rapamycin

Die Messung der alkalischen Phosphatase (Abbildung 4.8.3, A) ergab bei VSMC nur eine geringfügige Zunahme der Enzymaktivität, die mit Rapamycin nicht blockierbar war: Osteoblastenmedium steigerte die Aktivität von 10 auf circa 100 U/g und Rapamycin veränderte diesen Anstieg nicht. Wurden hingegen MSCs inkubiert, stieg die Enzymaktivität von 10 U/g bei Kontrollmedium auf 100 U/g mit Osteoblastenmedium. Dieser Anstieg war durch die Behandlung der Zellen mit Rapamycin um mehr als zwei 50% reduzierbar.

Die Signifikanz dieser Ergebnisse wurde durch die Messung der Kalziumablagerung bestätigt (Abbildung 4.8.3, B). Hier zeigte sich ein fünffacher Anstieg der Kalziumhydroxylapatitmenge durch Behandlung der VSMCs mit Osteoblastenmedium. Dieser konnte durch Rapamycin nicht wesentlich beeinflusst werden. Dahingegen konnte die circa achtfache Steigerung der abgelagerten Kalziummenge bei MSCs durch den mTORC1-Inhibitor um fast zwei Drittel gesenkt werden.

Zeitgleich mit der Analyse der zur Mediumkonditionierung eingesetzten Zellen wurden auch die eigentlichen Zielzellen untersucht, bei denen es sich ausnahmslos um glatte Muskelzellen handelte. Eine Hälfte war mit Medium behandelt worden, das durch MSCs konditioniert worden war, die zweite Hälfte der Zellen war mit Medium behandelt worden, das durch VSMCs konditioniert worden war.

Die Alizarinfärbung (Abbildung 4.8.4) zeigte sowohl bei VSMC- als auch bei MSC-Überstand behandelten Zellen ein deutliches Ansprechen auf die Induktion der osteoblastären Differenzierung.

Wurden VSMCs mit rapamycinversetzten Überständen von glatten Muskelzellen behandelt (Abbildung 4.8.4, A), änderte sich das Ausmaß der Färbung nicht, wurden sie jedoch mit Medium, das Rapamycin enthielt und das durch MSCs konditioniert war, inkubiert, zeigte sich eine deutliche Abschwächung der Alizarinfärbung (Abbildung 4.8.4, B).

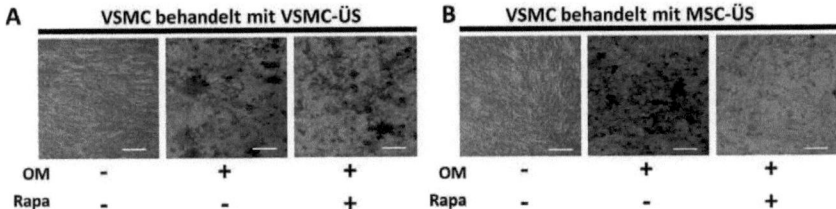

Abbildung 4.8.4: Alizarinfärbung der Zielzellen

Glatte Muskelzellen nach Behandlung mit Zellkulturmedium, das entweder von VSMC oder von MSC konditioniert wurde und dann auf glatte Muskelzellen übertragen wurden. Gezeigt sind repräsentative Bilder eines von vier unabhängigen Experimenten. OM: Osteoblastenmedium, Rapa: 20 nM Rapamycin, ÜS: Überstand, Vergrößerung x400, Maßstableiste = 100 µm.

Sowohl die Quantifizierung der ALP Aktivität als auch die Messung der Kalziumablagerung bestätigte die Beobachtung der Alizarinfärbung im Bezug auf die Induktion der osteoblastären Differenzierung (Abbildung 4.8.5).

Im Vergleich zur Behandlung mit Kontrollmedium stieg sowohl bei VSMC konditioniertem als auch bei MSC konditioniertem Überstand die Enzymaktivität um ungefähr das Zehnfache an

4 Ergebnisse

(Abbildung 4.8.5, A). Während dieser Anstieg bei VSMC-vorinkubiertem Medium nicht durch Rapamycin reduzierbar war, sank die Aktivität um mehr als zwei Drittel, wenn die Zellen mit MSC-konditioniertem Medium behandelt wurden.
Noch drastischer stellte sich die Situation bei der Messung der Kalziumablagerung dar (Abbildung 4.8.5, B). Die Behandlung der VSMCs mit VSMC-konditioniertem Medium, das Rapamycin enthielt, veränderte die nachweisbare Menge an Kalzium nicht. Dies stand in Kontrast zur Behandlung der VSMCs mit Medium, das auf MSCs konditioniert worden war und Rapamycin enthielt: hier wurde Menge an nachweisbarem Kalziumhydroxylapatit auf ein Viertel gesenkt.

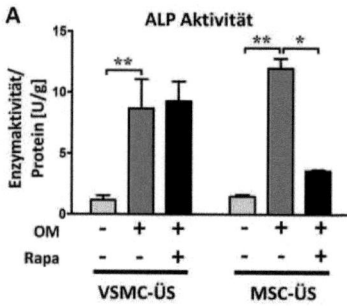 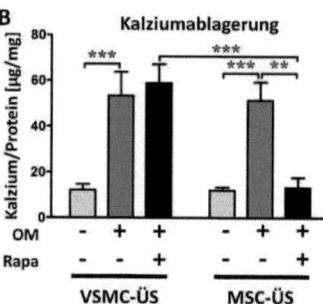

Abbildung 4.8.5: ALP-Aktivität und Kalziumquantifizierung der Zielzellen

*In der Grafik links ist die Aktivität der alkalischen Phosphatase der Zielzellen nach dreiwöchiger Inkubation mit konditioniertem Medium, rechts die Quantifizierung der Kalziumablagerung zu sehen. OM: Osteoblastenmedium, Rapa: 20 nM Rapamycin, ÜS: Überstand. Mittelwerte mit SEM, n=4. Berechnung der Signifikanz: Ein-Weg-ANOVA, Signifikanzwerte: * $p<005$; ** $p<0,01$; *** $p<0,001$.*

Diese Ergebnisse zeigten, dass die Inkubation der VSMCs mit Rapamycin keinen Einfluss auf die osteoblastäre Differenzierung der Zellen hatte. Es zeigte sich auch keine benefizielle parakrine Wirkung von MSCs auf das Ausmaß der osteoblastären Differenzierung in VSMCs, wenn sich die MSCs selbst im Prozess der osteoblastären Differenzierung befanden.
Wurden die MSCs jedoch gleichzeitig mit Rapamycin behandelt, wenn sie osteoblastär differenziert wurden, zeigte sich ein deutlicher protektiver Effekt für die Differenzierung der glatten Muskelzellen. Diese Minderung der Kalzifizierung wurde demnach nicht direkt durch Rapamycin in den VSMCs ausgelöst, sondern entstand durch eine Veränderung des MSC-Sekretoms unter Rapamycin, die sich positive auf die Differenzierung der glatten Muskelzellen auswirkte.

4.8.2 Die Bedeutung von Nanovesikeln für parakrine Effekte von MSCs

Parakrine Effekte von Zellen können durch einzelne sezernierte Proteine, RNA-Moleküle, aber auch durch komplex aufgebaute Vesikel ausgelöst werden. Zwar war eine vollständige Analyse des MSCs Sekretoms nicht Bestandteil dieser Arbeit, dennoch sollte zumindest untersucht werden, ob es einen Hinweis gab, dass es sich bei den parakrinen Faktoren um Vesikel handeln könnte. Dazu wurden MSCs und VSMCs jeweils vier Tage mit Kontrollmedium inkubiert, bevor dieses abgenommen und durch eine 10 minütige Zentrifugation bei 1000 xg von Zellresten befreit wurde. Dieser Zentriguationsschritt pelletierte auch Organellen von einer Größe von bis zu 6 µm. Der Überstand wurde dann zur Hälfte mit zweifach konzentriertem Osteoblastenmedium versetzt und auf VSMCs gegeben. Die zweite Hälfte wurde bei 100 000 xg für 60 Minuten ultrazentrifugiert bevor er ebenfalls mit zweifach konzentriertem Osteoblastenmedium gemischt und auf VMSCs gegeben wurde. Diese Ultrazentriguation pelletiert 40 bis 200 nM kleine Bestandteile des Mediums (Zhou et al. [548]). Das Medium wurde über drei Wochen alle vier Tage gewechselt und anschließend eine Analyse der abgelagerten Menge an Kalzium durchgeführt.

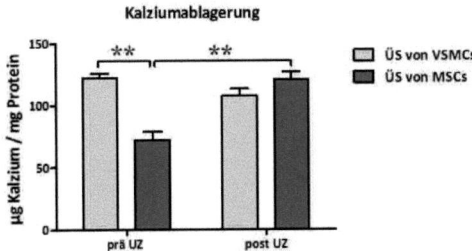

Abbildung 4.8.6: Quantifizierung der Kalziumablagerung vor und nach Entfernung von Nanovesikeln

Der Überstand von MSCs und VSMCs wurde als konditioniertes Medium eingesetzt um daraus Osteoblastenmedium herzustellen, dass auf VSMCs gegeben wurde. Dabei wurden alterantiv Nanovesikel mittels Ultrazentrifugation entfernt oder mit dem Medium auf die Zielzellen gegeben. Nach drei Wochen mit regelmäßigen Mediumwechseln erfolgte auf den Zielzellen die Analyse der abgelagerten Menge an Kalzium im Vergleich zu quantifizierten Proteinmenge. Mittelwerte mit SEM, n=2. UZ = Ultrazentrifugation, ÜS = Überstand. Berechnung der Signifikanz: Zwei-Weg-ANOVA, Signifikanzwerte: ∗∗ p<0,01

Bei der Untersuchung der VMSCs konnte ein signifikanter Unterschied der abgelagerten Kalziummenge zwischen Zellen festgestellt werden, die von MSCs konditioniertes Medium und Zellen, die von VSMCs konditioniertes Medium erhalten hatten. Der Überstand der MSCs löste bei den Zielzellen eine weniger starke Verkalkung aus, als der Überstand der VSMCs, der Unterschied lag bei über 40%. Wurden die Überstände der Zellen jedoch ultrazentrifugiert, konnte kein signifikanter Unterschied mehr zwischen den Werten festgestellt werden. Die MSCs gaben demnach Faktoren in den Überstand ab, die sich mittels Ultrazentrifugation pelletieren und damit vom Medium trennen ließen, das auf die VSMCs übertragen wurde.

5 Diskussion

Die Entwicklung zu gut versorgten Industrieländern mit umfassender medizinischer Versorgung und uneingeschränktem Zugang zu Nahrungsmitteln sorgt besonders in der westeuropäischen und nordamerikanischen Gesellschaftsstruktur für nachhaltige Veränderungen. Bei steigender Lebensdauer und sich verbessernden Behandlungskonzepten für bislang unheilbare oder tödliche Krankheiten steigt das Durchschnittsalter bei gleichzeitig reduziertem Bewegungsverhalten und erhöhter Versorgung mit reichhaltiger Nahrung.

Die Folge ist eine starke Zunahme von chronischen Erkrankungen, die durch Verschleiß- oder Ablagerungsprozesse geschürt werden und Auswirkungen auf den gesamten menschlichen Organismus haben. Als zentrale versorgende Einheit ist besonders das Herz-Kreislauf-System von den veränderten Lebensumständen betroffen, und sein Versagen die bedeutendste globale Todesursache. Die Komplexität seines Aufbaus und seine Größe machen das Gefäßsystem, dessen Gesamtlänge bei einem Erwachsenen auf rund 150 000 km Länge geschätzt wird, dabei zu einer Herausforderung für die Behandlung.

Während lokal begrenzte Plaques und Verschlüsse durch Stents und Bypässe häufig überbrückbar sind, bleibt die Mediaverkalkung eine bislang irreversible und kaum therapierbare Problematik. Zwar konnten zahlreiche Arbeiten einen Einblick in die Entstehung dieser Gefäßveränderung geben und zeigen, dass es sich um eine fehlgeleitete Differenzierung von glatten Muskelzellen und ihren Vorläufern in osteoblastenartige Zellen handelt, doch die steuernden Zellprogramme konnten bislang weder detailliert beschrieben noch beeinflusst werden.

Vor diesem Hintergrund war der Ansatz der vorliegenden Arbeit, mit Hilfe von Zellkultur- und Tiermodellen, die intrazelluläre Steuerung des Zellschicksals während der Entwicklung der kalzifizierenden Vaskulopathie zu analysieren. Die regulierenden Elemente sollten identifiziert und die stattfindenden Vorgänge nachvollzogen werden, um Methoden zu entwickeln, diese Prozesse zu modifizieren und wenn möglich, Optionen für eine Therapie zu entwerfen und zu testen.

5 Diskussion

5.1 *In vitro* Modell der Gefäßverkalkung

Um herauszufinden, in welcher Weise sich die intrazelluläre Signaltransduktion an die kalzifizierende Vaskulopathie anpasst, welche Signalkaskaden aktiviert, welche Zellprogramme ausgelöst und welche therapeutischen Möglichkeiten genutzt werden können, wurde zu Beginn dieser Arbeit ein *in vitro* Modell etabliert. In diesem wurden primäre humane mesenchymale Stromazellen (MSCs) eingesetzt, die als undifferenzierte Vorläufer der Gefäßwandzellen betrachtet werden können (*London et al.* [273], *Iyemere et al.* [187]).

Des Weiteren weisen MSCs übereinstimmende Merkmale mit Perizyten auf, die im ganzen Körper gefunden werden können und zu deren Aufgaben die Aufrechterhaltung der Blutgefäßintegrität gehört (*Da Silva et al.* [81]). Genau wie MSCs haben Perizyten Stammzelleigenschaften, zu denen die Differenzierbarkeit in Adipozyten, Chondrozyten und Osteoblasten (*Hirschi et al.* [166]) gehört. Sie sind an der Regulation des Blutflusses und Blutdrucks beteiligt und regulieren die Perfusion zwischen Kapillaren und angrenzenden Geweben (*Shepro et al.* [435]).

Inwieweit es sich bei Perizyten und MSCs um die gleiche Zelle handelt, ist bislang nicht geklärt, einige Forscher haben jedoch die Theorie aufgestellt, dass die mesenchymalen Stromazellen der nicht-hämotopoietische Anteil des Knochenmarks ist, der dieses verlassen kann und im Blutkreislauf zirkuliert. Perizyten in der Gefäßwand stellen den Anteil der MSC im Blutgefäßsystem dar, und beide Zelltypen haben die Fähigkeit, zu VSMCs zu differenzieren (*Crisan et al.* [79], [78], *Jones et al.* [199], *Roufosse et al.* [401], *Abedin et al.* [2]).

Undifferenzierte Zellen gezielt zu stimulieren, ermöglichte es, detaillierte Analysen zu unterschiedlichen Zeitpunkten und Entwicklungsstadien durchführen zu können. Auch konnten so grundsätzliche Unterschiede unberücksichtigt bleiben, die etwa ein großes Gefäß wie die Aorta im Vergleich zu einer kleinen Kapillare aufweist. Des Weiteren wurde dieses *in vitro* Zellkulturmodell auch deshalb gewählt, weil hier Zellen eingesetzt werden konnten, deren vorliegendes regeneratives Potential seit Jahren intensiv beschrieben wird (*Maumus et al.* [296], [297] *Patel et al.* [353]). Derartige Zellen werden zudem seit Längerem zu Transplantationszwecken genutzt (*Battiwalla et al.* [26], *Franquesa et al.* [124]) und bieten auch die Option, für die therapeutische Gefäßregeneration eingesetzt zu werden (*Huang et al.* [174]).

Die Homogenität und das multilineäre Differenzierungspotential der aus Knochenmark gewonnenen MSCs wurde durch gezielte Differenzierung in Adipozyten, Chondrozyten und Osteoblasten, sowie durch eine umfassende Analyse der Oberflächenmarker sichergestellt. Erst danach wurden sie für Experimente eingesetzt.

In dem gewählten Modell wurden die Zellen Bedingungen ausgesetzt, die ähnlich der Situation im Patienten die Differenzierung in Osteoblasten und die Ablagerung von Kalzium in Form von Kalziumhydroxylapatit begünstigten (siehe auch Abschnitt 1.1.4 auf Seite 5). Dazu gehören besonders die Konzentrationen von Phosphat und Kalzium im Mikromilieu der Zellen. Die Anreicherung von Phosphat löst beispielsweise in vaskulären Zellen die Bildung und extrazelluläre Ablagerung von Kalziumhydroxylapatit aus (*Jono et al.* [200]) (siehe Abschnitt 5.2.1.2). Des Weiteren beeinflusst die Konzentration von Kalzium den Reifeprozess von Osteoblasten und hat damit eine direkte Wirkung auf die Kalzifizierung von Gewebe (*Dvorak* [105]). Die Verfügbarkeit von beiden Elementen sind im Körper von Ernährung und Nierenleistung abhängig. Daher kann ihre Konzentration gerade bei Patienten mit unausgeglichenem Ernährungszustand oder verminderter renaler Funktion vom physiologischen Niveau abweichen.

5.1 In vitro Modell der Gefäßverkalkung

Neben den typischen Bestandteilen des sogenannten Osteoblastenmediums (Dexamethason, β-Glycerophosphat und Phospho-Askorbinsäure) wurden auch Wachstumsfaktoren in das *in vitro* Modell integriert, die in erhöhten Konzentrationen in verkalkten Gefäßläsionen gefunden werden, wie etwa CTGF, FGF-2, FGF-23, PDGF-BB oder TGF-β1 (*Raines et al.* [379], [380], *Oemar et al.* [333], [334], [332], *Xu et al.* [528]). Nachgewiesenermaßen können diese einen Einfluss auf Differenzierungsvorgänge haben (*Ma et al.* [281], *Kratchmarova et al.* [232]).

5.1.1 Wachstumsfaktoren als modifizierender Einfluss der Differenzierung

Stark vereinfacht betrachtet handelt es sich bei Zytokinen um Proteine oder Steroidhormone, die je nach Definition in diverse Gruppen unterteilt werden (Wachstumsfaktoren, Chemokine, Interleukine, Hormone, Interferone, koloniestimulierende Faktoren etc.) und in der Regel ein Signal zwischen zwei Zellen vermitteln, wobei spezifische Rezeptoren auf den Zielzellen die adäquate Signalweitergabe ermöglichen. Die Zusammensetzung und Konzentrationen von Zytokinen im menschlichen Körper ist individuell und kann sich durch Krankheiten, den Ernährungszustand, Medikamenteneinnahme, Schwangerschaft und andere Einflüsse verändern. Das Spektrum an vorkommenden Wachstumsfaktoren kann als eine Art Indikator für den Zustand des entsprechenden Gewebes verstanden werden. Krankheitsbedingte Veränderungen wurden bereits für die meisten der Interleukine, für IFN-γ, MCSF, TNF-α, TGF-β und ihre Rezeptoren nachgewiesen, wobei die Auswirkungen vielschichtig sein können. Im Zusammenhang mit Gefäßveränderungen sind neben (anti-)inflammatorisch-wirksamen Zytokinen wie den Interleukinen besonders auch Botenstoffe von Bedeutung, die fibrotische beziehungsweise kalzifizierende Prozesse oder Zell-Differenzierungen bewirken.

5.1.1.1 Connective Tissue Growth Factor (CTGF) koordiniert das Zusammenspiel einzelner Differenzierungsabläufe

Kardiovaskuläre Degeneration ist durch zwei wesentliche Merkmale gekennzeichnet: Kalzifizierung und Fibrose. Zwar lag das Hauptaugenmerk in dieser Arbeit auf Ersterem, Kalzifizierung kann jedoch auch durch fibrotische Prozesse beeinflusst werden (*Shao et al.* [434]). Der Wachstumsfaktor CTGF (Connective Tissue Growth Factor) ist zwar ein besonders relevanter Wachstumfaktor für fibrotische Umbauprozesse von Geweben, darüber hinaus wurde jedoch bereits vor Jahren auf seine Bedeutung für osteogene Differenzierung im Knochen hingewiesen (*Safadi et al.* [407]). Durch zahlreiche Forschungsarbeiten und den Einsatz monoklonaler anti-CTGF-Antikörpern als Therapiekonzept konnte in den letzten Jahren die Bedeutung des Faktors für inflammatorische Prozesse, Gewebeheilung, Arthritis, Atherosklerose, Restenose, Fibrose, Krebs, diabetische Nephropathie und Retinopathie gezeigt werden (*Adler et al.* [4], *Jun et al.* [204], *Hall-Glenn et al.* [149], *Kubota et al.* [236]). Die Verwendung von CTGF veränderte die Proliferation der MSCs weder ohne noch mit Osteoblastenmedium, die Zellen wiesen weder ein reduziertes noch ein verstärktes Wachstum auf (siehe Abbildung 4.2.7 und Abbildung 4.2.8). Auch morphologische Veränderungen waren nicht auszumachen (siehe Abbildung 4.2.3). Bei den Untersuchungen inwieweit CTGF die osteoblastäre Differenzierung beeinflusst, konnte eine

5 Diskussion

Zunahme der abgelagerten Menge an Kalzium nachgewiesen werden, jedoch wurde keine Zunahme der alkalischen Phosphataseaktivität beobachtet (siehe Abbildung 4.2.6, sowie Abbildung 4.2.5). Diese Resultate deuten darauf hin, dass CTGF zwar im Rahmen von Kalzifizierungsprozessen eine Bedeutung hat, jedoch die osteoblastäre Differenzierung nicht primär verstärkt. Dies deckt sich mit Untersuchungsergebnissen, die von *Takigawa* zusammengefasst wurden [465]. Demnach spielt CTGF eine wesentliche Rolle bei der endochondralen Ossifikation, der Umwandlung von Knorpel zu Knochen. Bei diesem Vorgang stärkt der Wachstumsfaktor die Umwandlung, indem er die Differenzierung von Osteoklasten fördert, Alterungsprozesse in Knorpelzellen mindert und ihre Proliferation positiv beeinflusst. Des Weiteren kann CTGF durch seine modulare Struktur mit zahlreichen Wachstumsfaktoren interagieren und auch Signalkaskaden beeinflussen, was zu einem Längenwachstum des Knochens und zu verstärkter skelettalen Regeneration beiträgt.

Auch die in diesem Zellkulturmodell gewonnen Ergebnisse lassen darauf schließen, dass CTGF ein orchestraler Regulator ist, ein Faktor, der das Zusammenspiel einzelner Abläufe koordiniert. Somit könnte CTGF einen Einfluss auf Mineralisierungsabläufe haben, da er den Abbau von Knorpel unterstützt und Wachstumsfaktoren wie FGF, IGF, BMP und MMPs an Stellen rekrutiert, an denen dann Verkalkungsprozesse initiiert werden sollen.

Einschränkend muss gesagt werden, dass in diesem Zellkulturmodell nicht berücksichtigt wurde, ob CTGF möglicherweise einen Einfluss auf das sogenannte „homing" hat, also die Wanderung von Zellen anhand eines Zytokingradienten zu einem bestimmten Gewebe. Es wäre jedoch durchaus denkbar, dass CTGF dafür sorgt, dass MSCs sich, durch die höhere Konzentration des Wachstumsfaktors in Läsionen der Gefäßwand (*Oemar et al.* [332]), zu diesen Stellen hinbewegt. Dies könnte dann eine Voraussetzung sein, um unter dem Einfluss anderer Wachstumsfaktoren und den lokalen Bedingungen zu Osteoblasten zu differenzieren.

5.1.1.2 Verstärkung der osteoblastären Differenzierung durch den basic Fibroblast Growth Factor (FGF-2) und weniger durch FGF-23

Die Untersuchung der Wirkung der beiden Fibroblasten-Wachstumsfaktoren wurde besonders aufgrund ihrer Bedeutung für osteoblastäre Differenzierung durchgeführt, die nicht nur bei endochondraler und intramembranöser Knochenbildung, sondern auch bei artiosklerotischen und atherosklerotischen Prozessen gezeigt wurde (*Nakahara et al.* [323], *Aspenberg et al.* [16], *Marie et al.* [289], [290], *Mina et al.* [306], *Fei et al.* [115], *Deng et al.* [88]).

Es sind vier FGF-Rezeptoren und 23 FGF-Familienmitglieder bekannt, die bis auf die vorwiegend systemisch wirkenden Hormone FGF-15/FGF-19, FGF-21 und FGF-23, lokale Funktionen ausüben (*Fukumoto et al.* [128]). Ihre Spezifität erhalten sie durch die Interaktionen mit gewebespezifischen Rezeptoren oder Liganden, wie etwa Klotho (*Kurosu et al.* [244]), das bedeutsam für die Regulation des Kalziumphosphathaushaltes ist (siehe Abschnitt 1.1.4).

Bereits die Untersuchung der Proliferation zeigte einen signifikanten Einfluss der beiden Fibroblasten-Wachstumsfaktoren, der unabhängig davon war, ob die Zellen mit oder ohne Osteoblastenmedium kultiviert worden waren. In beiden Fällen steigerten die Fibroblasten-Wachstumsfaktoren die Proliferation um das dreifache (siehe Abbildung 4.2.7 und Abbildung 4.2.8). Übereinstimmend mit der starken Signalzunahme von pp70-S6^{389} bei der Analyse von mTORC1 (siehe Abbildung 4.4.1) deutet dies auf einen direkten Einfluss von FGF-2 auf die Akti-

vität des mTORC1-Armes hin. Dafür spricht auch die deutliche Reduktion des Zellwachstums bei Modifikation der mTOR-Aktivität durch Rapamycin.
Die Relevanz der FGF-Familie für arteriosklerotische und atherosklerotische Prozesse hat in den letzten Jahren durch den Einsatz von FGF-Rezeptor-Inhibitoren stark an Bedeutung gewonnen. So konnte eine deutliche Reduktion beider degenerativer Veränderungen in den entsprechenden Mausmodellen nachgewiesen werden, sobald Blocker der Wachstumsfaktoren oder ihrer Rezeptoren eingesetzt wurden (*Dol-Gleizes et al.* [98]).
Derzeit laufen zahlreiche klinische Studien für den Einsatz neuer Substanzen wie AZD-4547, die die FGF-Signaltransduktion verhindern (siehe „EU Clinical Trials Register Service Desk"[26]). Zwar beschränken sich diese Untersuchungen bislang auf die Bedeutung von FGF bei kanzerogenen Erkrankungen, es dürfte sich aber nur um eine Frage der Zeit handeln, bis klinische Studien zum Einsatz solcher Substanzen zur Behandlung von anderen Erkrankungen, wie etwa Arteriosklerose, durchgeführt werden.
Im Rahmen dieser Arbeit wurde AZD-4547 eingesetzt, um nachzuweisen, dass die vaskuläre Kalzifizierung in Patienten mit chronischem Nierenversagen in spezifischem Zusammenhang mit der erhöhten Konzentration der FGF-Wachstumsfaktoren steht, die im Blut bei Dialysepatienten nachgewiesen werden kann (*Vanholder et al.* [494], [490], [495], [501], [496], [499], [500], [493], [498], [491], [497], [491]). Sowohl die Inkubation von Zellen mit steigenden Konzentrationen des Wachstumsfaktors FGF-2 als auch die Inkubation der Zellen mit urämischem Patientenserum, dem steigende Konzentrationen des Inhibitors zugesetzt wurden, konnte einen direkten Bezug bestätigen. FGF-2 steigerte sowohl die Differenzierung der Zellen als auch ihre Kalzifizierung, die Blockade der FGF-Signaltransduktion verminderte beides.
Der positive Einfluss von FGF-2 auf die osteoblastäre Differenzierung konnte zwar in den Versuchen dieser Arbeit bestätigt werden (siehe Abbildung 4.2.6, sowie Abbildung 4.2.5), jedoch konnte bislang nicht vollständig geklärt werden, über welche intrazelluläre Signalkaskade dieser Einfluss vermittelt wird. Zwar gibt es Daten dazu, dass die Fibroblasten-Wachstumsfaktoren einen Einfluss auf intrazelluläre Signalwege haben, darunter RAS-RAF-MAPK, PI3K-AKT, STAT und PLCγ-Signalwege (*Eswarakumar et al.* [110], *Gotoh et al.* [137], *Altomare et al.* [11], *Peters* [359], *Klint* [223], *Hart* [158], *Kang* [211]), die hier erhobenen Daten geben jedoch keinen Hinweis auf eine Beteiligung von ERK oder AKT (Abbildungen 4.4.3 und 4.4.7).
Die Inhibition des Differenzierungsvorgangs durch Rapamycin zeigte vielmehr, dass das mTOR-Netzwerk in die Steuerung dieser Vorgänge involviert sein muss. Eine Blockade von mTORC1 (verbunden mit einer Aktivierung von mTORC2) verminderte die Umwandlung der mesenchymalen Stromazellen zu Osteoblasten.
Im Gegensatz zu FGF-2 war dieser Zusammenhang bei FGF-23 nicht eindeutig. Rapamycin verminderte zwar den Rückgang der ALP-Aktivität bei FGF-23-Behandlung stark, es konnte jedoch kein signifikanter Unterschied bei der Kalziumablagerung festgestellt werden. Dies könnte darauf zurückzuführen sein, dass FGF-23 selten lokal wirkt und eher durch seine hormonale Steuerung des Kalziumphosphathaushalts von Bedeutung ist.
Da MSCs nicht dafür bekannt sind, Klotho zu exprimieren, könnte es auch sein, dass die Wirkung des Faktors in der Zellkultur nicht mit seiner Funktion *in vivo* übereinstimmt, da im Organismus (im Gegensatz zum Zellkulturmodel) Klotho vorliegt und dieses Molekül erst die spezifische Funktionalität von FGF-23 ermöglicht.

5 Diskussion

5.1.1.3 Starke Induktion der osteoblastären Differenzierung und Kalzifizierung durch PDGF-BB

Der Wachstumsfaktor Platelet Derived Growth Factor (PDGF-BB) zeigte bei allen in dieser Arbeit vorgestellten Analysen eine starke Einflussnahme. So löste er beispielsweise die deutlichsten morphologischen Veränderungen in den Zellen aus, bewirkte einen signifikanten Anstieg der Proliferation, der Aktivität der ALP, sowie der abgelagerten Menge an Kalzium in der extrazellulären Matrix. Dies ist eine Beeinflussung, die Ergebnisse anderer Autoren bestätigt (*Mehrotra et al.* [300], *Kim et al.* [221]).

PDGF-BB wird zwar besonders stark in Blut-Plättchen gebildet und gespeichert, kann aber auch von anderen Zellen produziert werden, darunter glatten Muskelzellen, aktivierten Makrophagen, Neuronen und Endothelzellen (*Heldin et al.* [162]).

Der Wachstumsfaktor fördert die Proliferation von Fibroblasten und hilft dadurch, Wundheilungsstörungen zu mindern. Es wirkt besonders mitogen auf Zellen mesenchymaler Herkunft wie Muskelzellen und Gliazellen, spielt bei der Bildung von Blutgefäßen eine wichtige Rolle, bei Gewebe-Remodelierung, Migration, Morphogenese und der Bildung von spezifischen Gewebemaserungen (*Maglionei et al.* [284], *Joukov et al.* [201], *Olofsson et al.* [344], *Hoch et al.* [167]).

Durch seine Fähigkeit, Zellen zur Produktion von Matrixmolekülen wie Fibronektin, Kollagen, Proteoglykanen und Hyaluronsäure anzuregen, birgt PDGF-BB neben seiner wichtigen Funktion bei Wundheilung und Regenerationsprozessen auch die Gefahr, Fibrose anzuregen (*Ohta et al.* [341]).

Eine ausgeprägte Expression von PDGF-BB und PDGF-Rezeptoren wurde in atherosklerotischen Läsionen nachgewiesen (*Rubin et al.* [404]). Die starke chemotaktische Wirkung auf Osteoblasten führt nicht nur dazu, dass der Wachstumsfaktor die Bildung von extrazellulärer Matrix anregt. Wie die Ergebnisse dieser Arbeit belegen, ist PDGF-BB auch für die Mineralisierung von Gewebe bedeutsam. Damit werden auch Daten von *Lind et al.* unterstützt, die bereits einen Hinweis darauf gaben, dass der Wachstumsfaktor für die Entstehung von Knochengewebe bedeutend ist [268].

Mechanistisch gesehen lässt sich dies erklären, da PDGF-Rezeptoren intrazellulär mit SH2-Domänen von Proteinen interagieren können, die in zahlreichen Signaltransduktionskaskaden vorkommen, etwa PI3K, Phospholipase und STAT5. Außerdem können sie prinzipiell den mit mTOR in Verbindung stehenden ERK-Signalweg anregen (*Heldin et al.* [162]).

Die Analyse des PI3K- und des ERK-Signalwegs zeigten keine signifikante zusätzliche Anregung durch PDGF-BB im Vergleich zur Behandlung mit Osteoblastenmedium (Abbildung 4.4.7), somit dürfte der starke kalzifizierende Effekt durch den Wachstumsfaktor über die mTOR-vermittelte Verschiebung der Aktivität für Zellschicksalsprogramme vermittelt sein. PDGF-BB führte ähnlich wie die Behandlung mit Osteoblastenmedium alleine zu einer Aktivierung von Seneszenzprozessen (Abbildung 4.4.1). Darüber hinaus wurden besonders Autophagie und Apoptose beeinflusst: sowohl bei der Analyse von Cleaved Caspase 3 als auch beim Nachweis für fragmentierte DNA zeigten sich die stärksten Signale bei Behandlung mit PDGF-BB (Abbildungen 4.4.3 und 4.4.5), außerdem war mehr LC3B nachweisbar, was auf eine Reduktion der Autophagie hinweist (Abbildung 4.4.1). Die Induktion der Apoptose durch PDGF-BB in Zellen des vaskulären Systems - wie sie auch von anderen Autoren beschrieben wurde (*Okura et al.* [343])- verbunden mit der erhöhten Expression des Wachstumsfaktors in atherosklerotischen Lä-

sionen (*Toda et al.* [481]), sowie die Beobachtung, dass MSCs zu Gebieten mit PDGF-Expression wandern (*Kang et al.* [212]) sind Aspekte, die den Wachstumsfaktor zu einem Risiko für die Gesundheit des vaskulären Systems machen.
Einen spezifischeren Einblick in die Mechanismen der PDGF-BB-vermittelten Differenzierungsprozesse und die langfristigen Auswirkungen könnten künftig die PDGF-Rezeptor-Kinase-Inhibitoren ermöglichen, die seit einigen Jahren getested werden (Imatinib, Sunitinib, Sorafenib, Pazopanib, Nilotinib, Cediranib und weitere[27]).

5.1.1.4 Verminderung der osteoblastären Differenzierung von MSCs durch TGF-β

Eine der wichtigsten Familien von Wachstumsfaktoren, die gewebemodulierende Eigenschaften besitzt, ist die der transformierenden Wachstumsfaktoren (Transforming Growth Factors, TGF). Der TGF-β-Signalweg beeinflusst ein breites Spektrum zellulärer Prozesse und wird durch eine typische Signalweitergabe charakterisiert. Dabei bindet einer der Liganden der TGF-β-Familie an den Typ II Rezeptor, der wiederum den Typ I Rezeptor rekrutiert und phosphoryliert.
Im Anschluss daran kann dieser sogenannte rezeptorregulierte Smad-Proteine (R-Smad) phosphorylieren, die dann an Smad4 (co-Smad) binden können. Der Komplex aus R-Smad und co-Smad kann als Transkriptionsfaktor wirken und nimmt an der Regulation von Zielgenen teil. Daher kann er im Zellkern verstärkt nachgewiesen werden. Die Spezifität der TGF-β-Signalreaktion wird dadurch erreicht, dass jeder Ligand an einen bestimmten Typ II Rezeptor bindet (*Alberts et al.* [8]), wobei in Säugern sieben Typ I und fünf Typ II Rezeptoren nachgewiesen werden konnten (*Munir et al.* [320]).
Damit verläuft die Signalkaskade sehr ähnlich zu der Signalweitergabe der BMP-Familie, die maßgeblich für die Regulation der Knochenbildung verantwortlich ist (siehe Abschnitt 5.2.1.7) (Abbildung 5.1.1).
Neben dem verwandtschaftlichen Zusammenhang mit den Molekülen der BMP-Familien und ihrer Signalweitergabe gab es zwei wesentliche Gründe, TGF-β1 im Rahmen dieser Arbeit zur Untersuchung von arteriosklerotischen Prozessen einzusetzen: erstens wird der Wachstumsfaktor verstärkt in atherosklerotischen Läsionen vorgefunden (*Mallat et al.* [286]) und übt eine große chemotaktische Anziehung auf MSCs aus (*Shinojima et al.*, [442]). Zweitens wurde eine sequenzielle Expression des Faktors während der Differenzierung von Zellen zu Osteoblasten nachgewiesen (*Steinbrech et al.* [456], *Cho et al.* [65]). Hier konnte vor allem eine initiale Expression von TGF-β1 nach Entstehung einer Fraktur gezeigt werden, die ab dem siebten Tag nach Knochenbruch wieder abnahm. Es sollte daher differenziert werden, ob der Wachstumsfaktor neben seinen bekannten fibrosefördernden Eigenschaften, der Anziehung von MSC zu geschädigten Gefäßstellen und der initialen Bedeutung bei der Knochenbildung hinaus eine Funktion für die Entwicklung von MSCs zu osteoblastären Zellen haben könnte.
Die Reaktion der MSCs auf diesen Wachstumsfaktor unterschied sich grundlegend von der Wirkung aller übrigen hier verwendeten Wachstumsfaktoren. Weder bei Inkubation mit Kontrollmedium, noch bei Inkubation mit Osteoblastenmedium förderte TGF-β1 die Proliferation. Es konnte im Gegenteil eine Verminderung des Zellwachstums festgestellt werden.
Die Alizarinfärbung zeigte weitere Unterschiede, da TGF-β1 als einziges der eingesetzten Zytokine eine deutliche Abschwächung der osteoblastären Differenzierung bewirkte. Dies konnte auch durch Messung der ALP und Quantifizierung der abgelagerten Kalziummenge bestätigt

5 Diskussion

werden (siehe Abbildungen 4.2.5 und 4.2.6 auf den Seiten 65 und 66). Der Wachstumsfaktor inhibierte die osteoblastäre Differenzierung und reduzierte die Kalziumablagerung der Zellen. Da TGF-β1 bekannt für seine Rolle bei Fibrose ist (*Ruiz-Ortega et al.* [406]) und die MSCs eine breite, von Fibern durchzogene Struktur aufwiesen, liegt der Schluss nahe, dass dieser Wachstumsfaktor eher eine Differenzierung in Richtung Fibroblasten fördert und weniger entscheidend für osteoblastäre Differenzierung ist.

Diese Beobachtung deckt sich mit Arbeiten von *Alliston et al.*, die zeigen konnten, dass TGF-β1 wesentliche Funktionen des Transkriptionsfaktors Runx2 inhibiert, der maßgeblich an osteoblastärer Differenzierung beteiligt ist [10].

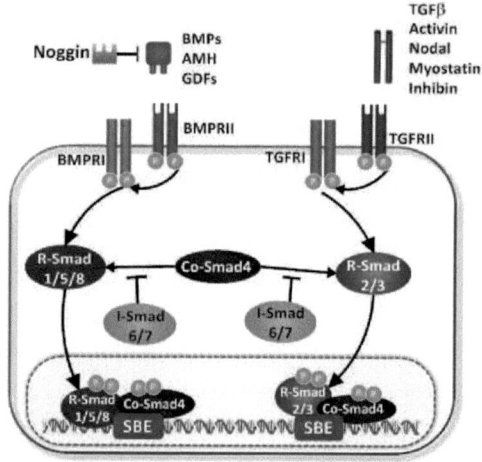

Abbildung 5.1.1: TGF-β- und BMP-Signaltransduktion

Vereinfachte Darstellung der Signaltransductionskaskade, die durch Moleküle der TGF-Superfamilie eingeleitet wird. Abkürzungen: AMH = Anti-Müllerian Hormone, BMPRI und BMPRII = BMP-Rezeptor I und II, TGFRI und TGFRII = TGF-Rezeptor I und II, R-Smad = Rezeptor-Smads, I-Smad = inhibitorische Smads, Co-Smad = Smad-Kofaktor, GDFs = Growth- and Differentiation Factors, SBE = Smad Response Element.

Dieser Mechanismus scheint über Smad3 abzulaufen, wobei nicht ausgeschlossen werden kann, dass noch andere Signalkaskaden daran beteiligt sind.

Die zusätzliche Behandlung mit Rapamycin beeinflusste die Ergebnisse nicht, was ebenfalls einen Hinweis darauf darstellt, dass die mTORC1-Aktivität nicht durch den Wachstumsfaktor beeinflusst wird.

Im Rahmen anderer Arbeiten konnte eine starke Induktion der mTORC2-Kinaseaktivität durch den Wachstumsfaktor gezeigt werden, die das Zellschicksal beeinflussen und Zelldifferenzierungsprozesse modifizieren kann (*Lamouille et al.* [248]). Eine Analyse der Aktivität von mTORC1 und mTORC2 im zeitlichen Verlauf der osteoblastären Differenzierung bei gleichzeitiger Inkubation mit TGF-β1 könnte einen Einblick in Beeinflussung der Aktivität des mTOR-Netzwerks durch den Wachstumsfaktor ermöglichen.

Die unterschiedliche Reaktionen der MSCs auf die einzelnen Wachstumsfaktoren während osteoblastärer Differenzierung verdeutlichen die wichtige Funktion des mTOR-Netzwerks. Nur durch eine übergeordnete, intrazelluläre Regulationseinheit können Zellen die Bedeutung der unterschiedlichen Stimuli adäquat einordnen, diverse Signale integrieren und daraus eine entsprechende Reaktion umsetzen, die den Bedingungen angepasst ist.

5.1.2 Beeinflussung von Proliferation und Morphologie durch mTOR-Modulation

Um den Einfluss der Rapamycinbehandlung auf die MSCs beurteilen zu können und einen ersten Eindruck über die Aktivität von mTORC1 und mTORC2 zu erhalten, war zunächst die Proliferation im multipotenten Ausgangszustand der Zellen gemessen worden, bevor diese auch bei osteoblastärer Differenzierung analysiert wurde (siehe Seite 66, Abschnitt 4.2.3.1). Wie bereits erwähnt (siehe Abschnitt 1.3), reguliert mTORC1 die Masse der Zelle, während mTORC2 für die Form der Zelle zuständig ist (*Wullschleger et al.* [523]). Rapamycin bewirkte eine Reduktion der Proliferation, was die erwartete Blockade von mTORC1 bestätigt, da dieser Komplex maßgeblich für die Steuerung des Zellwachstums verantwortlich ist.

Die Beobachtung der Zellmorphologie zeigte darüberhinaus, dass sowohl Masse als auch Form durch die Rapamycinbehandlung beeinflusst wurden (siehe Seite 61, Abschnitt 4.2.2.1). Die Zellen waren bei mTORC1-Inhibierung länglicher und schmäler. Diese Veränderungen des Zytoskeletts deuten zusätzlich zur Modulation von mTORC1 auf eine Modulation der mTORC2-Aktivität hin.

Aus dieser Beobachtung kann jedoch zunächst nicht geschlossen werden, ob es sich hierbei um eine Verminderung der mTORC2-Aktivität durch gestörten Zusammenbau des Komplexes bei verlängerter Rapamycinbehandlung handelt - wie durch andere Autoren beschrieben (*Sarbassov et al.* [413]) - oder ob diese Beobachtung auf einen anderen Effekt zurückzuführen ist.

Der Eindruck, dass Rapamycin das Zytoskelett beeinflusste, blieb jedoch auch bei zusätzlicher Induktion der osteoblastären Differenzierung bestehen (Abbildung 4.2.3). Die Zellen reagierten auf die Behandlung mit Rapamycin, indem die Zellkörper deutlich schmäler und länger wurden als unter Vehikelbehandlung.

Bei der kombinierten Behandlung bestehend aus Wachstumsfaktoren, und Osteoblastenmedium, waren zwar Beeinflussungen der Wachstumsrate aufgrund der Stimulation von mTORC1 erklärbar (siehe Seite 67, Abschnitt 4.2.3.2), die starken phänotypischen Veränderungen der Zellen jedoch vergleichsweise überraschend. Das stark granulierte Gesamtbild mit zahlreichen hellen Ablagerungen und runden Vesikeln, insbesondere bei FGF-2 und PDGF-BB, ließ auf eine spezifische Umstrukturierung des Zytoskeletts aufgrund eines Differenzierungsvorgang schließen. Daraus ergab sich die Frage, ob neben mTORC1 auch mTORC2-Veränderungen für die Regulation dieser Prozesse verantwortlich waren.

5.1.3 Beeinflussung der osteoblastären Differenzierung durch mTOR-Modulation

Um eine detaillierte Analyse der zellulären Differenzierungsprozesse bei mTOR-Modulation zu erhalten, wurden die morphologischen Untersuchungen bei Behandlung mit Osteoblastenmedium durch Alizarinfärbungen, ALP-Analyse und Kalziummessung ergänzt. Dabei zeigte

5 Diskussion

sich, dass die größte Beeinflussung von Rapamycin bei den Zellen festzustellen war, die mit FGF-2 oder PDGF-BB behandelt worden waren. Die beiden Wachstumsfaktoren hatten die größte Auswirkung auf den Differenzierungsgrad der Zellen, gemessen an ALP Aktivität und Kalziumablagerungen - die osteoblastäre Differenzierung wurde durch die Zytokine stark heraufgeregelt (um mehr als 50% im Vergleich zu reiner Behandlung mit Osteoblastenmedium). Da Rapamycin dieser Differenzierung ebenso stark entgegenwirkte (auch unter Berücksichtigung des verminderten Zellwachstums nach Normalisation zu Protein), war die Beeinflussung des mTOR-Netzwerks offensichtlich von entscheidender Bedeutung, was durch differenzierte Analyse im Western Blot untersucht wurde.

Wie bereits erwähnt (siehe Abschnitt 1.3.4), ist über die Interaktion von Rapamycin mit mTORC1 deutlich mehr bekannt als über die Auswirkung der Substanz auf mTORC2. Während Rapamycin durch seine Bindung an FKBP12 mit mTOR, mLST8 und Raptor (=mTORC1) interagiert, konnte diese Bindung nicht für den Komplex mTOR, mLST8 und Rictor (=mTORC2) nachgewiesen werden (*Jacinto et al.* [189]). Abweichend von dieser Beobachtung konnte jedoch in vielen Zelltypen eine inhibierende Wirkung von Rapamycin auf den Zusammenbau des mTOR-Komplexes 2 gezeigt werden, die bei mehrtägiger Inkubation zu einer Verminderung der mTORC2 Aktivität führt (*Sarbassov et al.* [413]).

Bei der gezielten osteoblastären Differenzierung der MSCs war jedoch genau der entgegengesetzte Effekt zu beobachten: sobald mTORC1 blockiert war (repräsentiert durch $pp70\text{-}S6^{389}$), nahm die Aktivität von mTORC2 (repräsentiert durch $pAKT^{473}$) zu. Dies konnte sowohl bei der Analyse der Western-Blots an Tag 21 der Differenzierung beobachtet werden (Abbildung 4.4.3), als auch bei der Analyse des zeitlichen Verlaufs (Abbildung 4.5.3). Da dies nicht durch eine direkte Bindung des Rapamycinmoleküls an mTORC2 zu erklären war (siehe 1.3.4) lassen diese Daten nur auf eine inhibierende Wirkung von mTORC1 auf mTORC2 schließen. Diese wird dann durch die Behandlung mit Rapamycin entkoppelt, da mTORC1 durch seine Inhibition keinen Effekt mehr auf mTORC2 ausüben kann.

Dies wurde auch bei der Analyse der durch mTOR-gesteuerten Zellschicksalsprogramme verdeutlicht.

Unter Beeinflussung von Osteoblastenmedium alleine und noch stärker durch Osteoblastenmedium mit FGF-2 oder PDGF-BB stieg die Aktivität von mTORC1 deutlich, was sich sowohl durch die Phosphorylierung der p70-S6 Kinase als auch durch gesteigerte Expression der Seneszenzmarker $p16^{INK4a}$ und X-Gal, sowie durch eine Veränderung bei der Autophagie zeigte (Abbildung 4.4.1 und Abbildung 4.4.2). Im Vergleich dazu konnte keine signifikante Beeinflussung der mTORC2-Aktivität durch Osteoblastenmedium verzeichnet werden. .

Dieser Befund änderte sich unter der Behandlung mit Rapamycin wesentlich. Entsprechend seiner Bindung an FKBP12 wurde die Aktivität des mTOR-Komplexes 1 auf ein Minimum reduziert, gleichzeitig jedoch eine bis dahin nicht beobachtete Aktivität von mTORC2 initiiert, wie durch eine mehr als 10-fache Steigerung der AKT-Phosphorylierung nachgewiesen wurde (siehe Abbildung 4.4.3). In Folge dessen kam es zu einer Zunahme der anti-apoptotischen Programme und Minderung der Anti-Apoptose (siehe Abbildung 4.4.3 und Abbildung 4.4.5). Zur Bestätigung dieser Einflussnahme durch Rapamycin und zur genaueren Untersuchung des sequentiellen Ablaufs wurde die Analyse auch im zeitlichen Verlauf durchgeführt und durch den Einsatz des Autophagie-Inhibitors Bafilomycin ergänzt.

Dabei zeigte sich, dass Rapamycin die Differenzierung der Zellen in Richtung Osteoblasten von Beginn der Behandlung an minimierte und den gleichen Einfluss auf die Ablagerung von Kalziumkristallen hatte (siehe Abbildung 4.5.2). Dies verlief zeitgleich mit einer starken Aktivitätszunahme von mTORC2 und zeigte somit ein entgegengesetztes Bild als die alleinige Behandlung mit Osteoblastenmedium. Diese hatte die Aktivität vom mTORC1 gesteigert und zu einem zunehmenden Alterungsprozess der Zellen beigetragen, der sich auch in erhöhter Apoptose manifestierte (siehe Abbildung 4.5.2 und Abbildung 4.5.3). Durch das unterschiedliche Aktivitätsverhältnis der mTOR-Komplexe änderte sich auch der autophagische Fluss, wie durch Zuhilfenahme des Autophagie-Inhibitors Bafilomycin festgestellt werden konnte. LC3B diente hierbei als Marker, da es sich um ein Protein der Autophagosomenmembran handelt (siehe Abschnitt 4.4.3). Es wird bei intrazellulären Recyclingvorgängen gebildet und beim lysosomalen Verdau abgebaut. Ein vermehrter Nachweis des Proteins kann demzufolge durch fehlende lysosomale Degradation hervorgerufen werden. Kommt es hingegen bei der Behandlung der Zellen mit einem Inhibitor für Autophagie zu einer kontinuierlichen Anreicherung des Proteins, wird dies durch verstärktes Recycling bewirkt.

Die verminderte Expression des Proteins LC3B bei Behandlung mit Rapamycin (siehe Abbildung 4.4.1 und Abbildung 4.5.3) entstand demzufolge durch einen vermehrten Abbau des Proteins infolge der Zunahme der Autophagie. Wurde dieser protektive Mechanismus der Zelle durch Bafilomycin gestoppt, ließ sich eine starke Akkumulation des Proteins bei gleichzeitig verstärkter osteoblastärer Differenzierung und Kalziumablagerung verzeichnen (siehe Abbildung 4.5.2).

5.2 mTORC2-Aktivierung als protektiver Mechanismus

Um zu klären, ob der protektive Mechanismus bezüglich der Kalzifierung durch die Rapamycin induzierte Minderung der mTORC1-Aktivität oder durch die dadurch bedingte mTORC2-Aktivierung ausgelöst wird, wurden in dieser Arbeit zwei verschiedene Methoden eingesetzt. Zunächst wurde mittels eines AKT-Inhibitors die Bedeutung der Kinase-Aktivität für die Minimierung der osteoblastären Differenzierung ermittelt (siehe Abschnitt 4.6.1 auf Seite 86). Anschließend wurde die Funktion von mTORC2 für die Aktivierung von AKT und die dadurch gesteuerten zellulären Prozesse durch einen viral induzierten Rictor-Knockdown überprüft (siehe Abschnitt 4.6.3 auf Seite 91).

Wenn alleine die Minderung der mTORC1-Aktivität die osteoblastäre Differenzierung und Kalziumablagerung reduziert hätten, könnte ein zusätzlich gegebener AKT-Inhibitor hier keinen Einfluss auf die Differenzierung ausüben. Wenn der schützende Mechanismus jedoch durch die gesteigerte Aktivierung von mTORC2 vermittelt würde, hätte die Blockade des mTOR-Komplexes 2 oder seiner wichtigen Zielkinase AKT zur Folge, dass Rapamycin keinen inhibierenden Einfluss auf die Differenzierung hätte.

Wie zunächst durch den Einsatz von MK2206 gezeigt werden konnte, war die Aktivität der AKT-Kinase entscheidend. Sobald diese durch einen spezifischen Inhibitor blockiert wurde, blieben ALP Aktivität und Kalziumablagerungen erhöht, selbst wenn zusätzlich Rapamycin eingesetzt wurde (siehe Abbildung 4.6.4 und Abbildung 4.6.3). Mechanistisch betrachtet konnte AKT durch den Wirkstoff nicht mehr von mTORC2 aktiviert werden. Dementsprechend blieben sowohl Seneszenzprozesse als auch Apotose erhöht und auch der Abbau der Autophagosomen nahm nicht zu (siehe Abbildung 4.6.5).

Die Bedeutung von mTORC2 für die Aktivierung von AKT und der nachfolgenden Prozesse, die einen Einfluss auf das Maß der osteoblastären Differenzierung und Verkalkung der Zellen hatten, konnte durch einen viral induzierten Gentransfer analysiert werden. Dieser minderte die Rictor-Expression und senkte in Folge dessen auch die AKT-Aktivität (siehe Abbildung 4.6.11). Während Rapamycin bei unspezifisch transduzierten Zellen den Seneszenzprozess reduzieren und die Apoptose mindern konnte, wurde dies durch unfunktionales mTORC2 verhindert. Auch die Verstärkung des Autophagosomen-Abbaus fand nicht mehr statt. Dieser Einfluss auf die regulierenden Prozesse des Zellschicksals zeigte sich bei der Differenzierung in Osteoblasten. Diese konnte durch Rapamycin bei Zellen mit unspezifischer shRNA vermindert werden, wurde jedoch bei Rictor-shRNA nicht reduziert. Die Menge der Kalziumablagerungen konnte bei Zellen mit Rictor-Knockdown ebenfalls nicht mehr durch Rapamycin vermindert werden, was die Bedeutung der durch mTORC2 gesteuerten Prozesse nochmals hervorhebt (siehe Abbildung 4.6.9 und Abbildung 4.6.10).

Die Funktion des mTOR-Netzwerks für Entstehung und Voranschreiten der arteriosklerotischen Vaskulopathie lässt sich durch Betrachten bekannter pathophysiologischer Veränderungen nachvollziehen. Hier spielen zellschicksalsteuernde Prozesse wie Apoptose, Seneszenz und Autophagie eine wesentliche Rolle und tragen zu den Ursachen bei, die typischerweise die vaskuläre Kalzifizierung begünstigen.

5.2.1 Regulation der zellulären Veränderungen in der arteriosklerotischer Vaskulopathie

Die Entstehung der vaskulären Kalzifizierung wird durch zahlreiche systemische und lokale Faktoren beeinflusst und kann insbesondere durch folgende Faktoren begünstigt werden: Verlust inhibierender Faktoren für Kalziumpräzipitation, direkte Induktion von Knochenbildung, Absterben von Zellen, ein erhöhtes Vorkommen von Kristallisationsvesikeln, degenerative Zellveränderungen, Störung des Autophagie-Flusses und Entzündungen. Nachfolgend wird die Bedeutung des mTOR-Netzwerks für die Entstehung und Folgen dieser Veränderungen analysiert.

5.2.1.1 Verlust regulatorischer Faktoren, die Gewebemineralizierung und Kalzifizierungsprozesse inhibieren

Inhibierende Faktoren stellen sicher, dass Kalzium und Phosphat in den Körperflüssigkeiten nicht von selbst präzipitieren, obwohl ihre Konzentration das Löslichkeitsprodukt überschreitet. Zu diesen zählen Fetuin, Pyrophosphat oder das Matrixglaprotein (MGP), das Kalzium beispielsweise durch seine 5-γ-Carboxyglutaminsäurereste binden und so von der Interaktion mit Phosphat abhalten kann (*Schinke et al.* [419]).
Darüberhinaus kann MGP vorhandene Kristallisationsstellen an Elastin kaschieren, indem es daran bindet (*Spronk et al.* [451]), und inhibiert BMP2, einen Faktor, der Knochenbildung induziert (*Bostrom et al.* [35]). Ein Abfall in der Konzentration von inhibierenden Faktoren oder das Fehlen eines dieser Faktoren schlägt sich in ausgedehnter Kalzifizierung der Gefäße nieder, wie *in vitro* und *in vivo* Arbeiten zeigen konnten (*Schafer et al.* [417], *Luo et al.* [278]).
Zwar sind bislang keine direkten Interaktionen zwischen mTOR und den inhibierenden Faktoren nachgewiesen, doch die Expression von MGP wird sowohl in Chondrozyten als auch in Osteoblasten durch ERK1/2 reguliert (*Julien et al.* [202], [203]), das wiederum mit mTOR eng verknüpft ist (*Mendoza et al.* [304]).
Neben dem mTOR-Netzwerk ist der Signalweg über Raf und ERK die zweite wichtige Signaltransduktion, über die in Zellen das Überleben, Differenzierungsprozesse, Proliferation, Metabolismus und Bewegung als Antwort auf äußere Signale gesteuert werden (*Chang et al.* [57], *Torii et al.* [485]). Darüberhinaus hat sich der komplexe Signalweg bei der Induktion der osteoblastären Differenzierung sowie bei der Steuerung von Gewebekalzifizierung als bedeutend erwiesen (*Greenblatt et al.* [140], [139], *Shim et al.* [438]).
ERK und mTOR-Signaltransduktionskaskaden können einander sowohl negativ beeinflussen, als auch zu einer gegenseitigen Aktivierung beitragen. ERK inhibiert beispielsweise GAB, was sich auf die Aktivierung von PI3K auswirkt, womit ERK indirekt auch AKT inhibiert (*Lehr et al.* [257]). Des Weiteren inhibiert ERK die Proteine TSC1 und TSC2, was zu einer Aktivierung von mTOR beiträgt (*Zoncu et al.* [551]). Andererseits phosphoryliert AKT das Protein Raf, was dieses inhibiert und dadurch negativ regulierend auf ERK wirkt (*Moelling et al.* [315], *Reusch et al.* [389], *Zimmermann et al.* [549], *Rommel et al.* [400]).
Es kann also nicht ausgeschlossen werden, dass das mTOR-Netzwerk hier über eine Beeinflussung von ERK auf die Expression von MGP wirkt. Auch wird die Bildung von MGP durch AP-1 reguliert, das wiederum durch NF-κB abhängige mTOR/p70-S6 Phosphorylierung

5 Diskussion

ausgelöst wird, die von Osteopontin reguliert wird (*Ahmed et al.* [6]). Da kalzifizierende Gewebe eine höhere Konzentration an Osteopontin enthalten (*Fitzpatrick et al.* [120], *Ohmori et al.* [337]), kann auch hier eine gegenseitige Beeinflussung vorliegen und eine Vernetzung des mTOR-Netzwerkes mit der Regulation der Kalzifizierung durch inhibierende Faktoren erscheint möglich.

5.2.1.2 Direkte Induktion von Knochenbildungsprozessen als Ursache für Arteriosklerose

Knochenbildung kann direkt von den zur Verfügung stehenden Substanzen ausgelöst werden. So ist beispielsweise Phosphat ein Element, das vaskuläre Zellen in einer Konzentration ab 2 mM dazu induziert, Kalziumhydroxylapatit zu produzieren (*Jono et al.* [200]), Markerproteine für glatte Muskelzellen wie SMA oder SM22α zu verlieren und stattdessen Proteine zu exprimieren, die typisch für Osteogenese sind wie etwa Osteopontin, Cbfa-1, alkalische Phosphatase (ALP) oder Osteocalcin (*Steitz et al.* [457]).

Da Phosphatkonzentrationen im Körper von der Ernährung und der Nierenleistung abhängig sind (siehe Abschnitt 1.1.4 auf Seite 5), besteht besonders bei Patienten mit eingeschränkter Nierenfunktion oder Dialysepflicht ein großes Risiko für die phosphatbedingte Induktion des Differenzierungsprozesses in Osteoblasten.

Was intrazellulär genau geschieht, wenn dauerhaft hohe Mengen an Phosphat verfügbar sind, und wie die Zelle dies erkennt, ist bislang nur ansatzweise geklärt. Im vaskulären System scheint die Phosphataufnahme insbesondere mittels der Natriumphosphat-Cotransporter PiT-1 und PiT-2 stattzufinden (*Li et al.* [261], *Villa-Bellosta et al.* [505]), denen von manchen Forschern auch die Eigenschaft zugesprochen wird, die extrazelluläre Phosphatkonzentration wahrnehmen zu können (*Miyamoto et al.* [309], *Tatsumi et al.* [472]).

Sicher ist lediglich, dass die PiT-1-abhängige Phosphataufnahme eine starke Phosphorylierung von ERK1/2 bewirkt, die wiederum Runx2 phosphoryliert, und dadurch die von diesem Transkriptionsfaktor abhängige Genexpression von Osterix, der alkalischen Phosphatase und Osteopontin aktiviert (*Speer et al.* [450]). Da die Aktivierung von ERK1/2 eine Inhibition des TSC-Proteins bewirkt (*Roux et al.* [402]), könnte es hier auch zu einer Aktivierung des mTOR-Netzwerks kommen, die sich dann auf die Balance Apoptose/Autophagie zugunsten einer fortschreitenden Verkalkung auswirkt.

Während die Zusammenhänge zwischen mTOR und dem Phosphathaushalt bislang nur unzureichend untersucht wurden, konnte schon vor Jahren ein Zusammenhang zwischen Polyphosphat-Ketten und mTOR hergestellt werden. Lineare Polymere von Hunderten von Phosphaten können in vielen Zell- und Gewebetypen gefunden werden (*Kumble et al.* [241]) und stimulieren die Aktivität des mTOR-Netzwerks, was sich in erhöhter Proliferation manifestiert (*Wang et al.* [510]). Etwas detaillierter konnte vor einigen Jahren auch gezeigt werden, dass ein erhöhter Anteil von inorganischem Phosphat in der Nahrung zu einer erhöhten AKT-Aktivität führt. Da AKT das Protein TSC phosphorylieren und dadurch inaktivieren kann und TSC die mTOR-Kinase durch Rheb blockiert, führt diese AKT-Aktivierung zu einer Hyperphosphorylierung von 4E-BP1 und erhöhten Proliferation (*Jin et al.* [195]), also einer mTORC1 induzierten Aktivierung von Differenzierungs- und Wachstumsprogrammen.

Als prädestiniertes Integrationswerkzeug der Zelle für das Nährstoffangebot und die adäquate

5.2 mTORC2-Aktivierung als protektiver Mechanismus

Reaktion darauf, verwundert es nicht, dass eine Maschinerie wie mTOR, die auf kleinste Veränderungen von bestimmten Stoffen reagiert, bei einer dauerhafte Überlastung des Phosphathaushalts, wie sie etwa bei Nierenversagen vorkommt, angepasst wird. Eine minimale Verschiebung der Aktivität der beiden mTOR-Arme könnte sich jedoch ungünstig auf die Gefäßgesundheit auswirken, indem sie osteoblastäre Differenzierung vorantreibt und die Kalzifizierung von Geweben stimuliert.

5.2.1.3 Apoptose als treibende Kraft von Arteriosklerose

Die Veränderungen der durch mTOR regulierten Zellprozesse wegen Phosphatüberladung lässt sich auch im Zusammenhang mit der Phosphorylierung und die dadurch verursachte Inaktivierung von Bcl-2 zeigen. Dieser Vorgang führt zu einer Aktivierung des BAD-Proteins (Bcl-2-associated death promotor), welches eine Apoptosereaktion durch Caspase 3 in Gang setzt (*Son et al.* [447]). Dies bestätigt eine Beobachtung, die bei der Untersuchung von atherosklerotischen Läsionen bereits vor Jahren einen Hinweis auf einen weiteren Mechanismus ergeben hat, der zur Ablagerung von Kalziumhydroxylapatit führt: das Absterben von Zellen durch den programmierten Zelltod (*Björkerud et al.* [32]).
Bei diesem Vorgang wird in VSMCs der Gefäßwand noch vor Manifestiation von starken Verkalkungen die Apoptose eingeleitet. Die Zellen bilden sogenannte „apoptotische Körperchen", die BAX-Protein enthalten (*Kockx et al.* [226]), einen pro-apoptotischen Vertreter der Bcl-2-Familie, und stark angereichert mit Kalzium sind (*Proudfoot et al.* [371]). Sowohl diese Vesikel, als auch der entstehende Zelldebris begünstigt die Kristallisation von Kalzium und Phosphat aus der extrazellulären Flüssigkeit. Dieser Prozess ist keineswegs Folge bereits stattfindender Verkalkungsprozesse, die zu einem Untergang von gesundem Gewebe führen, sondern vielmehr ein Prozess der in VSMCs bereits bei erhöhten Kalziumkonzentratonen eingeleitet werden kann (*Reynolds et al.* [390], *Proudfoot et al.* [371]).
Deutlich ist dies auch während des Kalzifizierungsprozess der MSCs im zeitlichen Verlauf zu beobachten (siehe Abbildung 4.5.2), der zunächst eine leichte Erhöhung der LDH-Aktvität ab Tag 9 zeigt, bevor ab Tag 12 erste Kalziumablagerungen messbar werden.
Bei der Steuerung der Apoptose spielt mTOR eine wesentliche Rolle, wobei es je nach Kontext sowohl die Fähigkeit hat, anti- als auch pro-apoptotisch zu wirken, und mTORC1 im Falle von Apoptose auch inaktiviert werden kann. Letzteres konnte durch Dephosphorylierung der zwei mTORC1-Ziele p70-S6-Kinase und 4E-BP1 während der Apoptose in 3T3- und in Rat-1-Zellen gezeigt werden, eine Beobachtung, die für die apoptotische Blockade der Translation verantwortlich sein dürfte (*Tee et al.* [476], *Tee AR et al.* [477]).
Eine Möglichkeit, wie mTOR die Apoptose inhibiert, verläuft über die p70-S6-Kinase, die das pro-apoptotische Protein BAD am Serinrest[136] phosphorylieren kann, was zur Trennung und dadurch Aktivierung von den Inhibitoren Bcl-XL und Bcl-2 führt (*Harada et al.* [155]). Aufgrund der Rapamycin induzierten p70-S6-Blockade ist diese Erklärung jedoch in den hier vorgestellten Versuchen unwahrscheinlich. Eine weitere Möglichkeit, wie das Netzwerk auf den programmierten Zelltod einwirkt, ist durch die AKT-abhängige Phosphorylierung und dadurch Inaktivierung der pro-apoptotischen Proteine FoxO1 und FoxO3a (*Dormond et al.* [100]).
Durch die AKT-vermittelte Phosphorylierung entsteht an FoxO eine Bindestelle für 14-3-3, die die NLS (das Kernlokalisierungssignal, von „nuclear localization site") des Transkriptionsfaktor

5 Diskussion

FoxO verdeckt, so dass dieses aus dem Kern geschleust und somit inaktiviert ist (*Greer et al.* [141]). Aktives FoxO induziert die Expression von Todesrezeptor-Liganden wie Fas-Ligand oder TRAIL (tumor necrosis factor-related apoptosis-inducing ligand) die den extrinsischen Apoptoseweg über Caspase 8 bewirken (*Brunet et al.* [46]). Zusätzlich stimuliert FoxO den intrinsischen, über Mitochondrien vermittelten, Apoptoseweg, indem es die Expression von BH3-only-Proteinen modelliert, zu denen die pro-apopotitschen Proteine BAD, PUMA und Beclin-1 gehören (*Dijkers et al.* [94]). PUMA wiederum bindet und inhibiert Bcl-2, wodurch es als wichtiger Regulator des Permeabilisierungsprozesses der äußeren Mitochondrienmembran gilt (*Chipuk et al.* [64]).

Eine Rapamycin induzierte mTORC2-Aktivierung und dadurch gesteigerte AKT-Aktivität vermindert demnach den Einfluss der pro-apoptotischen Transkriptionsfaktoren, was sich hier in gesteigerter Bcl-2- und verminderter Caspase 3-Expression, sowie Reduktion fragmentierter DNA und LDH Aktivität darstellen ließ. Die dadurch verursachte Reduktion sterbender Zellen führte zu einer minimierten Freisetzung von apoptotischen Körperchen und entzog dem System so eine Entstehungsquelle zur Kristallisation von Kalziumhydroxylapatit bei der Kalzifizierung.

5.2.1.4 Zelluläre Seneszenzprozesse als Risikofaktor in der Gefäßbiologie

Nachdem Jahrzehnte lang ein Dogma galt, wonach Zellen in Kultur unendlich lange überleben, wenn nur die richtigen Bedingungen für sie gefunden werden (*Parker* [350]), war es 1965 der Wissenschaftler Leonard Hayflick, der zeigen konnte, dass normale diploide humane Zellen eine limitierte replikative Kapazität haben (*Hayflick* [160]). Dabei bewies er, dass zelluläre Seneszenz, also der irreversible Wachstumsstopp von mitotischen Zellen, auch der potentielle Mechanismus des Alterns war. Dieser erhöht die Anfälligkeit für Infektionen, leitet degenerative Prozesse ein, beschleunigt Gefäßerkrankungen, Diabetes oder Nierenversagen und ist in eine Vielzahl weiterer Krankheiten involviert (*Zhang et al.* [525], *Poulose et al.* [365]).

In seneszenten Zellen kommt es - bei erhöhter Zellteilung, starken mitogenen Signalen, Verkürzungen der Telomere, DNA-Schäden und Mutationen, Proteinaggregation und erhöhter ROS-Produktion - zu einer Aktivierung der p53 und p16^{INK4a}-Tumorsuppressions-Signalwege (*Passos et al.* [351], *Weyemi et al.* [517], *Ksiazek et al.* [234], *Tchkonia et al.* [474]).

Im weiteren Verlauf verursachen intrazelluläre Signale unter der Beteiligung von NFκB, TGF-β, IL-1α, IL-6 die unwiderrufliche Induktion der Seneszenz. Dabei kommt es zu einer Reorganisation des Chromatins mit einer starken Heterochromatin-Ausprägung, stark veränderter Genexpression, vergrößerten Zellgröße und erhöhtem Proteingehalt, sowie veränderter Zellform und Organellenstruktur (*Kuilman et al.* [238], [237], *Acosta et al.* [3], *Freund et al.* [125]). Eine Folge zellulärer Seneszenz kann für das Gewebe auch sein, dass es zu einer chronischen, leichten Entzündung, einer sogenannten sterilen Entzündung kommt. Diese verläuft ohne erkennbare Pathogene, es kann jedoch dazu kommen, dass Immunzellen Gewebe abbauen, weil es reaktive oder toxische Moleküle absondert. Desweiteren können seneszente Zellen inflammatorische Zytokine wie IL-6 sezernieren, die phänotypische Veränderungen auslösen (*Chung et al.* [67], *Franceschi et al.* [122], *Vastro et al.* [502]).

Mittlerweile konnte sowohl in Zellkulturarbeiten, als auch in Gewebeanalysen gezeigt werden, dass Gefäßzellen, die einen seneszenten Phänotyp aufweisen, leichter kalzifizieren als vitale juvenile Zellen (*Nakano-Kurimoto et al.* [325]). Dabei konnte eine erhöhte Expression der Gene beobachtet werden, die mit osteoblastärer Differenzierung einhergehen - Runx-2, ALP, Typ I Kollagen und auch BMP-2 (*Burton et al.* [48]). Entsprechend konnten auch bei den hier durchgeführten Untersuchungen stärkere Anzeichen von Seneszenz in stärker kalzifizierten Zellen nachgewiesen werden (siehe Abbildung 4.4.1 und Abbildung 4.4.2 auf Seite 73).

Wie entscheidend das mTOR-Netzwerk im Zusammenhang mit Zellalterung ist, haben zwei unabhängige Untersuchungen aufgedeckt. In einer davon konnte gezeigt werden, dass eine Beschränkung der Kalorien-Zufuhr und eine damit verbundene verminderte Stimulation von mTOR den Alterungsprozess unterbinden und das Leben der Versuchstiere verlängern kann (*Kapahi et al.* [213]).

In der zweiten Untersuchung zeigte sich, dass die Behandlung von Versuchstieren mit Rapamycin eine deutliche Verlängerung der Lebensspanne bewirkt. Dies war damit die erste pharmakologische Behandlung, die einen Einfluss auf die maximale Lebenszeit von Säugern hatte (*Harrison et al.* [157]).

Auch wenn bei beiden Studien noch immer viele Fragen offen sind, konnte die Bedeutung des mTOR-Netzwerks für den Alterungsprozess damit erstmals nachgewiesen werden und wurde mittlerweile auch in Fruchtfliegen, Würmern, Hefen und Mäusen überzeugend dargestellt (*Kapahi et al.* [214], *Vellai et al.* [503], *Kaeberlein et al.* [207]). Diese Ergebnisse machen deutlich, wie eng der Zusammenhang zwischen der Aktivität des mTOR-Netzwerks und vaskulärer Kalzifizierung durch die Regulation der Seneszenz ist. Sie werden durch die hier vorgestellten Daten unterstützt, die zeigen, dass Seneszenz bei Kalzifizierungsprozessen verstärkt nachgewiesen werden kann und durch die Hemmung von mTORC1, verbunden mit der Aktivierung von mTORC2, minimiert werden kann.

5.2.1.5 mTOR als regulierende Größe bei der Entstehung von Matrixvesikeln

Neben den bislang genannten Faktoren als wichtige Ursachen für die Umwandlung des Gewebes in knochenartige Strukturen kann gerade bei ektoper Kalzifizierung ein weiterer Grund für diese Entwicklung beobachtet werden. Hier wurden in den Gefäßläsionen große, nekrotische Bereiche nachgewiesen, die Vesikel freisetzen (*Bauriedel et al.* [27], *Moe et al.* [312], [314], [311], [313], *Demer et al.* [86], *Johnson et al.* [196]). Von sterbenden Zellen ist bekannt, dass sie durchlässig für Kalzium und Phosphat werden und diese Ionen weit über deren eigentliches Löslichkeitsprodukt anreichern können. In Verbindung mit Phospholipidmembranen führt dies leicht zur Bildung von sogenannten „Matrixvesikeln". Diese stellen, ebenso wie beim Zelltod freiwerdende „apoptotische Körperchen", ideale Voraussetzungen für die Bildung und das Wachstum von Apatitkristallen dar *Moe et al.* [312], [314], [311], [313]. Neben Chondro- und Osteoblasten können Vesikel auch von apoptotischen, glatten Muskelzellen abgesondert werden (*Schoen et al.* [422], *Tanimura et al.* [469], [470], [471]).

Matrixvesikel werden als 100 nM kleine, von Membranen abstammende, extrazelluläre Partikel verstanden, die erste Kalziumhydroxylapatit-Kristalle enthalten, die dann durch die Membran nach außen dringen und dort durch Kalzium- und Phosphat-Moleküle der extrazellulären Flüssigkeit weiterwachsen (*Anderson* [14]). Abbildung 5.2.1 zeigt die Sekretion von Matrixvesikeln durch Osteoblasten.

Matrixvesikel beeinflussen nicht nur an ihrem Entstehungsort die Ausbreitung der Kalzifizierung (*Anderson* [13]), sie können dies auch an anderen Stellen tun, wenn sie sich lösen und im Blut fortgetragen werden. Dieser Mechanismus konnte insbesondere bei der Untersuchung von Osteoprotegerin, einem löslichen Mitglied der TNFα-Familie festgestellt werden. Hier zeigte sich, dass ein Mangel an diesem Protein zu Osteoporose führt, indem es als Faktor, der von Osteoblasten abgegeben wird, inhibierend auf die Differenzierung von Osteoklasten wirkt (*Bucay et al.* [47], *Aubin et al.* [17]). Als zugrundeliegendes Prinzip konnten die Autoren in nachfolgenden Studien die Bildung von Kristall-Komplexen (sogenannten „crystal nuclei") zeigen, die während der Knochenresorption entstehen, sich lösen und zu Geweben getragen werden, wo sie Mineralisierungsprozesse bewirken können (*Price et al.* [366], [367], [368], [369]). Seither gilt das Vorkommen von Matrixvesikeln als weitere begünstigende Ursache von vaskulärer Kalzifizierung.

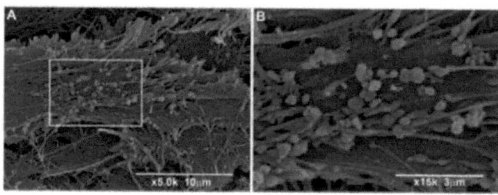

Abbildung 5.2.1: Sekretion von Matrixvesikeln

Diese von Xiao et al. [527] veröffentlichte Scanning-Electron-Microscope (SEM) Aufnahme zeigt Matrixvesikel auf der Oberfläche von Osteoblasten, rechts eine höhere Auflösung des links markierten Ausschnitts

Die Bedeutung des mTOR-Netzswerks in diesem Kontext ist bislang nicht ausführlich untersucht. Es gibt jedoch ausführliche Untersuchungen, die den Zusammenhang zwischen der Freisetzung von Matrixvesikeln und Autophagie zeigen (*Dai et al.* [83]). Hierin wurde dargestellt, dass Autophagie als Schutzmechanismus der Zelle wirkt, um die Bildung und Freisetzung von Matrixvesikeln zu verhindern (*Shanahan* [433]), eine Reaktion, die maßgeblich vom mTOR-Netzwerk gesteuert wird.

Während es demnach keine Hinweise dafür gibt, dass die Reifung von Matrixvesikeln durch das mTOR-Netzwerk verursacht werden kann, besteht hingegen Grund zu der Annahme, dass mTOR-kontrollierte Autophagie einen Weg für die Zelle darstellt, der Freisetzung von Vesikel entgegenzuwirken.

5.2.1.6 Autophagie - zelluläres Recycling als Schutzreaktion der Zellen

Prinzipiell dient Autophagie der Zelle zur Entsorgung oder dem Recycling alter, ungebrauchter oder beschädigter Proteine, Organellen und Zellbestandteile zum Überleben. Sie bietet eine alternative Quelle für Nährstoffe (*Meijer et al.* [301], *Levine et al.* [260]), stellt aber auch eine Reaktion auf oxidativen Stress dar (*Chen et al.* [62], [61], *Huang et al.* [172]). Dieser lysosomale Degradationsweg ist für das Überleben der Zelle, Differenzierungsprozesse und die Entwicklung essentiell und hat sowohl die Fähigkeit, die Aktivierung der Apoptose zu unterbinden (*Zhang et al.* [543]) als auch sie in bestimmten Systemen zu verstärken (*Crighton et al.* [77]).

Noch höher als bei physiologischen Bedingungen, unter denen beständig eine gewisse Menge an Autophagie stattfindet, ist der autophagosomale Durchsatz bei pathologischen Bedingungen, wie für chronische Ischämie, Infarkt- und Reperfusions-Schäden, Bluthochdruck, Kardiomyopathie und Herzversagen gezeigt werden konnte (*Knaapen et al.* [224], *Shimomura et al.* [441], *Yan et al.* [533], [532]). Wie bedeutend Autophagie für die gesunde Funktion des Herz-Kreislaufsystem ist, lässt sich beispielhaft an der Danon-Erkrankung zeigen. Dies ist eine lysosomale Glykogenspeicherkrankheit, die durch eine LAMP-2 Defizienz und extensive Autophagie im Herzmuskel charakterisiert ist (*Saftig et al.* [408], *Nakai et al.* [324]). Patienten leiden an hypertropher Kardiomyopathie, skelettaler Myopathie und mentaler Retardierung. Männliche Betroffene haben eine Lebenserwartung von 20 bis 30 Jahren, die Lebenserwartung von Frauen liegt bei maximal 50 Jahren (*Yang et al.* [536], *Lobrinus et al.* [271]).

Autophagie steht in direktem Zusammenhang mit Apoptose. Diese beiden Vorgänge beeinflussen sich gegenseitig, beispielsweise dadurch, dass Autophagie das durch oxidativen Stress entstandene schadhafte Zellmaterial abbauen kann. Dadurch wird verhindert, dass geschädigte Mitochondrien Cytochrom C freisetzen und dadurch eine Apoptosereaktion in Gang setzten (*Maiuri et al.* [285], *Gump et al.* [146]).

Bei den hier durchgeführten Untersuchungen konnte nicht nur bestätigt werden, dass Autophagie und Apoptose in entgegengesetztem Verhältnis zueinander auftreten, sondern auch, dass das mTOR-Netzwerk in diese Koordination involviert ist. Der protektive Effekt des zellulären Recyclingvorgangs wurde in den MSCs durch Rapamycin deutlich verstärkt, wie die Analyse der Proteinexpression bei osteoblastärer Differenzierung und Verkalkung im zeitlichen Verlauf zeigte (siehe Abbildung 4.5.3). Wurde Autophagie hingegen durch den Einsatz von Bafilomycin inhibiert, kam es nicht nur zu einer Anreicherung undegradierter autophagosomenspezifischer Proteine wie LC3B, sondern auch vermehrt zu intrazellulärem Stress und Apoptose, wie die Markerproteine p16^{INK4a} und Cleaved Caspase 3 zeigten. Die dabei frei werdenden apoptotischen Vesikel trugen dann zum Kristallisationsprozess bei, was sich in der gesteigerten Kalziumablagerung widerspiegelte. Die beiden Arme des mTOR-Netzwerks fungierten bei der Regulation der zellulären Differenzierung somit als wichtiger Entscheidungsträger. Dominierte der mTOR-Komplex 1, unterlag die Zelle bei Stress und unter den vorherrschenden Einflüssen der Umgebung der Apoptose.

Übernahm der mTOR-Komplex 2 die Kontrolle, wurden lysosomale Degradation verstärkt und geschädigte Organellen abgebaut, wodurch die Zelle Energie gewinnen und überleben konnte, ohne apoptotische Vesikel freizusetzen. Dementsprechend war die Kalzifizierung bei mTORC1-Aktivität deutlich stärker ausgeprägt als bei vorwiegender Kontrolle des zellulären Schicksals durch mTORC2.

5.2.1.7 Die Funktion von mTOR bei der Regulation der Knochenbildung

In Geweben mit osteoblastenspezifischem Differenzierungspotential hängt die Expression der Gene, die für Knochenbildung wichtig sind, unter anderem von der Aktivierung der Smad-vermittelten-Signaltransduktion ab, die durch eine Reihe von Molekülen aktiviert werden kann. Zu diesen zählen die BMPs (Bone morphogenetic proteins), von denen schon seit Jahren bekannt ist, dass sie die Bildung von Knochen und Knorpeln auslösen können (*Cheng et al.*

5 Diskussion

[63], *Chen et al.* [58], *Reddi et al.* [387]). Außer BMP1, das zu den Metalloproteasen gezählt wird, gelten alle BMPs, von denen mittlerweile mehr als 20 entdeckt wurden, als Mitglieder der TGF-β-Superfamilie. Sie interagieren mit den entsprechenden Rezeptoren (BMPRs) und können dadurch zu einer Mobilisierung der Smad-Proteine führen. Auch diese werden zu den Tanskripten der 28 Gene gezählt, aus denen sich die TGF-Superfamilie zusammensetzt, die für Wachstumskontrolle, Differenzierungsvorgänge, Apoptose und andere wichtige Prozesse, zum Beispiel bei der embryonalen Entwicklung, verantwortlich ist (*Derynck et al.* [89], *Massaque et al.* [294], [295], [293], *Whitman et al.* [518]). Die Moleküle der Superfamilie agieren, indem sie zur Bildung eines heteromeren Komplexes aus Typ I und Typ II Serin/Threonin Kinase Rezeptoren führen. Dies geschieht dadurch, dass Familienmitglieder wie BMPs an einen der Typ II Rezeptor binden, der dann den Typ I Rezeptor aktiviert, indem dieser phosphoryliert wird.

Nach der Phosphorylierung des Typ I Rezeptors initiiert dieser intrazellulär eine Kaskade spezifischer Smad Proteine, sogenannte Rezeptor-regulierten-Smads R-Smads). Zwei der R-Smads bilden einen Komplex mit dem Co-Smad (Smad4). Dieses Trimer wird in den Nukleus transportiert und wirkt dort direkt auf die Transkription (*Yi et al.* [537]). Neben den R-Smads Smad1, Smad2, Smad3, Smad5 und Smad8/9 (*Wu et al.* [522]) und dem „common-mediator" Smad4 (*Shi et al.* [437]) gibt es auch inhibierende Smads (I-Smads). Dazu werden Smad6 und Smad7 gezählt. Sie blockieren die Aktivierung von R- und Co-Smads (*Itoh et al.* [185]). Während Smad2 und 3 für die Signaltransduktion der TGFβ-Rezeptoren verantwortlich sind, wird dies im Falle der BMP-Rezeptoren durch die Smads 1/5 und 8 vermittelt (siehe Abbildung 5.1.1). Im Falle der BMPs kann die Signalweitergabe außerdem sowohl durch den kanonischen Signalweg oder Smad-unabhängig über MAPK und andere Kinase stattfinden.

Bislang wurde lediglich eine Interaktion zwischen der TGF-β-Rezeptor-Signaltransduktion und der PI3K-AKT-Kaskade nachgewiesen. Darüber hinaus gibt es trotz zahlreicher Hinweise für eine Interaktion des BMP- und des mTOR-Netzswerks keine detaillierte Studie, die Zusammenhänge dieser beiden Systeme beschreibt. In der Studie von *Remy et al.* konnte 2004 gezeigt werden, dass sich Smad3 nach seiner Aktivierung von den TGF-Rezeptorkomplexen löste und mit AKT interagierte, anstatt mit Smad4 ein Heteromer zu bilden, das in den Kern wandert. AKT verminderte hier die Transkription der Zielgene zwar unabhängig von seiner Kinaseaktivität, konnte aber durch Aktivierung des PI3K-Insulin-Signalwegs in seiner Interaktion mit Smad3 verstärkt werden (*Remy et al.* [388]). Diese Inhibition beeinflusste auch die durch TGF-β induzierte Apoptose (*Conery et al.* [72]). Das Verhältnis zwischen Smad3 und AKT korrelierte dabei mit der Sensitivität der Zellen, auf TGF-β-bedingte Expression von DAP-Kinase („death-associated protein kinase") und dadurch eingeleiteten Zelltod zu reagieren (*Jang et al.* [190]). In neueren Arbeiten wurde außerdem darauf hingewiesen, dass eine hohe Aktivität von PI3K/AKT zu einer Genexpression durch Smad2 und 3 induzierte Transkription führt, die der Selbsterhaltung dient, während niedrige Aktivität von AKT dafür sorgt, dass Zelldifferenzierungsprozesse eingeleitet werden (*Singh et al.* [444]).

Gemeinsam ist den TGF-β-Rezeptor- und den BMP-Rezeptor-vermittelten Signalkaskaden, dass sie auf PI3K, AKT, ERK und p38-MAPK wirken können (*Yi et al.* [538], *Edlund et al.* [106], *Mu et al.* [319], *Iwai et al.* [186]). Nicht nur diese Erkenntnis lässt auf eine enge Verknüpfung von Smad-Signaltransduktion und mTOR-Netzwerk schließen, vielmehr deutet auch das Protein FKBP12 auf eine Verbindung hin, da es in die Funktion beider Signalwegen integriert ist. Im mTOR-Netzwerk spielt FKBP12 aufgrund seiner Bindung an die mTOR-Kinase eine Rolle

bei der Rapamycin induzierten Inhibierung, wie in Abschnitt 1.3.4 bereits dargelegt wurde.
Im BMP-System bindet FKBP12 an den BMP-Rezeptor I und inhibiert dadurch die Signalkaskade von Smad1/5/8. Diese Interaktion kann durch den Calcineurin-Inhibitor FK506 (Tacrolimus) verhindert werden, was dann zu einer Förderung der osteoblastären Differenzierung beiträgt (*Yamaguchi et al.* [529], *Giordano et al.* [133]). Die Auswirkungen von Rapamycin sind in diesem Kontext unklar, da bislang zwar nachgewiesen werden konnte, dass Rapamycin die direkte Interaktion zwischen TGF-β-Rezeptor I und FKBP12 verhindert (*Osman et al.* [346]), aber bislang keine Studie zeigen konnte, das Rapamycin dies auch bei der Interaktion zwischen BMP-Rezeptor I und FKPB12 bewirkt. Darüber hinaus gibt es widersprüchliche Daten zu der Frage, ob Rapamycin die BMP-vermittelte osteoblastäre Differenzierung inhibiert oder fördert und welche Rolle das mTOR-Netzwerk hierbei hat (*Lee et al.* [256], *Martin et al.* [291], *Isomoto et al.* [184], *Singha et al.* [446]).

Die in dieser Arbeit vorgelegten Ergebnisse basieren auf einer differenzierten Analyse des mTOR-Netzswerkes und berücksichtigen dabei auch die unterschiedlichen Funktionen des mTORC1 und mTORC2 Komplexes - eine Unterscheidung, die in bisherigen Arbeiten nicht erfolgte. Während die Aktivität von mTORC1 einen förderlichen Einfluss auf die Differenzierung von vaskulären Vorläuferzellen in osteoblastenartige Zellen hatte und auch die Kalzifizierung steigerte, bewirkte mTORC2 den gegenteiligen Effekt. War die Aktivität dieses Komplexes verstärkt, zeigten die Zellen eine verminderte Differenzierung in Osteoblasten und waren vor Kalzifizierung geschützt. Es bleibt zu untersuchen, ob einer der beiden mTOR-Arme oder beide direkt mit der Signaltransduktionskaskade BMP-Smad interagieren und welche Funktion das FKBP12-Protein bei Rapamycingabe für die Induktion der Knochenbildung hat.

Die deutlichen Effekte der mTOR-Modulation durch pharmakologische oder genetische Manipulation lassen jedoch darauf schließen, dass eine Verknüpfung der beiden Systeme besteht, die bislang nicht hinreichend verstanden ist und aus der sich möglicherweise ein therapeutischer Nutzen ziehen lässt.

Abbildung 5.2.2 fasst die unterschiedlichen Faktoren zusammen, die gemeinsam an der Entstehung von vaskulärer Kalzifizierung beteiligt sind.

5 Diskussion

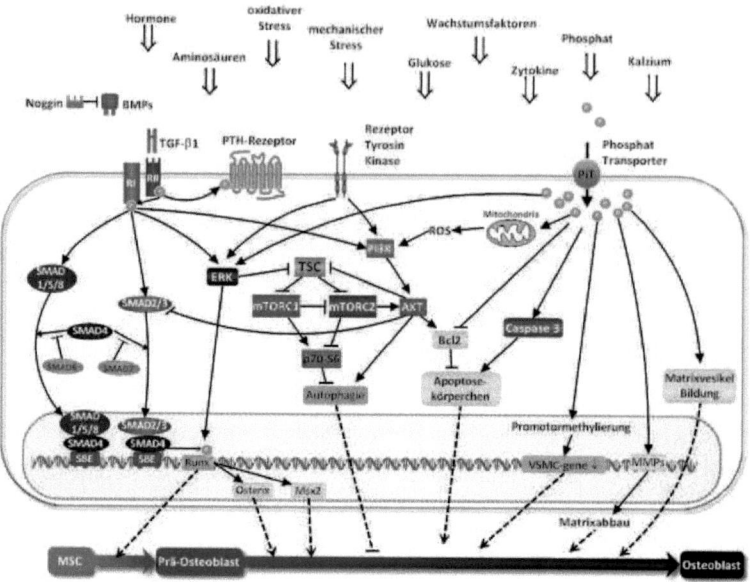

Abbildung 5.2.2: Regulation der osteoblastären Differenzierung
Das stark vereinfachte Schema zeigt wichtige zelluläre Prozesse, die an arteriosklerotischen Veränderungen beteiligt sind. Nicht eingezeichnet sind zahlreiche Gene, deren Expression durch mTORC1 und/oder mTORC2 reguliert wird. Detaillierte Erklärung siehe Text.

5.2.2 Die Modulation des mTOR-Netzwerks *in vivo*

Um die Auswirkungen eines modifizierten mTOR-Netzwerks zu untersuchen und den *in vitro* gefundenen Zusammenhang zwischen der Aktivität der beiden mTOR-Komplexe bei der Signaltransduktion in Zellen der arteriellen Gefäßwand unter längerer Rapamycinbehandlung zu verifizieren wurde ein Tiermodell eingesetzt. Hierin wurden Aorten von Mäusen, die über 37 Tage mit Vehikel oder Rapamycin behandelt worden waren, immunhistologisch untersucht. Die Analyse zeigte nicht eine behandlungsbedingte Verminderung der mTORC1-abhängigen Phosphorylierung p70-S6^{T389} und eine Verstärkung der mTORC2-abhängigen AKT^{S473}- Phosphorylierung. Darüber hinaus konnte auch eine Veränderung der AKT-Lokalisation festgestellt werden (siehe Abbildung 4.7.1). Rapamycin bedingte eine Translokation der Kinase in den Kern, wo AKT beispielsweise die Expression von Genen verstärken kann, die das Überleben der Zelle bei oxidativen Stress sichern (*Rubio et al.* [405]), den Export von mRNAs ermöglicht (*Okada et al.* [342]) und die Expression diverser Gene begünstigt, die Zellwachstum und Überleben sichern (*Fischer et al.* [119]). Darüber hinaus konnte, wie auch zuvor im Zellkulturmodell, eine Verminderung der Seneszenz- und Apoptosemarker und eine Steigerung des Autophagie-Umsatzes beobachtet werden. Diese Befunde bestätigten die Bedeutung der Aktivität der beiden mTOR-Komplexe im Verhältnis zueinander für die Regulation des Zellschicksals, auch wenn sie keinen direkten Nachweis dafür erbringen konnten, dass das Netzwerk auch den Prozess der kalzifizierenden Vaskulopathie reguliert. Anders als im Zellkulturmodell lag der Schwerpunkt dieser Untersuchung nicht nur auf der Modulation des Netzwerks während der Differenzierung von Vorläuferzellen (MSCs, Perizyten), sondern vielmehr auf der Wirkung der Substanz in bereits differenzierten Gefäßzellen. Neben Vorläuferzellen sind auch differenzierte glatte Muskelzellen (VSMC) als Zelltyp in der Gefäßmedia von den dort stattfindenden Verkalkungsprozessen beeinflusst. Da die bisherigen Erkenntnisse mit MSCs gewonnen worden waren, war die Untersuchung der Aorten der erste Hinweis, dass die spezifische Veränderung der mTOR-Aktivität auch für Zellen nach fortgeschrittener Differenzierung und auch im Zellzusammenhang von Geweben bedeutsam sein könnten. Da die Signaltransduktion dieses Zelltyps auf die Behandlung offensichtlich ähnlich reagierte wie die der MSCs, könnte auch die Differenzierung ähnlich verlaufen.

Leider stand im Rahmen dieser Arbeit kein kalzifizierendes Tiermodell für Urämie zur Verfügung. Dieses hätte erlaubt, die Auswirkungen eines modifizierten mTOR-Netzwerks und den Zusammenhang zwischen der Aktivität der beiden mTOR-Komplexe und dem Kalzifizierungsprozess zu untersuchen. Dies wäre der nächste Schritt bei weiteren Forschungsarbeiten, um die hier dargelegten Prozesse zu verifizieren und näher zu analysieren.

5.2.3 Indirekte Beeinflussung der Kalzifizierung durch Rapamycin

Der Einsatz von Rapamycin *in vivo* zeigte zwar die spezifische Verschiebung der Aktivität von mTORC1 hin zu mTORC2, und der Wirkstoff ist auch seit Jahren in klinischem Einsatz, doch wird er hier vor allem für zwei Anwendungen genutzt, bei denen es nicht primär um anti-kalzifizierende Eigenschaften geht.

In der soliden Organtransplantation wird Rapamycin zur Supprimierung des Immunsystems genutzt, da es die Wirkung von Interleukin-2 inhibiert. So kommt es zur Blockade der T-Zell-Aktivierung.

Als Medikament mit anti-proliferativer Wirkung wird Rapamycin außerdem zur Verhinderung von In-Stent-Restenosen eingesetzt.

Diese Effekte sind bei der Behandlung von kalzifizierender Vaskulopathie nicht erwünscht und wären als hinzunehmende Nebenwirkung auch zu massiv. Dementsprechend ist die Anwendung von systemisch verabreichtem Rapamycin keine Option zur Therapie von Gefäßverkalkung.

Forschungsarbeiten, die einen förderlichen Einfluss von Rapamycin auf die Differenzierung von MSCs zu VSMCs zeigen konnten (*Hegner et al.* [161]) und die anti-kalzifizierende Wirkung des Wirkstoffes lassen jedoch vermuten, dass ein lokaler Einsatz Vorzüge mit sich bringen könnte. Um den protektiven Effekt einer mTORC2-Aktivierung durch Rapamycin dennoch zu nutzen und diesen eventuell noch zu verstärken, wurde ein Modell eingesetzt, bei dem MSCs mit Osteoblastenmedium behandelt wurden, dem entweder Rapamycin oder die Vehikelkontrolle DMSO zugesetzt worden war. Dieses konditionierte Medium wurde dann auf humane glatte Gefäßmuskelzellen transferiert. Zwar wurde auch bei diesem Ansatz Rapamycin übertragen, es zeigte sich aber bei der Analyse von ALP-Aktivtät und Kalziumablagerung, dass es einen inhibierenden Effekt bei der osteoblastären Differenzierung gab, der nicht durch direkte Rapamycininkubation, sondern vielmehr durch eine parakrine Wirkung entstand.

5 Diskussion

Um zu kontrollieren, dass es sich hierbei nicht um einen unspezifischen Effekt handelte, sondern die Wirkung von MSCs ausgelöst worden war, wurde eine Kontrolle mitgeführt. Diese bestand darin, den gleichen Versuchen parallel mit Medium durchzuführen, dass von VMSCs auf VMSs übertragen wurden und nicht von MSCs auf VSCs transferiert wurde. In dieser VSMC-Kontrolle zeigte sich durch Rapamycin während der Behandlungsdauer keine Abschwächung der kalzifizierenden VMSC-Differenzierung. Weder die VMSCs, die zur Konditionierung des Mediums eingesetzt worden waren und direkt mit Rapamycin inkubiert wurden, noch die VMSCs, die anschießend das konditionierte Medium erhielten, zeigten eine Beeinflussung von ALP-Aktivität oder Kalziumablagerung durch die Behandlung mit Rapamycin.

Wurden hingegen MSCs mit dem Wirkstoff inkubiert, wiesen sowohl diese Zellen, als auch die mit MSC-konditioniertem Medium behandelten VSMCs eine Reduktion von ALP-Aktivität und Kalziumablagerung auf.

Einschränkend muss allerdings erwähnt werden, dass die VMSCs, die zur Konditionierung eingesetzt worden waren, sehr viel langsamer differenzierten als die MSCs. Immerhin lag die ALP-Aktivität der VSMCs zum Zeitpunkt der Messung fast 100-fach unter der der MSCs, damit noch im Kontrollbereich und auch die Menge an gebildetem Kalzium war im Vergleich zu den MSCs noch sehr niedrig (siehe Abbildung 4.8.3). Daher kann nicht ausgeschlossen werden, dass Rapamycin bei längerer Behandlung der VSMC-Konditionierungszellen noch zu einer Verminderung der Differenzierung und Verkalkung führen könnte. Angesichts der sehr viel langsameren Differenzierung dieser Zellen im Vergleich zu MSCs ist es nicht ausgeschlossen, dass die VSMCs zu einem fortgeschritteneren Stadium der Differenzierung auf die Rapamycinbehandlung ansprechen könnten.

Deutlich wurde bei dieser Untersuchung, dass die Übertragung des Rapamycins und somit die direkte Inkubation der VSMCs einen weit weniger drastischen Effekt hatte als die Behandlung der MSCs mit dem Wirkstoff und anschließende Übertragung des Mediums. Hier konnte eine signifikante Senkung von ALP-Aktivität und Kalziumablagerung beobachtet werden. Dies verdeutlicht, dass die Differenzierung der VSMCs nicht verstärkt wurde, wenn Medium von den differenzierteren und kalzifizierteren MSCs auf sie übertragen wurde, als wenn Medium von weniger stark differenzierten und kalzifzierten VSMCs auf sie transferiert wurde. Hingegen hatt jedoch die Veränderung der Signalkaskade der MSCs einen protektiven Effekt bei der Differenzierung der VSMCs (siehe Abbildung 4.8.5).

Es kann daher ausgeschlossen werden, dass die Übertragung von beispielsweise abgestorbenen Zellen oder Matrixvesikeln, die ja aufgrund des unterschiedlichen Verkalkungsgrades in verschieden großer Menge vorhanden gewesen sein müssten, eine ausreichende Erklärung für die beobachteten Unterschiede zwischen Rapamycin- und Vehikelbehandlung waren. Wäre die Menge an Matrixvesikel ausschlaggebend gewesen, hätten die mit MSC-konditioniertem Medium behandelten VSMCs sehr viel mehr Kalzifizierung aufweisen müssen, als die mit VMSC-behandeltem Medium, bei denen die Konditionierungszellen deutlich weniger Anzeichen für Differenzierung und Kalziumablagerungen hatten. Da bei den Zielzellen sowohl bei der ALP-Analyse als auch bei der Messung der Kalziumablagerung kein wesentlicher Unterschied zwischen den vehikelbehandelten MSCs und VSMCs festgestellt werden konnte, obwohl eine unterschiedliche Menge an Matrixvesikeln auf sie übertragen worden sein dürften, sollte die Menge der Vesikel keinen signifikanten Einfluss haben. Da die gleiche Menge an Zellen eingesetzt worden war und nach der Inkubationsdauer eine Proteinanalyse durchgeführt wurde, mit deren Hilfe alle Werte normiert wurden und bei der sich keine wesentlichen Unterschiede in der Proteinmenge zeigten, konnte des Weiteren ausgeschlossen werden, dass ein Unterschied in der Menge der produzierenden Zellen ausschlaggebend für die Unterschiede waren. Vielmehr schien die inhibierende Wirkung des Rapamycins bei MSCs durch einen zelleigenen Effekt begünstigt worden zu sein, was darauf deutet, dass die beiden Zelltypen unterschiedliche Faktoren in ihre Umgebung abgeben.

5.2.4 Das Sekretom von VSMCs und MSCs

In den letzten Jahren entstanden erst Erkenntnisse über das Sekretom von glatten Muskelzellen und dessen Veränderung im Kontext von Atherosklerose und Arteriosklerose (*Dupont et al.* [103], [104]). Arbeiten von *Burton et al.* zeigten dabei, dass es neben dem alterungsbedingten Seneszenz-Assoziierten-Sekretom-Phänotyp (SASP) auch einen SASP zu geben scheint, der speziell in kalzifizierenden VSMCs gefunden werden kann (*Burton et al.* [48], *Nakano-Kurimoto et al.* [325]). Wie bereits erwähnt, konnte bei Seneszenz eine verstärkte Expression von Genen beobachtet werden, die mit osteoblastärer Differenzierung einhergehen: Runx-2, ALP, Typ I Kollagen, Osteopontin, und auch BMP-2. in den kalzifizierenden VSMCs kam es außerdem zu einer verminderten Expression von Matrixglaprotein und es wurde eine Beeinflussung von inflammatorischen Genprodukten wie Interleukin-1β, IL-8, Intercellular Adhesion Molecule 1 (ICAM-1), Indoleamin 2,3-Dioxygenase (IDO) und weiteren, sowie Gewebe modellierende Faktoren wie dem Vascular endothelial growth factor (VEGF, VEGFβ), oder der Matrixmetalloproteinase 14 festgestellt (*Burton et al.* [48]). Dies lässt darauf schließen, dass in kalzifizierenden Geweben ein Mikromilieu entsteht, das die zellulären Differenzierungsprozesse weiter beeinflusst.
Noch weit umfangreicher als bei den VSMCs war in den letzten Jahren der Informationszuwachs über das Sekretom von mesenchymalen Stromazellen.
Seit MSCs 1968 zuerst beschrieben wurden (*Friedenstein et al.* [127]), haben zahlreiche Arbeiten diesen Zellen ein enormes Potential durch regenerative Eigenschaften zugeschrieben (*Bautch* [28]). Mittlerweile sind diese Effekte näher untersucht und charakterisiert worden; dabei zeigte sich, dass MSCs vor allem immunmodulatorische Fähigkeiten besitzen. Sie supprimieren sowohl die Lymphozytenproliferation als auch deren Aktivierung in Antwort auf allogene Antigene (*Djouad et al.* [97]). Darüberhinaus können MSC die Entwicklung von regulatorischen T-Zellen induzieren, die dann die allogene Lymphozytenantwort unterdrücken . Sie verhindern auch die Differenzierung von Monozyten und $CD34^+$ Vorläuferzellen in antigenpräsentierende dendritische Zellen (*Djouad et al.* [95]). T-Zellen, die in der Gegenwart von MSCs stimuliert wurden, zeigten als Resultat einer Cyclin-D2-Verminderung einen Arrest in der G1-Phase (*Glennie et al.* [134]), und NK-Zellen wurden durch MSC in ihrer Proliferation nach IL-2 oder IL-15-Stimulation gehindert (*Sotiropoulou et al.* [448], *Spaggiari et al.* [449]). Ebenso veränderten die mesenchymalen Stromazellen das Wachstum von B-Zellen, ihre Aktivierung, die IgG-Sezernierung, Differenzierungsprozesse und Antikörperproduktion und chemotaktische Reaktionen (*Aronin et al.* [361]). MSCs scheinen bei allogener Transplantationen einer Immunantwort zu entgehen (*Patel et al.* [354]), darüber hinaus exprimieren sie keine HLA-II Antigene und lösen keinen Anstieg der Lymphozytenanzahl nach Transplantation aus (*Le Blanc et al.* [255]).
Weiterhin können mesenchymale Stromazellen lösliche Faktoren sekretieren, wie etwa HGF (Hepatocyte growth factor), TGF-β1, IL-10, Prostaglandin E_2 (PGE_2) oder Kynurenin (*Jiang*

5 Diskussion

et al. [194]), und ebenso können sie die Sekretion von proinflammatorischen Zytokinen wie IFNγ oder TNFα durch zytotoxische T-Zellen herunter regulieren oder die Expression von antiinflammatorischen Zytokinen wie IL-10 verstärken (*Aggarwal et al.* [5]).

Ihre Fähigkeit, mithilfe der Sekretion von regulatorischen Molekülen eine Toleranznische zu erschaffen, um dem Immunsystem zu entgehen, macht MSCs zu attraktiven therapeutischen Kandidaten um die Entzündungsreaktion bei Infektionen und Verletzungen zu regulieren. Im Tiermodell konnte der immunmodulatorische Effekt bereits für Myokardschäden (*Ohnishi et al.* [338], [339], [340]), renale Ischämie- und Reperfusionsschäden (*Semedo et al.* [426]), Leberversagen (*Parekkadan et al.* [348]), autoimmune Enzephalomyelitis (*Gerdoni et al.* [130]) oder Brandwunden (*Rasulov et al.* [386]) gezeigt werden.

In der humanen Anwendung werden MSCs bei Sepsis (*Tyndall et al.* [487]), Nierentransplantation (*Tan et al.* [466]), Graft-versus-Host-Reaktion (GvHR) (*Ringden et al.* [391]), Crop et al. [80], Peng et al. [357]), Herzinfarkt und anderen Herzschäden (*Lopes et al.* [274], *Menasche et al.* [303]), Multiple Sklerose (*Yamout et al.* [531]) sowie einigen weiteren Erkrankungen eingesetzt (siehe Abbildung 5.2.3).

Inwieweit auch in Anwendungen, in denen es primär um die Regeneration von geschädigtem Gewebe durch die MSCs selbst geht, förderliche parakrine Effekte der MSCs gibt und welche Wirkung diese Effekte im Vergleich zur Differenzierung der Zellen selbst haben, ist bislang noch nicht quantifiziert. Es gibt jedoch Hinweise darauf, dass beides von Bedeutung ist (*Miteva et al.* [308], *Murphy et al.* [321]). Nachgewiesen sind schützende parakrine Effekt beispielsweise für Kardiomyozyten (*Xiang et al.*, [526], *Bader et al.* [18]) und das vaskuläre System (*Tang et al* [467]). Weitere Studien dienen derzeit der genaueren Untersuchung von möglichen parakrinen und direkten zellulären Effekten[28] (*Ranganath et al.* [383]).

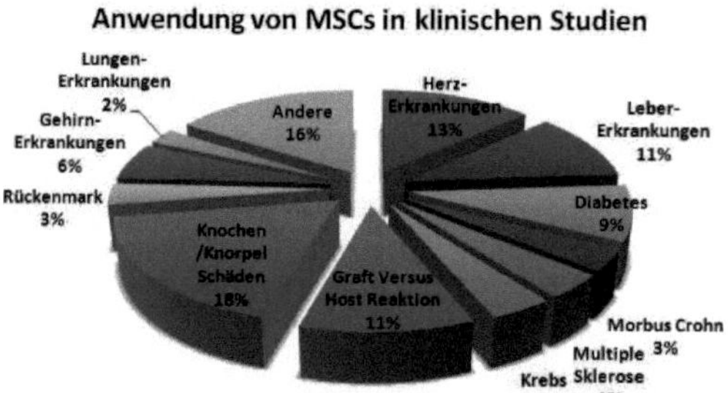

Abbildung 5.2.3: Einsatz von MSCs in klinischen Studien

Geschätze prozentuale Verwendung von mesenchymalen Stammzellen in klinischen Studien, Stand 2013

Da in dem hier verwendeten System eine immunmodulatorische Regulation, die über B- oder T-Zellen verlaufen wäre, ausgeschlossen werden konnte, weil diese Zellen nicht eingesetzt wurden, dürfte der beobachtete Effekt nur direkt durch MSCs oder VSMCs induziert worden sein. Auch konnte ausgeschlossen werden, dass der Unterschied der Verkalkung durch eine unterschiedliche Konzentration an Phosphat oder Kalzium ausgelöst worden war, da beide Zelltypen das gleiche Medium erhielten. Da die Beeinflussung durch Matrixvesikel den Unterschied

5.2 mTORC2-Aktivierung als protektiver Mechanismus

zwischen den beiden Zelltypen auch nicht erklären konnte, blieben als Möglichkeiten, dass die MSCs mehr Faktoren sezernierten, die inhibierend auf die Verkalkung wirkten oder die VSMCs auch unter Rapamycin mehr Faktoren ausschütteten, die die Differenzierung förderten.
Die Liste an Faktoren, die von MSCs sezerniert werden können, ist bereits lang und wird ständig ergänzt. Eine grobe Übersicht bietet die Tabelle in Abschnitt 8.2. Bei der Untersuchung dieser Peptide und Proteine sind jedoch prinzipiell zwei Dinge zu beachten: Nahezu alle Sekretomanalysen, die bislang entstanden sind, wurden an Zellen durchgeführt, die zuvor isoliert und *in vitro* gehalten wurden. Die Kultivierung von primären Zellen ist jedoch mit einer Veränderung ihres Phänotyps assoziiert, der durch die Prozedur der Zellgewinnung und artifizielle Kulturbedingungen bedingt ist. So führen beispielsweise Proteasen, die eingesetzt werden, um VSMCs von der Arterienwand zu lösen, zu einem Zusammenbruch der Zell-Zell- beziehungsweise Zell-extrazellulären Matrix-Interaktion. Dies führt dazu, dass beim Aussetzung und Kultivieren von Zellen die Expression von Adhäsionsmolekülen und Neusynthese von extrazellulärer Matrix induziert wird. Inwieweit diese Beeinflussung Auswirkungen auf die intrazelluläre Signaltransduktion hat, ist unklar, und ob das Sekretom dadurch nachhaltig verändert wurde, bislang nicht analysiert.
Eine zweite Veränderung, die durch *in vitro* Arbeiten häufig nicht abgedeckt wird, ist, dass MSCs ihr Sekretom an die Umgebungssituation anpassen können. Bei den Untersuchungen zum Einsatz der Zellen bei neuronalen Schäden und neurodegenerativen Erkrankungen wie Morbus Alzheimer, Morbus Parkinson oder Morbus Huntington wurde nicht nur nachgewiesen, dass MSCs BDNF (brain-derived neutrophic factor), NGF (nerve growth factor), VEGF (vascular endothelial growth factor) oder HGF (hepatocyte growth factor) exprimieren, sondern auch, dass die Produktion dieser Faktoren ansteigt, wenn die Zellen mit geschädigtem Nervengewebe in Kontakt kommen (*Chen et al.* [60]). Trotz dieser Einschränkungen liefert die Sekretomanalyse einen ungefähren Einblick in das Spektrum der möglichen parakrinen Zelleffekte.
Zu den Proteinen, die von MSCs freigesetzt werden und wichtig für den Aufbau der extrazellulären Matrix, für strukturelle Belange oder den Aufbau einer glatten Muskelschicht sind, gehören Aktin, Laminin, Cadherin, Kollagene, Extra cellular matrix protein 1 (ECM1), und Tubulin. Proteine, die Kalzium binden können, wie Calmodulin, Fibulin 1 (FBLN1) und Osteonectin (SPARC1) werden ebenso sezerniert wie anti-koagulatorische Faktoren (Annexin oder Dedicator of cytokinesis 8, 10 (DOCK8, 10)). Für die Inhibition der Proliferation von Zellen der Gefäßmedia und Beeinflussung der zellulären Differenzierung dürften neben diesen Proteinen vor allem Wachstumsfaktoren und Proteine, die den Zellzyklus beeinflussen, Bedeutung haben. Dazu zählen Tissue inhibitor of metalloproteinase (TIMP), Eukaryotic translation elongation factor 1 gamma (EEF1G) und Heterogeneous nuclear ribonucleoprotein C-like 1 (HNRPCL1) sowie Proteine, die die Genregulation steuern (BMPs, TGF und weitere). MSCs sind in der Lage, Autophagie zu bestärken, indem sie lysosomale Proteine wie Chitobiase (CTBS) und Cathepsin B freisetzen - eine Eigenschaft, die der Kalzifizierung entgegenwirkt. Darüberhinaus können sie durch die Freisetzung des Fas-Liganden und das Protein Acidic nuclear phosphoprotein 32 (ANP32B), das Caspase 3 inhibiert, die Apoptose beeinflussen. Zusätzlich zur Absonderung von Peptiden und Proteinen können MSCs auch Exosomen sekretieren, die prä-miRNA enthalten können (*Chen et al.* [59]). Diese Nano- und Mikrovesikel haben einen Durchmesser von 70 bis 100 nm und enhalten RNAs von weniger als 300 Nukleotiden Länge mit einer enormen Vielzahl an Zielgenen (*Zhang et al.* [546], *Fellenberg et al.* [116], *Wang et al.* [509]).

5 Diskussion

Besonders bedeutsam für die Regulation von Abläufen, die zur kalzifizierenden Vaskulopathie beitragen könnte dabei sein, dass eine ganze Reihe der von MSCs sezernierten Vesikel mikroRNAs gegen Apoptose enthielten (*Lima et al.* [267]). So konnte *Cimmino et al.* [70] zeigen, dass miR15 und miR16 die Apoptose hoch regulieren, indem sie posttranskriptional auf Bcl-2 wirken. Beide mikroRNAs werden offensichtlich von MSCs freigesetzt, ebenso wie miR210 (*Chen et al.* [59]), eine hypoxieinduzierte mikroRNA, die Caspasen inhibiert (*Kulshreshtha et al.* [239]). Letztere könnte von besonderer Bedeutung sein, da ihre Expression durch MSCs bereits therapeutisch genutzt wurde (*Hu et al.* [171]).

Zusätzlich zur Apoptose wird auch Autophagie durch mikroRNAs reguliert (*Kowarsch et al.* [229]), wobei mehrere Nucleotidsequenzen bereits auch in MSCs identifiziert wurden, die diesen Mechanismus fördern, darunter miR30A, miR18A und miR155 (*Qased et al.* [375], *Yu et al.* [541], *Du et al.* [101]). Neben der Beeinflussung von Prozessen, die Bedeutung bei der Regulation des Zellschicksals haben, wurde mittlerweile eine lange Liste an mikroRNAs identifiziert, die direkten Einfluss auf die osteoblastäre Differenzierung haben. Neben einigen mikroRNAs, die diesen Prozess verstärken, haben zahlreiche Arbeiten auch inhibierende Nukleotidsequenzen ausfindig gemacht (siehe Review *Lakshmipathy et al.* [246] und nachfolgende Tabelle).

Tabelle 5.1: MikroRNAs, die osteoblastäre Differenzierung beeinflussen

mikroRNA	Zielprotein	Literaturverweis
miR125b	ERBB2	*Mizuno et al.* [310]
miR133 miR135	Runx2, Smad5	*Li et al.* [263]
miR206	Connexin 43	*Inose et al.* [182]
miR204		*Huang et al.* [173]
miR211		*Hassan et al.* [159]
miR204	Runx	*Tome et al.* [484]
miR23a		*Li et al.* [263]
miR3077		*Liao et al.* [266]
miR27a miR489	GCA/PEX7/APL	*Schoolmeester et al.* [423]
miR26a	Smad1	*Luzi et al.* [280]

Es wurde bislang weder untersucht, ob die Expression der mikroRNAs durch die Behandlung mit Rapamycin beeinflusst wird oder inwieweit das mTOR-Netzwerk auf ihre Sekretion einwirkt. Daher kann bei den hier erhobenen Daten über die Beteiligung einzelner mikroRNAs lediglich spekuliert werden. Auch sind die Regulationsmechanismen vieler Abläufe noch nicht aufgedeckt, und es ist unklar, wie groß der Einfluss einzelner Nukleotide im Vergleich zu anderen ist.

Welche Faktoren und mikroRNAs die MSCs im hier verwendeten Zellkulturmodell absonderten, konnte im Rahmen dieser Arbeit nicht geklärt werden. Die Bedeutung des MSC-Sekretoms und -Exosoms sollte jedoch deshalb nicht vernachlässigt werden. Da bereits kurz nach der eigentlichen Entdeckung der mikroRNAs Methoden etabliert wurden, diese therapeutisch anzuwenden, könnte die gezielte Manipulation der Exosomen-Zusammensetzung die Möglichkeiten der MSC-Nutzung erweitern und die Nutzung der parakrinen Effekte verstärken.

5.3 Mögliche therapeutische Nutzung der mTOR-Modulation

5.3.1 Modulation von mTOR zur Inhibition von Kalzifizierung

Der Einsatz von Rapamycin hatte die Balance der beiden Arme des mTOR-Komplexes zugunsten mTORC2 verschoben und den Schwerpunkt von Seneszenz und Apoptose hin zu Autophagie verlagert. Dies hatte das intrinsische Potential der MSCs unterstützt und ihre benefizielle Wirkung auf die Differenzierung der glatten Gefäßmuskelzellen verstärkt.

Bei direkter Nutzung dieses Effekts durch Behandlung des Patienten mit Rapamycin wäre die Supprimierung des Immunsystems eine unerwünschte, gravierende Nebenwirkung.

Alternativ ist jedoch eine Vorbehandlung der MSCs und ihre darauffolgende Anwendung prinzipiell möglich. Hierbei besteht allerdings das Problem, dass die Zellen bei intravenöser Injektion durch die Blutbahn in die Lunge transportiert werden und kleine Kapillaren blockieren können. Dabei siedeln sie sich entweder direkt im Lungengewebe an oder sterben ab. Selbiges Problem besteht bei intra-arteriell Applikation, dabei kann es jedoch zum Verschluss von Kapillaren anderer Organe durch MSCs kommen. Etwas erfolgreicher ist die direkte Injektion der Zellen an den Ort der Schädigung - etwa intra-renal oder intra-myokardial (*Kunter et al.* [243], [242]). Dennoch haben Nachweisexperimente auch bei diesen Anwendungen eine relativ geringes Überleben der Zellen im betroffenen Gewebe gezeigt (*Toma et al.* [483]).

Darüber hinaus besteht die Gefahr einer fibrotischen Fehldifferenzierung und Tumorzellenwachstum (*Wu et al.* [521], *Tolar et al.* [482], *Breitbach et al.* [40]). Letzteres könnte durch Entartung der MSCs selbst oder durch Unterstützung des Wachstums von anderen, körpereigenen Tumorzellen geschehen. Auch stellt sich die Frage, wie lange eine Vorbehandlung überhaupt Einfluss auf die MSCs haben kann und ob der Aufwand und die hierbei entstehenden Kosten durch einen nützlichen Effekt gerechtfertigt sind.

Etwas langanhaltender dürften permanente Veränderung der MSCs durch molekularbiologische Methoden auf Genebene sein, doch auch hier kann eine ungewollte Fehldifferenzierung nicht ausgeschlossen und die dauerhaften Auswirkungen der Genmanipulation nicht abgesehen werden.

Gerade bei Hämodialysepatienten, die im Durchschnitt dreimal wöchentlich vier Stunden an ein extrakorporales Filtersystem angeschlossen werden, könnte aber eine weitere Möglichkeit bestehen, den parakrinen Effekt der MSCs zu nutzen.

Denkbar wäre die Entwicklung eines zellbesiedelten Kompartiments, ähnlich einer mikrofluidalen Fließkammer (*Khan et al.* [215]). Eine Funktionseinheit, in der sich MSCs befinden und die von Körperflüssigkeiten wie Blut durchströmt wird, ohne dass die MSCs in den Patienten gelangen. Lediglich von MSCs freigesetzte Faktoren könnten aus der Einheit gelangen und im Patienten effektiv werden (siehe Abbildung 5.3.1).

Hierbei wäre auch eine Vorbehandlung der MSCs mit Medikamenten, die einen temporären Effekt haben, oder die genetische Manipulation denkbar, ohne den Patienten zu gefährden. Wie bereits in Tiermodellen angewendet (*Heymans et al.* [164]), könnten so genetisch modifizierte MSCs genutzt werden, um beispielsweise selektierte mikroRNAs in größerer Menge von den Zellen absondern zu lassen.

Da die Patienten bereits über einen vaskulären Zugang verfügen und zwecks einer regelmäßig stattfindenden Behandlung mehrfach wöchentlich für mehrere Stunden an eine Maschine angeschlossen werden müssen, könnte zumindest für diese Patientengruppe ein möglicherweise ungefährliches Verfahren entwickelt werden. Durch den intensiven Kontakt der Zellen mit der individuellen Zusammensetzung von Gift- und Schadstoffen im Blut des Patienten könnte hier außerdem die Chance bestehen, dass die Zellen ihre Fähigkeiten den Bedürfnissen anpassen oder ihre Kapazität verstärkt wird, wie es bereits in anderem Kontext gezeigt werden konnte (Chen et al. [60]).

In einer neuen Art eines blutdurchflossenem Bioreaktors könnte eine Behandlung der Patienten mit MSCs erfolgen, ohne dass diese injiziert werden zu müssten. Dabei wäre mittels der Dialyse eine wiederholte, regelmäßige Anwendung des Verfahrens unter ärztlicher Aufsicht möglich.

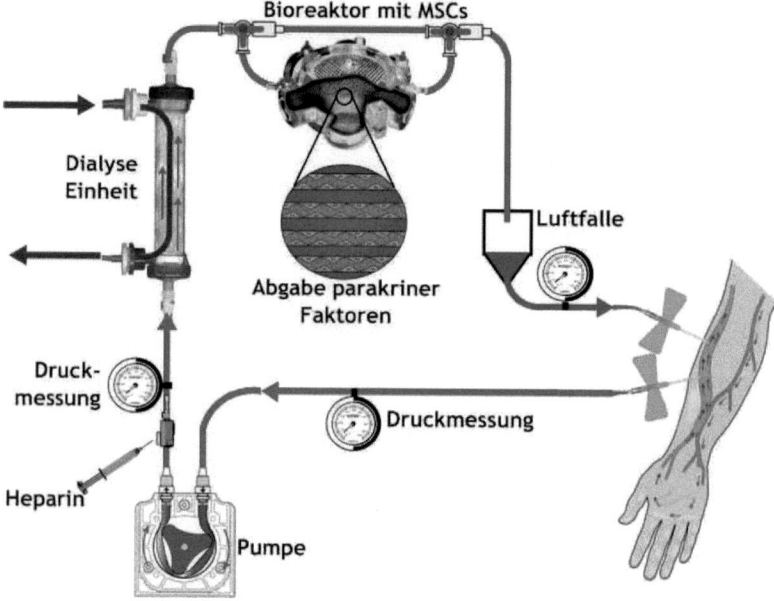

Abbildung 5.3.1: Hypothetischer Aufbau einer MSC-unterstützen Dialyseeinheit

Prinzipielle Komponenten der Funktionseinheit umfassen die typischen Dialyse-relevanten Bestandteile für Drucküberwachung, Regelung der Fließgeschwindigkeit, Möglichkeiten für die Gabe von Medikamenten, Filtersystem und Luftblasenentfernung beziehungsweise Entfernung von Blutklümpchen. Darüber hinaus könnte ein optional hinzu schaltbare Filtereinheit, die blutdurchflossen ist und in der MSCs angesiedelt wurden, den Zellen die Möglichkeit geben, ihre intrinsischen Fähigkeiten zu entfalten. Dargestellt ist hier ein Bioreaktor wie er von Stem Cell Systems GmbH[29] vertrieben wird und in klinischem Einsatz ist.

Da für Dialysepatienten eine der größten Bedrohungen in der kalzifizierenden Vaskulopathie liegt, könnte bei einer Vorbehandlung der Zellen mit einer Substanz wie Rapamycin außerdem die temporäre Aktivierung des mTORC2-Armes genutzt werden, um die protektiven Effekte der MSCs zu unterstützen. Sollten weitere Untersuchungen zudem bestätigen, dass die Absonderung von mikroRNAs durch diese Behandlung verstärkt wird, könnte die Identifizierung der Nukleotidsequenzen eine weitere Option für eine gezielte Intervention und mTOR-Modifikation bieten.

Für die Etablierung eines Bioreaktors und seine therapeutische Nutzung müssten zuvor Herkunft und Charakterisierung, Aufbewahrung und Verwendungsdauer der Zellen geklärt werden. Dennoch könnte für die stetig wachsende Gruppe von Betroffenen ein solches Verfahren eine neue Chance auf ein Leben mit weniger Behinderung, mehr Selbstständigkeit und mehr Lebensqualität darstellen. Die Erhaltung oder Wiederherstellung der Gefäßintegrität in den zu behandelten Patienten würde zu einer Abnahme gravierender Gefäßerkrankungen und deren Folgeproblemen führen, Komplikationen minimieren und den Pflegebedarf der Patienten reduzieren. Dies würde eine Senkung der Kosten nach sich ziehen.

5.3.2 Modulation von mTOR zur Verstärkung von Kalzifizierungsprozessen

Ziel dieser Arbeit war es, die Bedeutung des mTOR-Netzwerks für kalzifizierende Prozesse in Stromazellen zu charakterisieren, sowie zu analysieren, ob eine Modifikation des Netzwerks eine therapeutische Option darstellen könnte um arteriosklerotische Veränderungen der Gefäßwand zu beeinflussen. Im Wesentlichen wurde dabei eine Bedeutung von mTORC1 für die Differenzierung von MSCs zu Osteoblasten und ihre nachfolgende Kalzifizierung sowie eine Inhibierung dieser Prozesse durch die Aktivierung von mTORC2 nachgewiesen.

Diese Erkenntnisse bieten neben der Chance auf eine therapeutische Anwendung zur Behandlung der kalzifizierenden Vaskulopathie noch einen weiteren Aspekt, der in einem anderen Zusammenhang bedeutsam sein könnte, nämlich der Induktion von Knochenbildung durch Modifikation des mTOR-Netzwerks. Während dieser Prozess für das Gefäßsystem pathologische Folge hätte, könnte er in Osteoporosepatienten genutzt werden, um die Regeneration von Knochenbrüchen zu verstärken.

Hier wäre bei der lokalen Applikation von MSCs im Rahmen einer implantierten Knochenunterstützung eine Induktion von Osteoblastendifferenzierung vorteilhaft.

Denkbar wäre hier zunächst der Einsatz von Rapamycin, der sich als höchst effektiv für den Schutz des regenerativen MSC-Potentials erwiesen hat (*Gharibi et al.* [131]). So hatten Zellen, die mit dem mTORC1-Inhibitor inkubiert und expandiert wurden, eine höhere osteoblastäres Differenzierungskapazität, wenn anschließend ohne Rapamycin die Differenzierung induziert wurde. Dies könnte hilfreich sein, wenn es um die Expansion von MSCs zur autologen Transplantation geht, einem Prozess, der für die Zellen aufgrund der Entnahmeprozedur und der *in vitro*-Kultivierung stressreich ist. Die gezielte Modulation des mTOR-Netzwerks könnte hierbei helfen, Seneszenz- und Apoptoseprozesse zu vermindern, Autophagie aufrecht zu erhalten und das endogene, parakrine Potential der MSCs zu schützen.

Des Weiteren wäre eine nach der Expansion der Zellen, die Behandlung der MSCs mit Wachstumsfaktoren wie FGF-2 oder PDGF-BB denkbar, die auch mit einer Blockade der AKT-Aktivität durch beispielsweise eine pharmakologische Behandlung mit MK2206 kombinierbar wäre. Diese Intervention könnte während der Expansion der Zellen vor ihrer Implantation in den Patientenknochen erfolgen und so die Grundlage für eine aktivierte Osteoblastendifferenzierung und ein verstärktes Regenerationspotential des Knochens bilden.

5 Diskussion

Diese beiden hier vorgestellten Therapieansätze vergegenwärtigen die weitreichende Beeinflussung des zellulären Schicksals durch das mTOR-Netzwerk. Die differenzierte Analyse seiner Funktion und eine präzise und sorgfältig gewählte Modifikation ermöglichen einflussreiche und sehr unterschiedliche therapeutische Anwendungen.

6 Zusammenfassung

Obwohl Herz-Kreislauf-Erkrankungen (CVD) die häufigste Todesursache weltweit darstellen, fehlen trotz intensiven Bemühungen durchgreifende Behandlungskonzepte und überzeugende Präventionsstrategien. Ziel dieser Arbeit war es, die zugrunde liegenden Mechanismen der vaskulären Kalzifizierung, eine der wichtigsten Ursachen für CVD, zu analysieren und eine therapeutische Option auszuarbeiten. Um den fehlgeleiteten Prozess der extraossären Kalzifizierung in der Gefäßwand zu ergründen, wurde in einem *in vitro* Modell untersucht, wie Programme kontrolliert werden, welche die Differenzierung und Entwicklung von humanen Vorläuferzellen des vaskulären Systems steuern.

Als potente und zentrale Regulationseinheit der Zelle um auf Stress, Wachstumsfaktoren und Nährstoffe zu reagieren wurde das mTOR-Netzwerk mit seinen beiden strukturell und funktionell verschiedenen Multiproteinkomplexen für die steuernden Befehle in Betracht gezogen und zur Beeinflussung der Prozesse anvisiert.

Rapamycin diente der gezielten pharmakologischen Modulation des Netzwerks während der osteoblastären Differenzierung, die ebenso wie die Menge der Kalziumablagerung, die Aktivität der mTOR-Komplexe und die der Zellschicksalsprogramme während des 21-tägigen Prozesses der Kalzifizierung kontinuierlich analysiert wurden. Die Blockade von mTORC1 offenbarte eine zentrale Rolle von mTORC2 für die Induktion protektiver Zellprogramme, die durch den Einsatz eines pharmakologischen Inhibitors und durch genetischen Knockout bestätigt wurde. Der benefizielle Einfluss der mTORC2-Aktivität auf die zellulären Prozesse der Gefäßwand konnte *in-vivo* durch die Behandlung von Mäusen mit Rapamycin über 37 Tage mit anschließender immunohistologischer Untersuchung der Aorten bestätigt werden. In einem Medium-Transfer-Modell wurde außerdem der durch Rapamycin ausgelöste günstige parakrine Effekt von MSCs auf glatte Muskelzellen bei osteoblastärer Differenzierung untersucht.

Die Modulation des mTOR-Netzwerks führte über die Induktion von Autophagie und Verminderung von Seneszenz und Apoptoseprozessen zu einer Reduktion der Kalzifizierung, die durch gezielte Inaktivierung des mTOR-Komplexes 2 verhindert werden konnte.

Die Kontrolle der mTORC1-Aktivität zusammen mit einer Verstärkung der mTORC2-Funktionen bietet die Möglichkeit, schützende Zellprogramme und endogene parakrine Effekte für die Behandlung fortschreitender Arteriosklerose einzusetzen.

Außerdem konnte festgestellt werden, dass die Modulation des mTOR-Netzwerks das zelleigene regenerative Potential schützt, was, ebenso wie die gezielte Aktivierung von mTORC1, bedeutsam für die spezifische Induktion von Knochenbildung im Rahmen einer lokalen Therapie zur Knochenregeneration bei Osteoporosefrakturen sein könnte.

7 Summary

Cardiovascular disease (CVD) is the most prominent contributor to global mortality and concepts for treatment as well as compelling prevention strategies are missing. In our study, we provide new insights in the underlying processes for vascular calcification, one basic pillar of CVD, by analysing cell fate programs and their regulation in human cells involved in vascular biology.

Accelerated calcifying arteriosclerosis features osteoblastic transformation of vascular smooth muscle cells (VSMCs) and their progenitors, mesenchymal stromal cells (MSCs). Targeting signaling pathways controlling cell differentiation could shift maladaptive cell fate programs towards protective and prevent from vascular calcification. mTOR kinase contained in two functionally and structurally distinct multiprotein complexes mTORC1 and mTORC2 integrates extracellular stimuli into cell differentiation and growth responses. We hypothesize distinct roles for mTORC1 and mTORC2 in regulation of cell fate programs in a temporally controlled sequence.

Rapamycin served for pharmacologic mTOR targeting during osteoblastic differentiation of MSCs. Matrix calcium deposition, mTORC1 and mTORC2 targets, and cell fate programs were followed for 21 days. Central role of mTORC2 in induction of protective cell fate programs was determined by AKT blockade, genetic disruption of mTORC2 function and autophagy inhibition. Beneficial Effects of mTORC2 acitivation on vascular cells induced by mTORC1 blockade were confirmed *in vivo* by low dose-rapamycin injection into mice and immunohistochemical analysis of aortas after 37 days treatment. Paracrine effects of rapamycin conditioned MSCs on VSMCs undergoing osteoblastic transformation were assessed by medium transfer.

Attenuation of mTORC1 and activation of mTORC2 downstream signaling effectors inhibited calcification via induction of autophagy and down-regulation of proteins mediating apoptosis and cell senescence. Negative interference with mTORC2 function or autophagy disrupted protective programs via induction of apoptosis and cell senescence. Secretome of rapamycin conditioned MSCs mitigated osteoblastic transformation of VSMCs.

Control of mTORC1 activation together with enhancement of mTORC2 function leads to induction of autophagy and maintenance of protective cell fate programs during osteoblastic transformation. Regenerative approaches aiming to translate our findings hold promise for treatment of accelerated arteriosclerosis.

Furthermore, modulation of the mTOR signalling protects the endogenous regeneration capacity of osteoblast precursor cells and provides new options for specific induction of bone formation in osteoporosis.

8 Appendix

8.1 Detaillierte Übersichtskarte des mTOR-Netzwerks

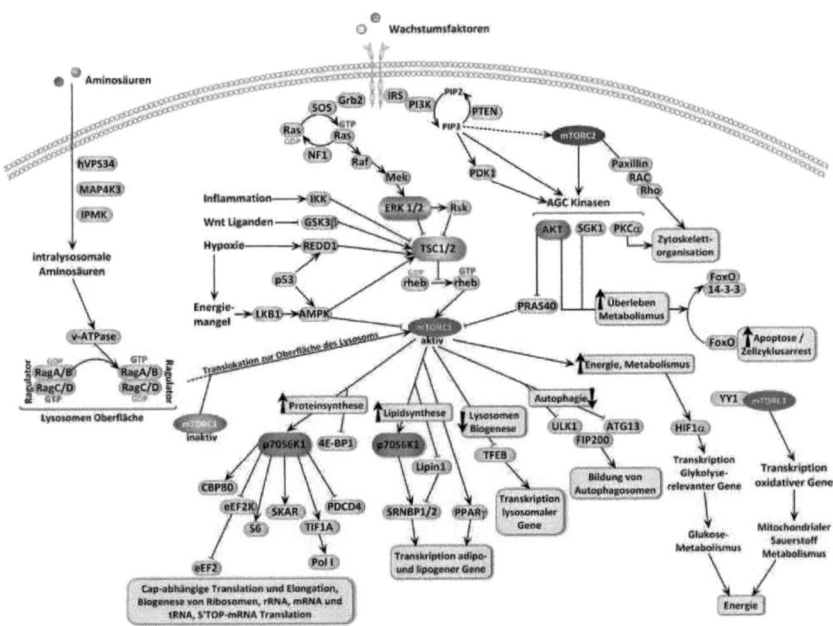

Abbildung 8.1.1: Das Netzwerk rund um mTOR

Diese Grafik gibt in Anlehnung an Laplante et al. [250] die wichtigsten, bislang erforschten Funktionen und Zusammenhänge des mTOR-Netzwerks wieder, wobei mTORC1 hier im Fokus steht. Die Auswirkung der einzelnen Prozesse sind grob zusammengefasst und gelb hinterlegt.

8.2 Sekretomanalyse von MSCs

Die folgende Tabelle beruht auf Daten der Paper von *Parekkadan et al.* und *Sze et al.* ([348], [462]) und gibt einige der identifizierten Proteine des MSCs Sekretoms und ihre Funktionen wieder.

Bezeichnung	Bedeutung, Funktion
Activin A	führt zu FSH Biosynthese und Sekretion
ADAM11	Metalloprotease, Zell-Zell und Zell-Matrix-Interaktionen, Muskelentwicklung und Neurogenese
Adiponectin	Metabolische und hormonelle Prozesse
Agrin	Neuromusuläre Vernetzung
ALCAM	Immunglobulin Receptor, Zelladhäsion
Angiogenin	Mediator für Blutgefäßneubildung
Angiopoietin	Gefäßentwicklung, Angiogenese
ANP32B	Überlebensfaktor, Zellzyklus, Anti-Apoptoseprotein, inhibiert Caspase 3
Annexine	Kalzium abhäniges Phospholipid Bindeprotein, spannungsabhängige Kalziumkanal Aktivität
β2-Mikroglolubin	Serumprotein und Oberflächenprotein, assoziiert mit MHC I
BDNF	Mitglied der Nervenwachstumsfaktor
BMP1,4,5,6,7,	Knochenbildung, Entwicklung
Calmodulin	Kalziumbindeprotein, Phosphorylase Kinase
Chemokinliganden	Immunoregulatorische und Infammatorische Prozesse
CD44	Oberflächenprotein, Zell-Zellkontakte, Zelladhäsion, Migration
CD109	Glykoprotein der Zelloberfläche, bindet und inhibiert TGF-β-Signaltransduktion
Cadherin	Kalzium-abhängige Zell-Zell Adhäsion
CNTF	Neurotransmittersynthese und Neuriten Wachstum
CSF1,2,3	Differenzierung und Funktion von Makrophagen
Cystatin Superfamilie	Cystein Protease Inhibitoren
CTBS	Abbau von Oligosacchariden
Cathepsin B	Lysosomale Cystein Proteinase
CXCL 1,5,9,10,12,13,16	Chemokine, Immunomodulatorische Wirkung
CYR61	Zelladhäsion, Proliferation, Angiogenese, Apoptose, Extrazelluläre Matrixbildung
DOCK8,10	Rho GTPase Austausch Faktoren
ECM1	Lösliches Struktur und Matrixprotein, Knochenbildung, Angiogenese, Hautintegrität
EEF1G	Translationsfaktor
EGF	Wachstum, Proliferation, Differenzierung
Enolase	Wachstumskontrolle, Hypoxietoleranz, Allergische Reaktionen
FasL	Ligand für FAS, Apoptose
Fibulin	Extrazelluläre Matrix
FGF-2,4,6,7,9,17	Wundheilung, Wachstum, Differenzierung
FGFR	FGF-Rezeptoren

Bezeichnung	Bedeutung, Funktion
Filamin A	Filamentprotein, bindet Aktin an Glykoproteine
Fibronectin	Zelladhäsion, Migration, Embryogenese, Wundheilung, Blutgerinnung
GDNF	verhindert Apopose von Neuronen, Neurotrophischer Faktor
GLRX	Reguliert den Glutathionylierungsstatus von Signalmolekühlen
Golgin	Golgiapparatprotein
GOLPH2	Golgiapparatprotein
Gelsolin	Stabilisiert Aktin
GSTP1	Detoxifikation
HGF	Zellwachstum, Zellbewegung, Morphogenese, Angiogenese
HNRPCL1	RNA and Nukleotidbindung
Hitzeschockproteine	Chaperone
IFNγ	antiviral, immunoregulatorische Wirkung
IGF-1	Glycogen- und Glucosehaushalt
IGFBP1,2,4,5,6,7,	Regulation für IGF Verfügbarkeit
IL-1,2,3,6,7,8,9,10,12,13,16	Immunregulation
Kollagen 1,3,4,5,6,11,12,16	Strukturproteine
Laminine	Extrazelluläre Matrix, Zelladhäsion, Differenzierung, Migration, Signaltransduktion
Leptin	Regulation von Energiehaushalt, Immunsystem, Angiogenese, Wundheilung, Hematopoiese
Lectine	Modulation von Zell-Zell- und Zell-Matrix Interaktionen
LIF	Immunomodulation, Hematopoiese, Neuronale Zelldifferenzierung
Lamin A	Matrixprotein
LOX	Extrazelluläres Kupferenzym, Vernetzung von Kollagen und Elastin
LTBP1	Bindet TGF-β und vernetzt es an die extrazelluläre Matrix
Lumicane	Proteoglykanfamilie, Extrazelluläre Matrix
MDH2	Mitochondriale Dehydrogenase
MIF	Immunregulation, anti-inflammatorische Wirkung
MMP1,3,9,10,13	Kollagenasen, ECM-Abbau und Umbau
MRC2	Mannose Receptor, Extrazelluläre Matrix
MYH11	Myosin glatter Muskelzellen
Nucleolin	Ribosomensynthese
NPM1	Regulation des ARF/p53 Signalwegs
PAI1	Protein und mRNA Bindung
PBP	Guanidin-Nukleotid-Austauschfaktor
PCOLCE	Prokollagene
PDGF-BB	Proliferation, Migration, Überleben, Chemotaxis
PDGFRB	Proliferation, Migration, Überleben, Chemotaxis
PLEC	Zytoskelett
PRDX	antioxidative Wirkung
PSAP	Lysosomale Funktionen
PSME	Proteasomale Funktion

8 Appendix

Bezeichnung	Bedeutung, Funktion
PTK7	Rezeptor Protein Tyrosine Kinase Familie
QSCN6	Wachstumsregulation
RTN4	Membrantransport, Endoplasmatisches Reticulum
S100A11	Kalziumbindeprotein, Zellzyklusregulation
SCF	Ubiquitinylierung
SH3BGRL3	Elektronentransport, Disulfidreductase
SOD1	Abbau von Superoxid-Radikalen
SPARC1	Extrazelluläre Matrix, Knochenaufbau
SPTBN1	Gerüstprotein
STC2	Kalzium- und Phosphattransport
SVEP1	Chromatin- und Kalziumbindeprotein
TAGLN2	Marker von glatten Muskelzellen
TGF-β1	Signaltransduktion, Proliferation, Differenzierung, Entwicklung
TGFBR	Serin-Threonin Proteinkinase, Signaltransduktion
THBS1	Zell-Zell- und Zell-Matrix-Interaktion
THPO	Plättchenproduktion
TIMP1,2,3,4,	MMP-Inhibitor
TMSB4X	Aktin-Polimerisation
TNF	Zellwachstum, Differenzierung, Apoptose, Koagulation
TP11,TPM4	Aktin-Stabilisierung
Tubulin	Zytoskelett
TXN	Redox-Reaktionen
TXNRD	Nukleotid-Oxidoreduktase
UBE2I	Ubiquitinylierung
UFM1	Ubiquitinylierung
URB	Zelladhäsion, Matrixaufbau
VEGF	Blutgefäßbildung
XCL1	Inflammatorische, Immunmodulatorische Funktion
YWHAZ	Insulinsensitivität

8.3 Plasmidkarten

8.3.1 pLKO1-shRNA-Vektoren

scramble, RaptorI, RaptorII, Rictor I, Rictor II (Addgene #1864, #1857, #1858, #1853, #1854)

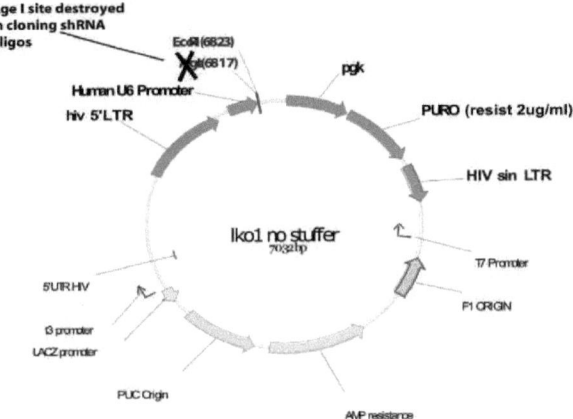

8.3.2 pSuperRetro-Vektor

(Addgene #11189)

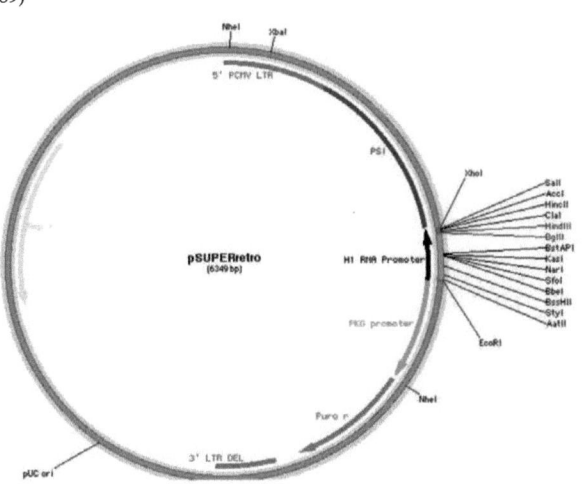

8 Appendix

8.3.3 pLVTH-Vektor

(Addgene #12262)

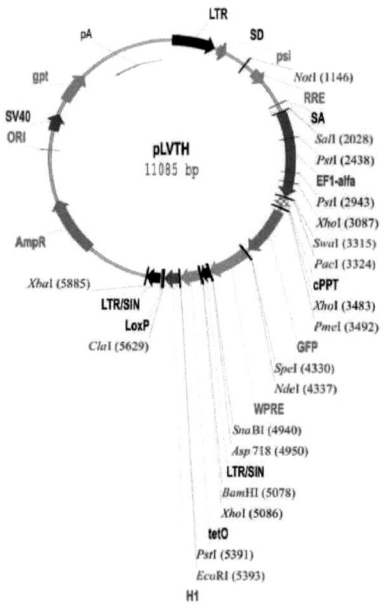

8.3.4 pCMV-δR8.2

(Addgene #12263)

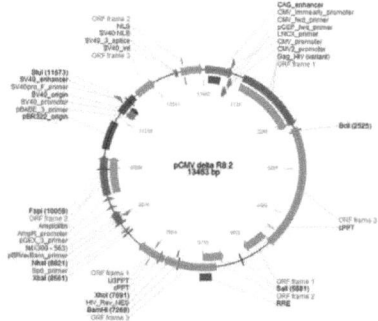

8.3.5 pMD.2G-VSVg

(Addgene #12259)

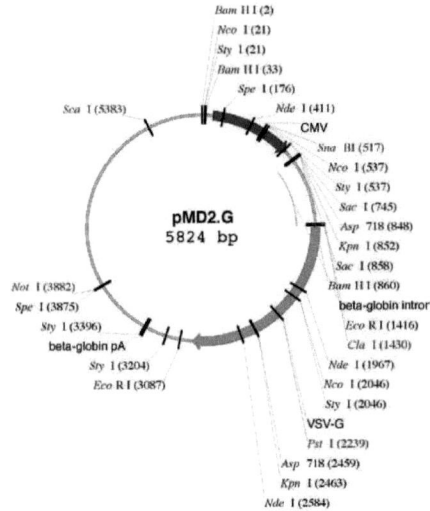

8.3.6 psPAX2

(Addgene #12260)

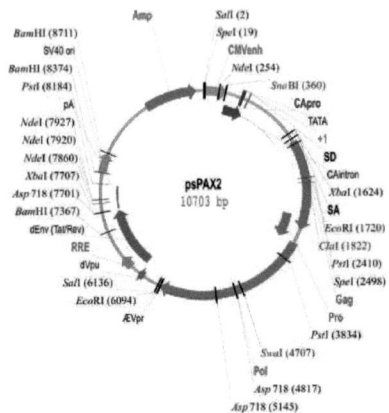

8.4 Plasmidsequenzen für shRNA Expression

- shRNA scramble Sequenz:
  Sense: 5'CCTAAGGTTAAGTCGCCCTCGCTCGAGCGAGGGCGACTTAACCTTAGG3'
  Antisense: 5'GGATTCCAATTCAGCGGGAGCGAGCTCGCTCCCGCTGAATTGGAATCC3'
- shRNA Rictor I (Addgene Plasmid 1853)
  Sense: 5'CCGGTACTTG TGAAGAATCG TATCTTCTCG AGAAGATACG ATTCTTCACA AGTTTTTTG3'
  Antisense: 5'AATTCAAAAA ACTTGTGAAG AATCGTATCT TCTCGAGAAG ATACGATTCT TCACAAGTA3'
- shRNA Rictor II (Addgene Plasmid 1854)
  Sense: 5'CGGG CAGCCT TGAAC TGTTTAAC TTCCTGTC ATTAAACAG TTCAAGGCT GCTTTTTG3'
  Antisense: 5'AATTCAAAA AGCAGCCTT GAACTGT TTAATGAC AGGAAGTT AAACAGTTC AAGGCTGC3'

8.5 Bakterien

Sämtliche Arbeiten mit Bakterien wurden mit *Escherichia coli* (*E.coli*) entsprechend der Richtlinien für GVOs (Genetisch Veränderte Organismen) durchgeführt, dabei wurden folgende Stämme eingesetzt:

- *E.coli* DH5α, die sich durch folgenden Genotyp auszeichnen:
  fhuA2 Δ(argF-lacZ)U169 phoA glnV44 Φ80 Δ(lacZ)M15 gyrA96 recA1 relA1 endA1 thi-1 hsdR17
- *E.coli* JM109, mit folgenden Genotyp:
  endA1, recA1, gyrA96, thi, hsdR17 (rk–, mk+), relA1, supE44, Δ(lac-proAB)
- *E.coli* Top10, mit folgenden genetischen Eigenschaften:
  mcrA, Δ(mrr-hsdRMS-mcrBC), Φ80lacZ(del)M15, ΔlacX74, deoR, recA1, araD139, Δ(ara-leu)7697, galU, galK, rpsL(SmR), endA1, nupG

8.6 Antikörper

8.6.1 Sekundärantikörper

Antikörper/Substanz	Verwendung	Hersteller
anti-Kaninchen aus Esel HRPO konjugiert	WB 1:25 000	Dianova 711-035-152
anti-Maus aus Esel HRPO konjugiert	WB 1:25 000	Dianova 715-035-151
anti-Ziege aus Esel HRPO konjugiert	WB 1:25 000	Dianova 705-035-147
anti-Maus aus Ziege Alexa Fluor 488 konjugiert	IF 1:1000	Invitrogen A11001
anti-Maus aus Ziege Alexa Fluor 594 konjugiert	IF 1:1000	Invitrogen A11005
anti-Ziege aus Esel Alexa Fluor 568 konjugiert	IF 1:1000	Invitrogen A11057

8.6.2 Antikörper für Western-Blot und Zytochemiefärbungen

Antikörper	kDa	Verwendung	Spezie	Hersteller
AKT	60	1:1000	Kaninchen	CST 9272
αTubulin	53	1:6000	Maus	Sigma T9026
Bcl-2	26	1:500	Kaninchen	sc-492
βAktin	42	1:5000	Maus	Sigma M4789
cleaved Caspase3	17-19	1:500	Kaninchen	CS 9661
ERK1/2, p44/42 MAPK	42-42	1:1000	Kaninchen	CST 9102
Fibronectin	220	1:500	Maus	sc-73611
GAP-DH	38	1:50 000	Maus	hytest
Kollagen I	80-200	1:5000	Kaninchen	ab34710
Kollagen II	90-140	1:500	Maus	scr-52658
Kollagen III	130+300	1:1000	Maus	ab6310
LC3B	16-18	1:1000	Kaninchen	novus NB100-2220
mTOR	289	1:1000	Kaninchen	CST 2972
Osteocalcin	7	1:500	Ziege	sc-18319
Osteopontin	62-30	1:1000	Kaninchen	ab8448
Osterix	48	1:5000	Kaninchen	ab22552
p16 ^{INK4a}	16	1:500	Kaninchen	sc-468
P70, S6K1, P70-S6	70	1:1000	Kaninchen	CST 9202
phospho AKT ^{S473}	60	1:1000	Kaninchen	CST 4060S
phospho AKT ^{T308}	60	1:1000	Kaninchen	CST 9275S
phospho ERK1/2 $^{T202/Y204}$	46	1:1000	Kaninchen	CST 4370S
phospho-P70 ^{T389}	73	1:1000	Kaninchen	CST 9205S
phospho-P70 $^{T421/S424}$	73	1:1000	Kaninchen	CST9204S
phospho S6 $^{S240/244}$	32	1:1000	Kaninchen	CST 5364
Raptor	150	1:1000	Kaninchen	CST 2280
Rictor	200	1:1000	Kaninchen	CST 9476
Runx2/Cbfa1	66	1:1000	Maus	MBL-D130-3

8.6.3 Antikörper für Immunfluoreszenzfärbung

Antikörper	in	Verwendung	Hersteller
ms anti BrdU	BrdU Färbelösung	1:1000 37°C 2h	CST 5292
rb pAKT^{S473}	3% Kaninchenserum PBS	1:200 RT über Nacht	CST 4080
rb pp70-S6^{T389}	3% Kaninchenserum PBS	1:100 RT über Nacht	sc-11759
rb Bcl-2	3% Kaninchenserum TBS-T-T	1:250 RT über Nacht	sc-492
rb p16^{INK4a}	3% Kaninchenserum TBS-T-T	1:250 RT über Nacht	sc-468
rb LC3B	3% Kaninchenserum TBS-T-T	1:250 RT über Nacht	Novus
rb Caspase 3	3% Kaninchenserum TBS-T-T	1:250 RT über Nacht	sc-7148

8.6.4 Antikörper für FACS-Analysen

Antikörper	in	Verwendung	Hersteller
Isotyp IgG2a FITC	1x FACS Puffer	3 µl/50 000 Zellen	BD 553456
anti-human CD45 FITC	1x FACS Puffer	3 µl/50 000 Zellen	BD 555492
anti-human CD45 PE	1x FACS Puffer	3 µl/50 000 Zellen	BD 555493
anti-human HLA-DQ FITC	1x FACS Puffer	3 µl/50 000 Zellen	BD 555563
Isotyp IgG2a, κ PE	1x FACS Puffer	3 µl/50 000 Zellen	BD 555574
anti-human HLA-DR FITC	1x FACS Puffer	3 µl/50 000 Zellen	BD 555811
anti-human CD14 FITC	1x FACS Puffer	3 µl/50 000 Zellen	BD 557153
anti-human CD14 PE	1x FACS Puffer	3 µl/50 000 Zellen	BD 557154
anti-human CD73 FITC	1x FACS Puffer	3 µl/50 000 Zellen	BD 561254
anti-human CD105 FITC	1x FACS Puffer	3 µl/50 000 Zellen	BD 561443
Isotyp IgG2a, κ	1x FACS Puffer	3 µl/50 000 Zellen	BD555573
anti-human CD18-PE	1x FACS Puffer	3 µl/50 000 Zellen	Immunotech 1570
anti-human CD11b PE	1x FACS Puffer	3 µl/50 000 Zellen	Immunotech 2581
Isotyp IgG1 PE	1x FACS Puffer	3 µl/50 000 Zellen	Immunotech 07796
anti-human CD14 FITC	1x FACS Puffer	3 µl/50 000 Zellen	Milteny 120-000-424
Isotyp IgG2 FITC	1x FACS Puffer	3 µl/50 000 Zellen	Milteny 120-002-125
anti-human CD45 FITC	1x FACS Puffer	3 µl/50 000 Zellen	Milteny 130-080-202
Isotyp IgG1 FITC	1x FACS Puffer	3 µl/50 000 Zellen	Milteny 130-081-002
anti-mouse-H-2Kk-FITC	1x FACS Puffer	3 µl/50 000 Zellen	Milteny 130-085-101
anti-human CD19 FITC	1x FACS Puffer	3 µl/50 000 Zellen	Milteny 130-091-328
anti-human CD34 FITC	1x FACS Puffer	3 µl/50 000 Zellen	Milteny 130-092-213
anti-human CD90 FITC	1x FACS Puffer	3 µl/50 000 Zellen	Milteny 130-095-403

8.7 Zellkultursubstanzen

Substanz	Hersteller	Katalog-Nr.
2-Phosho-L-Ascorbinsäuresalz	Sigma	49752
Ciprofloxacin	Applichem	A4589
Dexamethasone	Applichem	A2153
Salminsulfat	Roth	7194
Natriumpyruvat	Applichem	A4859
Rapamycin	LC Laboratories	R5000
MK2206	Selleckchem	S1078
human recomb. CTGF	Immunotools	11343486
human recomb. FGF-2	Immunotools	11343623
human recomb. FGF-23	R&D	2604-FG
human recomb. PDGF-BB	Sigma	P4306
human recomb. TGF-β1	CellSignalingTechnology	8915LC
Ficoll-Paque™ PLUS	GE Healthcare	17-1440-03
Ficoll-Paque™ PREMIUM 1.073	GE Healthcare	17-5446-52
Heparin 25000 IE/5ml	Rotexmedica	ETI3L318-15
Insulin 100 IE/ml	Berlin Chemie AG	HI-219
Indomethacin	Sigma	I-7378
3-Isobuty-1-methylxanthin	Serva	26445
Kalziumgluconat 10%	Braun	0042C13
DMEM-Powdered	PAA	G0001,3010
MEM alpha Modification	PAA	E15-862
DMEM 4,5 g/l Glucose	PAA	E15-009
FBS Gold	PAA	A15-151
Penicillin/Streptomycin 100x	PAA	P11-010
L-Glutamine 200 mM	PAA	M11-004
Dimethylsulfoxid	Applichem	A3672
Primocin	Invivogen	ant-pm-2
Kollagen G	Biochrom	L 7213
Trypsin EDTA (1:250) (10x)	PAA	L11-003
Accutase™	PAA	L11-007

8.8 Zellanzahl pro Kulturgefäß

Eingesetzte Zellzahl für die Kultivierung:

Gefäß	Oberfläche in cm^2	Zahl an MSCs/VSMCs	Medium-volumen	Zellen pro cm^2
T-25	25	7 500	5 ml	300
T-75	75	22 500	10 ml	300
T-175	175	52 500	20 ml	300

Eingesetzte Zellzahl für Versuche:

Gefäß	Oberfläche in cm^2	Zahl an MSCs/VSMCs	Medium-volumen	Zellen pro cm^2
96 well–1 well	0,3	4 500	100 µl	13 333
24 well–1 well	1,9	25 333	500 µl	13 333
12 well–1 well	3,8	50 667	1000 µl	13 333
6 well–1 well	9,4	125 333	2,5 ml	13 333
35 mm	8	106 667	1 ml	13 333
6 cm (Ø 5,2 cm)	21	280 000	3 ml	13 333
10 cm (Ø 8,4cm)	55	733 333	8 ml	13 333
15 cm (Ø 13,8 cm)	150	2 000 000	20 ml	13 333

8.9 Puffer und Lösungen

PUFFER/LÖSUNG	ENDKONZENTRATION	SUBSTANZ
Alizarin-Färbelösung	5%	Alizarin Red-S
	0,1 M	Borsäure
		pH 4,0 mit HCl
AMP Puffer	15,12 %	2-Amino-2-methyl-1-propanol
		pH 10,7 mit HCl
ALP Puffer 1x	150 mM	Tris pH 10
	0,1 mM	$ZnCl_2$
	0,1 mM	$MgCl_2$
	1%	TritonX-100
Alcian Färbelösung	1%	Alcian blue 8GX
	3%	Essigsäure
		pH 2,5 mit Essigsäure
APS (10%)	10%	Ammoniumpersulfat
Blocklösung 100ml	5%	Magermilchpulver
	1%	BSA
	94 ml	1x TBS-T
Borsäurepuffer	0,1 M	Borsäure
		pH 4,0 mit HCl
BrdU Färbelösung 1x	33 mM	Tris pH 8,0
	0.33 mM	$MgCl_2$
	0,5 mM	β-Mercaptoethanol
	0,1%	BSA
	1:500	BrdU Antikörper
	40 U/ml	DNase I
Ca^{2+}-Farbreagenz	6%	HCl
	157 µM	o-Cresolphthalein Komplex
	6.75 mM	8-Hydroxyquinolin
Chromatin-Lysepuffer	20 mM	Tris pH 7,5
	350 mM	NaCl
	1%	Triton X-100

PUFFER/LÖSUNG	ENDKONZENTRATION	SUBSTANZ
HBS 2x	0,05 M	HEPES
	0,28 M	NaCl
	1,5 mM	Na_2HPO_4
		pH 7.05
FACS Puffer 1x	137 mM	NaCl
	2,7 mM	KCl
	9 mM	Na_2HPO_4
	2,3 mM	KH_2PO_4
	0,5 mM	EDTA
	2-5%	FCS oder BSA
		pH 7,3
Laemmli Puffer 5x	250 mM, pH 7,5	Tris-HCl
	500 mM	DTT
	30%	Glycerol
	5%	SDS
	0,25%	Bromphenolblau
Laufpuffer MOPS 1x	50 mM	MOPS
	50 mM	Tris
	1 mM	EDTA pH 8,0
	0,1%	SDS
		ph 7,7
Laufpuffer Glycin-Tris 1x	25 mM	Tris
	250 mM	Glycin
	0,1%	SDS
		pH 8,3
KC Lösung 20x	0,1 M	$K_4Fe(CN)_6 \times 3H_2O$
	0,1 M	$K_3Fe(CN)_6$
	1x	PBS
	1 mM	$MgCl_2$
		pH 6,0
Oil-Red-O-Stocklösung	0,5%	Oil-Red-O (w/v)
	100%	Isopropanol
Oil-Red-O-Färbelösung	40%	Oil-Red-O Stocklösung
	60%	destilliertes Wasser
		Filtern durch 0,45 µm Filter

8.9 Puffer und Lösungen

PUFFER/LÖSUNG	ENDKONZENTRATION	SUBSTANZ
PBS 1x	137 mM	NaCl
	2,7 mM	KCl
	9 mM	Na_2HPO_4
	2,3 mM	KH_2PO_4
		pH 7,3
TAE 1x	40 mM	Tris
	20 mM	Essigsäure
	1 mM	EDTA pH 8,0
		pH 8,4
TBE 1x	89 mM	Tris
	89 mM	Borsäure
	2 mM	EDTA pH 8,0
TBS 1x	50 mM	Tris
	150 mM	NaCl
		pH 7,6-8,0
TBS-T 1x	50 mM	Tris
	150 mM	NaCl
	0,1%	Tween20
		pH 7,6-8,0
TBS-T-T 1x	50 mM	Tris
	150 mM	NaCl
	0,1%	Tween20
	0,1%	TritonX-100
		pH 7,6-8,0
Transfer-Puffer MOPS 1x	25 mM	BICIN
	25 mM	Bis-Tris
	1 mM	EDTA pH 8,0
	10%	Ethanol
Transfer-Puffer Glycin-Tris 1x	25 mM	BICIN
	39 mM	Glycin
	48 mM	Tris
	0,037%	SDS
	10%	Ethanol

PUFFER/LÖSUNG	ENDKONZENTRATION	SUBSTANZ
Stripping-Puffer	25 mM	Glycin
	3,5 mM	SDS
		pH 2 mit HCl
Gelpuffer 3,5x	1,25 M	Bis-Tris
		pH 6,5-6,8 mit HCl
Proteinmarker	2-5 µl pro Gel	Applichem A8889
RIPA-Lysepuffer	20 mM	Tris-HCl
	150 mM	NaCl
	1 mM	EDTA
	1 mM	EGTA
	1%	IGEPAL-C630
	0,1%	SDS
X-Gal Fixativ	0,5%	PFA
	0,25%	Glutaraldehyd
	1 mM	$MgCl_2$
	1x	PBS
		pH6,0
X-Gal Lösung	4%	X-Gal
	100%	N,N-Dimethylformamid

8.10 Acrylamid-Gelzusammensetzung

Für die Herstellung von Protein-Gelen wurden bei hoher benötigter Auftrennung MOPS-Gele und bei regulärer benötigter Auftrennung Glycin-Tris Gele gegossen. Dabei wurde die folgende Zusammensetzung gewählt, bei der der Begriff 30% AA-Mix für eine Lösung aus entgastem, 30%igem Acrylamid mit einer Beimischung von 1:37 aus 0,8 % Bis-acrylamid steht.

8.10.1 MOPS-Bicin-Gelsystem

Trenngel	6%	8.5%	10%	12.5%	15%	Sammelgel	5%
H_2O	4 ml	3,3 ml	2,9 ml	2,3 ml	1,6 ml	H_2O	1,0 ml
30%-AA-Mix	1,6 ml	2,3 ml	2,7 ml	3,3 ml	4 ml	30%-AA-Mix	350 µl
3,5 x Gelpuffer	2,3 ml	2,3 ml	2,3 ml	2,3 ml	2,3 ml	3,5 x Gelpuffer	600 µl
10%-APS	100 µl	100 µl	100 µl	100 µl	100 µl	10%-APS	30 µl
TEMED	10 µl	10 µl	10 µl	10 µl	10 µl	TEMED	5 µl
Volumen	8 ml	8 ml	8 ml	8 ml	8 ml	Volumen	2 ml

8.10.2 Tris-Glycin-Gelsystem

Trenngel	6%	8%	10%	12%	15%	Sammelgel	5%
H_2O	5.3 ml	4.6 ml	4.0 ml	3.3 ml	2.3 ml	H_2O	2.1 ml
30%-AA-Mix	2 ml	2.7 ml	3.3 ml	4.0 ml	5.0 ml	30%-AA-Mix	500 µl
Tris 1,5 M pH 8,8	2,5 ml	2,5 ml	2,5 ml	2,5 ml	2,5 ml	Tris 1,0 M pH 6,8	380 µl
10% SDS	100 µl	100 µl	100 µl	100 µl	100 µl	10% SDS	30 µl
10%-APS	100 µl	100 µl	100 µl	100 µl	100 µl	10%-APS	30 µl
TEMED	10 µl	10 µl	10 µl	10 µl	10 µl	TEMED	5 µl
Volumen	10 ml	10 ml	10 ml	10 ml	10 ml	Volumen	3,5 ml

8.11 Chemikalien und Reagenzien

8.11.1 Chemikalien

Substanz	Hersteller	Katalog Nr.
2-Amino-2-methyl-1-propanol	Applichem	A0838
2-Propanol, Isopropanol	Carl Roth	CP41.4
Aceton	Carl Roth	9372.1
Acrylamid 37,5:1 Rotiphorese® Gel	Carl Roth	3029.1
Agarose	Serva	11404
Albumin Fraktion V, BSA	Carl Roth	8076.2
Alcian Blue 8GX	Sigma	A3157
Alizarin Red S	Applichem	A2306
Aluminiumsulfate 18-Hydrat	Sigma	11044
Ammoniumpersulfat (APS)	Sigma Aldrich	A9164
Aqua Poly Mount	Polysciences Inc	18606
Bacto Agar	BD	214010
Bacto Trypton	BD	211705
Bacto Yeast Extract	BD	212750
BICIN	Carl Roth	9162.3
Bis-Tris	AppliChem	A1025
Borsäure	Roth	5935
Bromphenolblau	Sigma Aldrich	B6131
Coomassie Brilliant Blue G250	Biomol	03282.50
DAPI 5 mg/ml	D1306	Invitrogen
Direkt Rot 80	Fluka	43665
Dithiothreitol (DTT)	AppliChem	A1101
Essigsäure	Carl Roth	7332.1
Ethanol (absolut)	Carl Roth	9065.1
Ethanol (MEK, vergällt)	Herbeta Arzneimittel	70, 80, 96, 99%
Ethidiumbromid	Sigma Aldrich	E2518
Ethylendiamintetraessigsäure (EDTA)	Carl Roth	8040.2
Glutaraldehyde solution 50%	Applichem	A3166
Glycerin	Carl Roth	3783.2
Glycin	Serva	23390
Igepal CA-630	Sigma Aldrich	I3021
Kaliumchlorid	Merck	104.936
Kaliumhydroxid	Merck	105.033
Kaliumhexacyanoferrat II	AppliChem	A1867
Kaliumhexacyanoferrat III	AppliChem	A3883
Kalziumcarbonat	Roth	6230.1
Kalziumchlorid	Roth	A119.1
Kalziumchlorid Dihydrat	MERCK	1.02382.1000

Substanz	Hersteller	Katalog Nr.
Magermilchpulver	AppliChem	A0830
Magnesiumchlorid	Sigma Aldrich	M9272
Methanol	Carl Roth	4627.2
Morpholinopropansulfonsäure (MOPS)	AppliChem	A1076
N,N-Dimethylformamide	Sigma	D4551
Natriumazid	Sigma Aldrich	71290
Natriumchlorid	Carl Roth	3957.1
Natriumdihydrogensulfit Lsg.	Carl Roth	2371.1
Natriumdodecylsulfat (SDS)	Carl Roth	CN30.2
Natriumfluorid	Fluka	71518
Natriumhydroxid	Sigma Aldrich	6771.1
Natriumorthovanadat	Sigma Aldrich	450243
Natriumpyrophosphat	Sigma Aldrich	56422
Nitrophenyl-Phosphate-Disodium x6H$_2$O	Fluka	71768
o-Cresolphthalein Complexone	Fluka	64000
ortho-Phosphoric Acid	Merck	100.565
Oil-Red-O	Sigma	O0625
Phenol	Carl Roth	38.1
Paraformaldehyd	Sigma	158127
Pikrinsäure Lsg. 1,2%	Sigma Aldrich	P6744_16A
Pipes	Roth	9156.5
Propidium Iodid	S0957	BD
Ponceau Red S	Carl Roth	5938.2
Quinolin-8-ol	Sigma	22019
Salzsäure (37%), rauchend	Carl Roth	9277.1
Schwefelsäure	Carl Roth	X945.1
ß-Glycerophosphat	AppliChem	A2253
Tetramethylethylendiamin (TEMED)	Sigma Aldrich	87689
Tris	Carl Roth	4855.3
Tween 20	Applichem	A7564
X-Gal	Applichem	A1007
Xylene Cyanole FF	Sigma	X-4126
Zinkchlorid	Applichem	6285

8 Appendix

8.11.2 Komponenten für DNA-Arbeiten

Reagenzien	Hersteller	Katalog-Nr.
Ampli TaqDNA Polymerase	N808-0171	Applied Biosystems
10x PCR Buffer II	N808-0010	Applied Biosystems
$MgCl_2$ Solution	N808-0130	Applied Biosystems
dNTPs	U120-124B	Promega
dNTP Mix	N808-0260	Applied Biosystems
Agarose	11404	Serva
SeaKem LE Agarose	50002	Lonza
Ethidiumbromid	E2515	Sigma

Restriktionsendonukleasen	Katalog-Nr.	Hersteller
BamHI-HF	R3136	New England Biolabs
ClaI	R0197	New England Biolabs
EcoRI	R3101	New England Biolabs
HindIII-HF	R3104	New England Biolabs
KpnI-HF	R3142	New England Biolabs
NcoI	R0193	New England Biolabs
NotI	R0189	New England Biolabs
SalI	R0138	New England Biolabs
XbaI	R0145	New England Biolabs
XhoI	R0146	New England Biolabs
NEBuffer3	B7003	New England Biolabs
NEBuffer4	B7004	New England Biolabs

8.11.3 Fertigkomponenten

Reagenzien	Hersteller	Katalog-Nr.
Pierce ECL Western Blotting Substrate	Thermo Scientific	32209
SuperSignal West Pico	Thermo Scientific	34087
SuperSignal West Dura	Thermo Scientific	34076
Entwickler / Fixierer	AGFA	G138i, G334i
NucleoBond Xtra Plus Midi	Macherey & Nagel	740412
NucleoBond Xtra Plus Maxi	Macherey & Nagel	740416
NucleoBond Xtra Plus Maxi EF	Macherey & Nagel	740422
Cell Proliferation ELSA BrdU	Roche	1164722901
Cytotoxicity Detection Kit LDH	Roche	11644793001
Cell Death Detection ELISA[PLUS]	Roche	11774425001

Reagenzien	Hersteller	Katalog-Nr.
DC™ Protein Assay	Biorad	500-0113/4/5
PCR Mycoplasma Test Kit	Applichem	A3744
Venor GeM Mycoplasm Detection Kit	Minerva	11-1050
Rapid-DNA-Ligation-Kit	Roche	11 635 379 001
FACS Clean	BD	340345
FACS Flow	BD	342003
FACS Rinse	BD	340346

8.12 Verbrauchsmittel

Verbrauchsmaterial	Hersteller	Katalog-Nr.
Aluminiumfolie	Carl Roth	1770.1
Gefrierreaktionsgefäße 1,0 ml	Sarstedt	72.377
Gefrierreaktionsgefäße 1,6 ml	Sarstedt	72.380
Injektionsnadeln (steril)	Becton Dickinson	300 400
Injektionsnadeln (steril)	Becton Dickinson	301 300
Injektionsnadeln (steril)	Becton Dickinson	302 200
Injektionsspritzen 1, 10 und 15 ml	Becton Dickinson	300 1/47
Parafilm M	Pechiney Plastic Packaging	PM-999
Pasteurpipetten	Brand	7477_15
Pipettenspitzen 0,5-10 µl	Sarstedt	701.130
Pipettenspitzen 10-200 µl	Sarstedt	70.760.002
Pipettenspitzen 10-200 µl	Carl Roth	Y4119.1
Pipettenspitzen 200-1000 µl	Sarstedt	70.762.100
Pipettenspitzen 1-5 ml	Gilson	F161571
Reaktionsgefäße 1,5 und 2 ml	Sarstedt	72.706, 72.695
Röntgenfilme CL-Xposure™ Film	ThermoScientific	34089
Skalpell (einmal, steril)	Feather (Japan)	02.001.30.010
Transfermembran BioTrace™ NT	Pall Corporation (FL, USA)	P/N 66485
Transfermembran (PVDF 0,45 µm)	GE Healthcare (UK)	RPN 303F
Transfermembran (PVDF 0,45 µm)	St Cruz	PV4HY000GL
Verpackungsfolie (Saran)	Dow Chemical Company	710903
Wattestäbchen RotiLab	Carl Roth	EH111.1
Zentrifugenröhrchen 15 ml	BectonDickson Labware	352070
Zentrifugenröhrchen 50 ml	BectonDickson Labware	352096

8.13 Zellkulturmaterial

Verbrauchsmaterial	Hersteller	Katalog-Nr.
Zellkulturschalen 6 cm	TPP	93060
Zellkulturschalen 10 cm	TPP	93100
Zellkulturschalen 15 cm	TPP	93150
Zellkulturflaschen 75 cm^2	Sarstedt	831.813.002
Zellkulturflaschen 175 cm^2	Sarstedt	831.812
Zellkulturplatten, 6 Loch	BD Falcon	353046
Zellkulturplatten, 12 Loch	BD Falcon	353043
Zellkulturplatten, 24 Loch	BD Falcon	353047
Zellkulturplatten, 96 Loch	TPP	92696
4-Kammer Chamber Slide	Lab-Tec	177437
4-Kammer Chamber Slide	Nunc	138121
Aqua resist	VWR	462-7000
Pasteurpipetten, Glas	Brand	747715
Deckgläser rund 15 mm	Thermo scientific	P232.1
Deckgläser rund 12 mm	Thermo scientific	P231.1
Neubauer Zählkammer	Marienfeld	610030
Objektträger	Marienfeld	10 002 00
Deckgläser	Thermo Scientific	L191.1
Ultrazentrifugenröhrchen	Beckman	326823
serologische Pipetten 5 ml (steril)	Becton Dickinson Labware	35.75_25
serologische Pipetten 10 ml (steril)	Becton Dickinson Labware	35.75_43
serologische Pipetten 25 ml (steril)	Becton Dickinson Labware	35.75_51
serologische Pipetten 50 ml (steril)	TPP	P94550
Sterilfilter 0,2 µm	Carl Roth	P666.1
Sterilfilter 0,45 µm	Carl Roth	P667.1
pH-Indikatorstäbchen	Merck	1.09543.0001
Zellfilter 40 µm	BD Falcon	REF 352340
Zellfilter 70 µm	BD Falcon	REF352350
Zellfilter 100 µm	BD Falcon	REF 352360
Sterilfiltereinheit	Nalgene	595-4520

8.14 Laborgerätschaften

Geräte	Hersteller	Katalogbezeichnung
Kombigeräte		
Kühl/Gefrierschrank	Liebherr	Comfort „no frost"
Kühl/Gefrierschrank	Liebherr	Premium Kombi
Kühl/Gefrierschrank	Liebherr	Profi line (+ 4°C/ -20°C)
Kühl/Gefrierschrank	Bosch	Comfort (+ 4°C/ -20°C)
Tiefkühlgeräte (- 20°C)		
Gefrierschrank	Siemens	„no frost"
Gefrierschrank	Liebherr	Premium no frost
Tiefkühlgeräte (- 80°C)		
Gefrierschrank	New Brunswick	Ultra Low Freezer
Gefrierschrank	Heraeus	Hera freeze
Gefrierschrank	Thalheimer	Freezer -80°C
Analysenwaagen		
Feinwaage	Ohaus	Discovery DV 214 CM
Feinwaage	Mettler Toledo	AE 260 Delta Range
Feinwaage	Shimadzu	AW 220
Laborwaage	Ohaus	Scout Pro SPU-601
Laborwaage	Sartorius	Universal U 5000 D
Zentrifugen		
Tischzentrifuge Fresco 21	Heraeus	Fresco 21
Multifuge 15-R	Heraeus	Multifuge 15-R
GalaxyMiniStar SN	VWR	C1413V
Kühlzentrifuge Mikro200R	Hettich	Typ 2405
Tischzentrifuge Espresso	Thermo Elektron	Espresso 11210801
Kühlzentrifuge	Heraeus	Multifuge 1S-R
Kühlzentrifuge	Eppendorf	Centrifuge 5403
Ultrazentrifuge	Sorvall	Ultra Pro 80
Zentrifugeneinsatz	Sorvall	AH-629
Heiz- und Magnetrührer		
Heizrührer	IKA Labortechnik	RH basic
Heizrührer	IKA Labortechnik	RCT basic
Heizrührer	IKA Labortechnik	RH basic
Heizrührer	Heidolph	MR3001
Magnetrührer	IKA Werke	Mini MR standard
Magnetrührer	IKA Werke	Big SquidFroggy
Heizeinheiten		
Heizblock	VWR	Digital Heatblock II
Heizblock	Grant (UK)	QBD2
Inkubator	VWR	Orbital Shaker 2
Kochplatte	Severin	HMT 812 B

8 Appendix

Geräte	Hersteller	Katalogbezeichnung
Mikrowelle	Bosch	HMT 812 B
Thermomixer Comfort	Eppendorf	5355
Wasserbad	Unitherm	WA12
Inkubator	Thermo Scientific	HERA cell 240
Kühlgefäße / Aufbewahrung		
Eismaschine	Ziegra	72898
Dewargefäß N_2	Isotherm, KGW	26 B/BE
Dewargefäß N_2	Isotherm, KGW	28 B/BE
Stickstofftank	AirLiquide	ARPEGE 55
Stickstofftank	AirLiquide	ARPEGE 110
Mischgeräte		
Drehrad	Stuart	SB 2 rotator
Minishaker (Vortexer)	IKA Labortechnik	MS1
Rütteltisch Titramax	Heidolph	Titramax 100
Schwenktisch	Heidolph	Polymax 1040 T
Taumelrollenmischer	Marienfeld, Karl Hecht	RM 5-40
Heizmixer	Eppendorf	Thermomixer Comfort 5355
Rollmischer	VWR	VWR®Tube Rotator
Netzgeräte		
1000 mA	Biometra	PowerPack P25T
Power Source 250 V	VWR	TYP 250 Volt
Power Source 300 V	VWR	TYP 300 Volt
Power Supply2.0 P System	BioRad	Modell 200/2.0
PowerLab EPS-3500	Pharmacia Biotech	EPS-3500
Elektrophoresekammer		
Proteinelektrophorese	Biometra	Tankblot EcoMaxi
Proteinelektrophorese	BioRad	Mini Protean 4Cell
Proteinelektrophorese	InvitroGen	X Cell II Sure Lock
Proteinelektrophorese	BioStep	TV 400
Transferkammer	InvitroGen	X Cell II Blot Module
Transferkammer	BioRad	Transblot Cell
DNA-Elektrophorese	OWL Separationsystem	B1 (groß)
DNA-Elektrophorese	OWL Separationsystem	B1 (klein)
RNA-Elektrophorese	VWR	AGT-2
Cycler		
Peltier Thermal PTC-200	MJ Research	PTC-200
Thermal Cycler PX2	Electron Corparation	PX2
Real Time PCR	Roche	Light Cycler II
PCR System	Applied Biosystems	7500 Fast Real-Time
Pipettierhilfen		
Einkanalpipetten 0,5 – 1000 µl	Eppendorf	research
Einkanalpipetten 0,5 – 1000 µl	Brand	Transferpette®S
Einkanalpipetten 10 – 5000 µl	Gilson	pipetMan

Geräte	Hersteller	Katalogbezeichnung
Mehrkanalpipette	Brand	Transferpette®-8E
Mehrkanalpipette	VWR	613-5256
Pipettierhilfe	Hirschmann	Pipetus Standard
Pipettierhilfe	Roth	AccuJet
Pipettierhilfe	Neolab	NeoMotion D6016
pH-Messung		
pH-Elektrode Ag/AgCl	VWR	4002-789
pH-Messgerät	VWR	SymbHony SB 70P
pH-Lösungen 4, 7, 10	Orion	910_104/_107_110
Detektionsgeräte/zubehör		
Röntgenfilmentwicklung	Protec®	Protec Compact^2
UV-Detektion	Syngene Bio Imaging	Gene Flash
Multiplatten Photometer	Thermo Scientific	Multiskan Ascent 354
Nanodrop	Peqlab Biotechnologie	ND-1000
Blotdetektionseinheit	Syngene Bio Imaging	G-Box XL 1.4
Rotlichtlampe	PTW	5412
X-ray film HypercasseteTM	Amersham	RPN 12642
Durchflusszytometer	Beckton Dickinson	FACS Calibur
Mikroskope		
Fluoreszenzmikroskop	Carl Zeiss	Axio Imager A1
Kamera	Carl Zeiss	Axiocam HR
Mikroskop	Carl Zeiss	Axiovert CFL
Kamera	Canon	PowerShotA640
Sonstiges		
Glas-Homogenisator 2 ml	Schütt-Biotec	3.206 022
Glas-Pistill	Schütt-Biotec	3.207 022
Messkolben 25-2000 ml	Brandt	Deutschland
Glasflaschen 50-2000 ml	Schott	Deutschland
Wasserfilteranlage	Millipore	Milli-Q UF Plus

8.15 Computerprogramme, Server und Macros

LaTex mit Texmaker	Excel2LaTeX Erweiterung
Microsoft Office (Excel, Word, PowerPoint)	SmartDraw2010
GraphPadPrism6	PhotoFiltre 7.0.1
FoxitReader	ImageJ 1.43u
FreePDF	FinchTV sequence
GeneSys V1.2.9.0	GeneTools 4.02
ND-1000-V3.8.1	ELM-Server[30]
EXPASY-Server[31]	EBI Sequence Alignments[32]
Ensemble[33]	Biogazelle qbasePLUS
Primer 3 Input (Version 0.4.0)	Axiovision 4.4, Zeiss

Für Auswertungen von Immunfluoreszenzfärbungen wurden in dem Programm ImageJ einfache Macros erstellt.

Für Zellkern-Auszählungen lautete die Befehlsstruktur:

run(„8-bit");
setAutoThreshold(„Default");
run(„Threshold...");
setThreshold(34, 255);
run(„Convert to Mask");
run(„Fill Holes");
run(„Open");
run(„Watershed");
run(„Analyze Particles...", „size=110-Infinity circularity=0.00-1.00 show=Masks summarize")

Für das Zählen BrdU-positiver Zellen lautete die Befehlsstruktur:

run(„8-bit");
setAutoThreshold(„Default");
run(„Threshold...");
setThreshold(10, 255);
run(„Convert to Mask");
run(„Fill Holes");
run(„Open");
run(„Analyze Particles...", „size=110-Infinity circularity=0.00-1.00 show=Masks display summarize")

Literaturverzeichnis

[1] C. Aaij and P. Borst. The gel electrophoresis of DNA. *Biochim. Biophys. Acta*, 269(2):192–200, May 1972.

[2] M. Abedin, Y. Tintut, and L. L. Demer. Mesenchymal stem cells and the artery wall. *Circ. Res.*, 95(7):671–676, Oct 2004.

[3] J. C. Acosta, A. O'Loghlen, A. Banito, M. V. Guijarro, A. Augert, S. Raguz, M. Fumagalli, M. Da Costa, C. Brown, N. Popov, Y. Takatsu, J. Melamed, F. d'Adda di Fagagna, D. Bernard, E. Hernando, and J. Gil. Chemokine signaling via the CXCR2 receptor reinforces senescence. *Cell*, 133(6):1006–1018, Jun 2008.

[4] S. G. Adler, S. Schwartz, M. E. Williams, C. Arauz-Pacheco, W. K. Bolton, T. Lee, D. Li, T. B. Neff, P. R. Urquilla, and K. L. Sewell. Phase 1 study of anti-CTGF monoclonal antibody in patients with diabetes and microalbuminuria. *Clin J Am Soc Nephrol*, 5(8):1420–1428, Aug 2010.

[5] S. Aggarwal and M. F. Pittenger. Human mesenchymal stem cells modulate allogeneic immune cell responses. *Blood*, 105(4):1815–1822, Feb 2005.

[6] M. Ahmed and G. C. Kundu. Osteopontin selectively regulates p70S6K/mTOR phosphorylation leading to NF-kappaB dependent AP-1-mediated ICAM-1 expression in breast cancer cells. *Mol. Cancer*, 9:101, 2010.

[7] K. Akiyama, Y. O. You, T. Yamaza, C. Chen, L. Tang, Y. Jin, X. D. Chen, S. Gronthos, and S. Shi. Characterization of bone marrow derived mesenchymal stem cells in suspension. *Stem Cell Res Ther*, 3(5):40, Oct 2012.

[8] B. Alberts, A. Johnson, J. Lewis, M. Raff, K. Roberts, and P. Walter. *Molecular Biology of the Cell*. Number ISBN 0-8153-3218-1. Garland Science, New York.

[9] D. A. Alcorta, Y. Xiong, D. Phelps, G. Hannon, D. Beach, and J. C. Barrett. Involvement of the cyclin-dependent kinase inhibitor p16 (INK4a) in replicative senescence of normal human fibroblasts. *Proc. Natl. Acad. Sci. U.S.A.*, 93(24):13742–13747, Nov 1996.

[10] T. Alliston, L. Choy, P. Ducy, G. Karsenty, and R. Derynck. TGF-beta-induced repression of CBFA1 by Smad3 decreases cbfa1 and osteocalcin expression and inhibits osteoblast differentiation. *EMBO J.*, 20(9):2254–2272, May 2001.

[11] D. A. Altomare and J. R. Testa. Perturbations of the AKT signaling pathway in human cancer. *Oncogene*, 24(50):7455–7464, Nov 2005.

[12] A. F. Amos, D. J. McCarty, and P. Zimmet. The rising global burden of diabetes and its complications: estimates and projections to the year 2010. *Diabet. Med.*, 14 Suppl 5:1–85, 1997.

[13] H. C. Anderson. Vesicles associated with calcification in the matrix of epiphyseal cartilage. *J. Cell Biol.*, 41(1):59–72, Apr 1969.

[14] H. C. Anderson. Matrix vesicles and calcification. *Curr Rheumatol Rep*, 5(3):222–226, Jun 2003.

Literaturverzeichnis

[15] R. Anjum and J. Blenis. The RSK family of kinases: emerging roles in cellular signalling. *Nat. Rev. Mol. Cell Biol.*, 9(10):747–758, Oct 2008.

[16] P. Aspenberg and L. S. Lohmander. Fibroblast growth factor stimulates bone formation. Bone induction studied in rats. *Acta Orthop Scand*, 60(4):473–476, Aug 1989.

[17] J. E. Aubin and E. Bonnelye. Osteoprotegerin and its ligand: a new paradigm for regulation of osteoclastogenesis and bone resorption. *Osteoporos Int*, 11(11):905–913, 2000.

[18] A. M. Bader, A. Brodarac, K. Klose, K. Bieback, Y. H. Choi, A. Kurtz, and C. Stamm. Mechanisms of paracrine cardioprotection by cord blood mesenchymal stromal cells. *Eur J Cardiothorac Surg*, Feb 2014.

[19] X. Bai, D. Miao, J. Li, D. Goltzman, and A. C. Karaplis. Transgenic mice overexpressing human fibroblast growth factor 23 (R176Q) delineate a putative role for parathyroid hormone in renal phosphate wasting disorders. *Endocrinology*, 145(11):5269–5279, Nov 2004.

[20] H. Baker, A. Sidorowicz, S. N. Sehgal, and C. Vezina. Rapamycin (AY-22,989), a new antifungal antibiotic. III. In vitro and in vivo evaluation. *J. Antibiot.*, 31(6):539–545, Jun 1978.

[21] C. J. Bakkenist and M. B. Kastan. DNA damage activates ATM through intermolecular autophosphorylation and dimer dissociation. *Nature*, 421(6922):499–506, Jan 2003.

[22] Y. Bao, J. Han, F. B. Hu, E. L. Giovannucci, M. J. Stampfer, W. C. Willett, and C. S. Fuchs. Association of nut consumption with total and cause-specific mortality. *N. Engl. J. Med.*, 369(21):2001–2011, Nov 2013.

[23] N. C. Barbet, U. Schneider, S. B. Helliwell, I. Stansfield, M. F. Tuite, and M. N. Hall. TOR controls translation initiation and early G1 progression in yeast. *Mol. Biol. Cell*, 7(1):25–42, Jan 1996.

[24] A. Bartholomew, D. Polchert, E. Szilagyi, G. W. Douglas, and N. Kenyon. Mesenchymal stem cells in the induction of transplantation tolerance. *Transplantation*, 87(9 Suppl):S55–57, May 2009.

[25] V. Bassaneze, A. A. Miyakawa, and J. E. Krieger. A quantitative chemiluminescent method for studying replicative and stress-induced premature senescence in cell cultures. *Anal. Biochem.*, 372(2):198–203, Jan 2008.

[26] M. Battiwalla and P. Hematti. Mesenchymal stem cells in hematopoietic stem cell transplantation. *Cytotherapy*, 11(5):503–515, 2009.

[27] G. Bauriedel, R. Hutter, U. Welsch, R. Bach, H. Sievert, and B. Luderitz. Role of smooth muscle cell death in advanced coronary primary lesions: implications for plaque instability. *Cardiovasc. Res.*, 41(2):480–488, Feb 1999.

[28] V. L. Bautch. Stem cells and the vasculature. *Nat. Med.*, 17(11):1437–1443, 2011.

[29] J. A. Beckman, M. A. Creager, and P. Libby. Diabetes and atherosclerosis: epidemiology, pathophysiology, and management. *JAMA*, 287(19):2570–2581, May 2002.

[30] C. G. Bellows, J. E. Aubin, J. N. Heersche, and M. E. Antosz. Mineralized bone nodules formed in vitro from enzymatically released rat calvaria cell populations. *Calcif. Tissue Int.*, 38(3):143–154, Mar 1986.

[31] I. Bjedov, J. M. Toivonen, F. Kerr, C. Slack, J. Jacobson, A. Foley, and L. Partridge. Mechanisms of life span extension by rapamycin in the fruit fly Drosophila melanogaster. *Cell Metab.*, 11(1):35–46, Jan 2010.

[32] S. Bjorkerud and B. Bjorkerud. Apoptosis is abundant in human atherosclerotic lesions, especially in inflammatory cells (macrophages and T cells), and may contribute to the accumulation of gruel and plaque instability. *Am. J. Pathol.*, 149(2):367–380, Aug 1996.

[33] C. Borner. The Bcl-2 protein family: sensors and checkpoints for life-or-death decisions. *Mol. Immunol.*, 39(11):615–647, Jan 2003.

[34] C. D. Bortner, N. B. Oldenburg, and J. A. Cidlowski. The role of DNA fragmentation in apoptosis. *Trends Cell Biol.*, 5(1):21–26, Jan 1995.

[35] K. Bostrom, D. Tsao, S. Shen, Y. Wang, and L. L. Demer. Matrix GLA protein modulates differentiation induced by bone morphogenetic protein-2 in C3H10T1/2 cells. *J. Biol. Chem.*, 276(17):14044–14052, Apr 2001.

[36] K. Bostrom, K. E. Watson, S. Horn, C. Wortham, I. M. Herman, and L. L. Demer. Bone morphogenetic protein expression in human atherosclerotic lesions. *J. Clin. Invest.*, 91(4):1800–1809, Apr 1993.

[37] M. L. Bots, P. J. Breslau, E. Briet, A. M. de Bruyn, H. H. van Vliet, F. A. van den Ouweland, P. T. de Jong, A. Hofman, and D. E. Grobbee. Cardiovascular determinants of carotid artery disease. The Rotterdam Elderly Study. *Hypertension*, 19(6 Pt 2):717–720, Jun 1992.

[38] M. L. Bots, A. Hofman, A. M. de Bruyn, P. T. de Jong, and D. E. Grobbee. Isolated systolic hypertension and vessel wall thickness of the carotid artery. The Rotterdam Elderly Study. *Arterioscler. Thromb.*, 13(1):64–69, Jan 1993.

[39] E. J. Bowman, A. Siebers, and K. Altendorf. Bafilomycins: a class of inhibitors of membrane ATPases from microorganisms, animal cells, and plant cells. *Proc. Natl. Acad. Sci. U.S.A.*, 85(21):7972–7976, Nov 1988.

[40] M. Breitbach, T. Bostani, W. Roell, Y. Xia, O. Dewald, J. M. Nygren, J. W. Fries, K. Tiemann, H. Bohlen, J. Hescheler, A. Welz, W. Bloch, S. E. Jacobsen, and B. K. Fleischmann. Potential risks of bone marrow cell transplantation into infarcted hearts. *Blood*, 110(4):1362–1369, Aug 2007.

[41] A. J. Brenner, M. R. Stampfer, and C. M. Aldaz. Increased p16 expression with first senescence arrest in human mammary epithelial cells and extended growth capacity with p16 inactivation. *Oncogene*, 17(2):199–205, Jul 1998.

[42] M. Breuleux, M. Klopfenstein, C. Stephan, C. A. Doughty, L. Barys, S. M. Maira, D. Kwiatkowski, and H. A. Lane. Increased AKT S473 phosphorylation after mTORC1 inhibition is rictor dependent and does not predict tumor cell response to PI3K/mTOR inhibition. *Mol. Cancer Ther.*, 8(4):742–753, Apr 2009.

[43] E. J. Brown, P. A. Beal, C. T. Keith, J. Chen, T. B. Shin, and S. L. Schreiber. Control of p70 s6 kinase by kinase activity of FRAP in vivo. *Nature*, 377(6548):441–446, Oct 1995.

[44] S. P. Bruder, D. J. Fink, and A. I. Caplan. Mesenchymal stem cells in bone development, bone repair, and skeletal regeneration therapy. *J. Cell. Biochem.*, 56(3):283–294, Nov 1994.

[45] J. Brugarolas, K. Lei, R. L. Hurley, B. D. Manning, J. H. Reiling, E. Hafen, L. A. Witters, L. W. Ellisen, and W. G. Kaelin. Regulation of mTOR function in response to hypoxia by REDD1 and the TSC1/TSC2 tumor suppressor complex. *Genes Dev.*, 18(23):2893–2904, Dec 2004.

[46] A. Brunet, A. Bonni, M. J. Zigmond, M. Z. Lin, P. Juo, L. S. Hu, M. J. Anderson, K. C. Arden, J. Blenis, and M. E. Greenberg. Akt promotes cell survival by phosphorylating and inhibiting a Forkhead transcription factor. *Cell*, 96(6):857–868, Mar 1999.

[47] N. Bucay, I. Sarosi, C. R. Dunstan, S. Morony, J. Tarpley, C. Capparelli, S. Scully, H. L. Tan, W. Xu, D. L. Lacey, W. J. Boyle, and W. S. Simonet. osteoprotegerin-deficient mice develop early onset osteoporosis and arterial calcification. *Genes Dev.*, 12(9):1260–1268, May 1998.

[48] D. G. Burton, P. J. Giles, A. N. Sheerin, S. K. Smith, J. J. Lawton, E. L. Ostler, W. Rhys-Williams, D. Kipling, and R. G. Faragher. Microarray analysis of senescent vascular smooth muscle cells: A link to atherosclerosis and vascular calcification. *Exp. Gerontol.*, 44(10):659–665, Oct 2009.

[49] S. L. Cai, A. R. Tee, J. D. Short, J. M. Bergeron, J. Kim, J. Shen, R. Guo, C. L. Johnson, K. Kiguchi, and C. L. Walker. Activity of TSC2 is inhibited by AKT-mediated phosphorylation and membrane partitioning. *J. Cell Biol.*, 173(2):279–289, Apr 2006.

[50] C. Campagnoli, I. A. Roberts, S. Kumar, P. R. Bennett, I. Bellantuono, and N. M. Fisk. Identification of mesenchymal stem/progenitor cells in human first-trimester fetal blood, liver, and bone marrow. *Blood*, 98(8):2396–2402, Oct 2001.

[51] G. R. Campbell and J. H. Campbell. Vascular smooth muscle and arterial calcification. *Z Kardiol*, 89 Suppl 2:54–62, 2000.

[52] A. E. Canfield, A. B. Sutton, J. A. Hoyland, and A. M. Schor. Association of thrombospondin-1 with osteogenic differentiation of retinal pericytes in vitro. *J. Cell. Sci.*, 109 (Pt 2):343–353, Feb 1996.

[53] A. I. Caplan. Mesenchymal stem cells. *J. Orthop. Res.*, 9(5):641–650, Sep 1991.

[54] L. S. Carnevalli, K. Masuda, F. Frigerio, O. Le Bacquer, S. H. Um, V. Gandin, I. Topisirovic, N. Sonenberg, G. Thomas, and S. C. Kozma. S6K1 plays a critical role in early adipocyte differentiation. *Dev. Cell*, 18(5):763–774, May 2010.

[55] R. M. Castilho, C. H. Squarize, L. A. Chodosh, B. O. Williams, and J. S. Gutkind. mTOR mediates Wnt-induced epidermal stem cell exhaustion and aging. *Cell Stem Cell*, 5(3):279–289, Sep 2009.

[56] E. J. Caterson, L. J. Nesti, K. G. Danielson, and R. S. Tuan. Human marrow-derived mesenchymal progenitor cells: isolation, culture expansion, and analysis of differentiation. *Mol. Biotechnol.*, 20(3):245–256, Mar 2002.

[57] L. Chang and M. Karin. Mammalian MAP kinase signalling cascades. *Nature*, 410(6824):37–40, Mar 2001.

[58] D. Chen, M. Zhao, and G. R. Mundy. Bone morphogenetic proteins. *Growth Factors*, 22(4):233–241, Dec 2004.

[59] T. S. Chen, R. C. Lai, M. M. Lee, A. B. Choo, C. N. Lee, and S. K. Lim. Mesenchymal stem cell secretes microparticles enriched in pre-microRNAs. *Nucleic Acids Res.*, 38(1):215–224, Jan 2010.

[60] X. Chen, Y. Li, L. Wang, M. Katakowski, L. Zhang, J. Chen, Y. Xu, S. C. Gautam, and M. Chopp. Ischemic rat brain extracts induce human marrow stromal cell growth factor production. *Neuropathology*, 22(4):275–279, Dec 2002.

[61] Y. Chen, M. B. Azad, and S. B. Gibson. Superoxide is the major reactive oxygen species regulating autophagy. *Cell Death Differ.*, 16(7):1040–1052, Jul 2009.

[62] Y. Chen and S. B. Gibson. Is mitochondrial generation of reactive oxygen species a trigger for autophagy? *Autophagy*, 4(2):246–248, Feb 2008.

[63] H. Cheng, W. Jiang, F. M. Phillips, R. C. Haydon, Y. Peng, L. Zhou, H. H. Luu, N. An, B. Breyer, P. Vanichakarn, J. P. Szatkowski, J. Y. Park, and T. C. He. Osteogenic activity of the fourteen types of human bone morphogenetic proteins (BMPs). *J Bone Joint Surg Am*, 85-A(8):1544–1552, Aug 2003.

Literaturverzeichnis

[64] J. E. Chipuk and D. R. Green. PUMA cooperates with direct activator proteins to promote mitochondrial outer membrane permeabilization and apoptosis. *Cell Cycle*, 8(17):2692–2696, Sep 2009.

[65] T. J. Cho, L. C. Gerstenfeld, and T. A. Einhorn. Differential temporal expression of members of the transforming growth factor beta superfamily during murine fracture healing. *J. Bone Miner. Res.*, 17(3):513–520, Mar 2002.

[66] A. Y. Choo, S. O. Yoon, S. G. Kim, P. P. Roux, and J. Blenis. Rapamycin differentially inhibits S6Ks and 4E-BP1 to mediate cell-type-specific repression of mRNA translation. *Proc. Natl. Acad. Sci. U.S.A.*, 105(45):17414–17419, Nov 2008.

[67] H. Y. Chung, M. Cesari, S. Anton, E. Marzetti, S. Giovannini, A. Y. Seo, C. Carter, B. P. Yu, and C. Leeuwenburgh. Molecular inflammation: underpinnings of aging and age-related diseases. *Ageing Res. Rev.*, 8(1):18–30, Jan 2009.

[68] J. Chung, T. C. Grammer, K. P. Lemon, A. Kazlauskas, and J. Blenis. PDGF- and insulin-dependent pp70S6k activation mediated by phosphatidylinositol-3-OH kinase. *Nature*, 370(6484):71–75, Jul 1994.

[69] J. Chung, C. J. Kuo, G. R. Crabtree, and J. Blenis. Rapamycin-FKBP specifically blocks growth-dependent activation of and signaling by the 70 kd S6 protein kinases. *Cell*, 69(7):1227–1236, Jun 1992.

[70] A. Cimmino, G. A. Calin, M. Fabbri, M. V. Iorio, M. Ferracin, M. Shimizu, S. E. Wojcik, R. I. Aqeilan, S. Zupo, M. Dono, L. Rassenti, H. Alder, S. Volinia, C. G. Liu, T. J. Kipps, M. Negrini, and C. M. Croce. miR-15 and miR-16 induce apoptosis by targeting BCL2. *Proc. Natl. Acad. Sci. U.S.A.*, 102(39):13944–13949, Sep 2005.

[71] A. Clerk, I. K. Aggeli, K. Stathopoulou, and P. H. Sugden. Peptide growth factors signal differentially through protein kinase C to extracellular signal-regulated kinases in neonatal cardiomyocytes. *Cell. Signal.*, 18(2):225–235, Feb 2006.

[72] A. R. Conery, Y. Cao, E. A. Thompson, C. M. Townsend, T. C. Ko, and K. Luo. Akt interacts directly with Smad3 to regulate the sensitivity to TGF-beta induced apoptosis. *Nat. Cell Biol.*, 6(4):366–372, Apr 2004.

[73] M. N. Corradetti, K. Inoki, N. Bardeesy, R. A. DePinho, and K. L. Guan. Regulation of the TSC pathway by LKB1: evidence of a molecular link between tuberous sclerosis complex and Peutz-Jeghers syndrome. *Genes Dev.*, 18(13):1533–1538, Jul 2004.

[74] S. Cory and J. M. Adams. The Bcl2 family: regulators of the cellular life-or-death switch. *Nat. Rev. Cancer*, 2(9):647–656, Sep 2002.

[75] M. A. Creager, T. F. Luscher, F. Cosentino, and J. A. Beckman. Diabetes and vascular disease: pathophysiology, clinical consequences, and medical therapy: Part I. *Circulation*, 108(12):1527–1532, Sep 2003.

[76] B. P. Crider, X. S. Xie, and D. K. Stone. Bafilomycin inhibits proton flow through the H+ channel of vacuolar proton pumps. *J. Biol. Chem.*, 269(26):17379–17381, Jul 1994.

[77] D. Crighton, S. Wilkinson, J. O'Prey, N. Syed, P. Smith, P. R. Harrison, M. Gasco, O. Garrone, T. Crook, and K. M. Ryan. DRAM, a p53-induced modulator of autophagy, is critical for apoptosis. *Cell*, 126(1):121–134, Jul 2006.

[78] M. Crisan, C. W. Chen, M. Corselli, G. Andriolo, L. Lazzari, and B. Peault. Perivascular multipotent progenitor cells in human organs. *Ann. N. Y. Acad. Sci.*, 1176:118–123, Sep 2009.

[79] M. Crisan, S. Yap, L. Casteilla, C. W. Chen, M. Corselli, T. S. Park, G. Andriolo, B. Sun, B. Zheng, L. Zhang, C. Norotte, P. N. Teng, J. Traas, R. Schugar, B. M. Deasy, S. Badylak, H. J. Buhring, J. P. Giacobino, L. Lazzari, J. Huard, and B. Peault. A perivascular origin for mesenchymal stem cells in multiple human organs. *Cell Stem Cell*, 3(3):301–313, Sep 2008.

[80] M. J. Crop, C. C. Baan, S. S. Korevaar, J. N. Ijzermans, I. P. Alwayn, W. Weimar, and M. J. Hoogduijn. Donor-derived mesenchymal stem cells suppress alloreactivity of kidney transplant patients. *Transplantation*, 87(6):896–906, Mar 2009.

[81] L. da Silva Meirelles, A. I. Caplan, and N. B. Nardi. In search of the in vivo identity of mesenchymal stem cells. *Stem Cells*, 26(9):2287–2299, Sep 2008.

[82] F. d'Adda di Fagagna, P. M. Reaper, L. Clay-Farrace, H. Fiegler, P. Carr, T. Von Zglinicki, G. Saretzki, N. P. Carter, and S. P. Jackson. A DNA damage checkpoint response in telomere-initiated senescence. *Nature*, 426(6963):194–198, Nov 2003.

[83] X. Y. Dai, M. M. Zhao, Y. Cai, Q. C. Guan, Y. Zhao, Y. Guan, W. Kong, W. G. Zhu, M. J. Xu, and X. Wang. Phosphate-induced autophagy counteracts vascular calcification by reducing matrix vesicle release. *Kidney Int.*, 83(6):1042–1051, Jun 2013.

[84] D. J. de Jager, D. C. Grootendorst, K. J. Jager, P. C. van Dijk, L. M. Tomas, D. Ansell, F. Collart, P. Finne, J. G. Heaf, J. De Meester, J. F. Wetzels, F. R. Rosendaal, and F. W. Dekker. Cardiovascular and noncardiovascular mortality among patients starting dialysis. *JAMA*, 302(16):1782–1789, Oct 2009.

[85] R. De Smet, J. Van Kaer, B. Van Vlem, A. De Cubber, P. Brunet, N. Lameire, and R. Vanholder. Toxicity of free p-cresol: a prospective and cross-sectional analysis. *Clin. Chem.*, 49(3):470–478, Mar 2003.

[86] L. L. Demer and Y. Tintut. Vascular calcification: pathobiology of a multifaceted disease. *Circulation*, 117(22):2938–2948, Jun 2008.

[87] J. B. Denault, B. P. Eckelman, H. Shin, C. Pop, and G. S. Salvesen. Caspase 3 attenuates XIAP (X-linked inhibitor of apoptosis protein)-mediated inhibition of caspase 9. *Biochem. J.*, 405(1):11–19, Jul 2007.

[88] Z. L. Deng, K. A. Sharff, N. Tang, W. X. Song, J. Luo, X. Luo, J. Chen, E. Bennett, R. Reid, D. Manning, A. Xue, A. G. Montag, H. H. Luu, R. C. Haydon, and T. C. He. Regulation of osteogenic differentiation during skeletal development. *Front. Biosci.*, 13:2001–2021, 2008.

[89] R. Derynck, R. J. Akhurst, and A. Balmain. TGF-beta signaling in tumor suppression and cancer progression. *Nat. Genet.*, 29(2):117–129, Oct 2001.

[90] A. S. Dhillon, S. Hagan, O. Rath, and W. Kolch. MAP kinase signalling pathways in cancer. *Oncogene*, 26(22):3279–3290, May 2007.

[91] A. Di Leonardo, S. P. Linke, K. Clarkin, and G. M. Wahl. DNA damage triggers a prolonged p53-dependent G1 arrest and long-term induction of Cip1 in normal human fibroblasts. *Genes Dev.*, 8(21):2540–2551, Nov 1994.

[92] M. Di Nicola, C. Carlo-Stella, M. Magni, M. Milanesi, P. D. Longoni, P. Matteucci, S. Grisanti, and A. M. Gianni. Human bone marrow stromal cells suppress T-lymphocyte proliferation induced by cellular or nonspecific mitogenic stimuli. *Blood*, 99(10):3838–3843, May 2002.

[93] C. C. Dibble and B. D. Manning. Signal integration by mTORC1 coordinates nutrient input with biosynthetic output. *Nat. Cell Biol.*, 15(6):555–564, Jun 2013.

[94] P. F. Dijkers, R. H. Medema, J. W. Lammers, L. Koenderman, and P. J. Coffer. Expression of the pro-apoptotic Bcl-2 family member Bim is regulated by the forkhead transcription factor FKHR-L1. *Curr. Biol.*, 10(19):1201–1204, Oct 2000.

[95] F. Djouad, L. M. Charbonnier, C. Bouffi, P. Louis-Plence, C. Bony, F. Apparailly, C. Cantos, C. Jorgensen, and D. Noel. Mesenchymal stem cells inhibit the differentiation of dendritic cells through an interleukin-6-dependent mechanism. *Stem Cells*, 25(8):2025–2032, Aug 2007.

[96] F. Djouad, P. Plence, C. Bony, P. Tropel, F. Apparailly, J. Sany, D. Noel, and C. Jorgensen. Immunosuppressive effect of mesenchymal stem cells favors tumor growth in allogeneic animals. *Blood*, 102(10):3837–3844, Nov 2003.

[97] F. Djouad, P. Plence, C. Bony, P. Tropel, F. Apparailly, J. Sany, D. Noel, and C. Jorgensen. Immunosuppressive effect of mesenchymal stem cells favors tumor growth in allogeneic animals. *Blood*, 102(10):3837–3844, Nov 2003.

[98] F. Dol-Gleizes, N. Delesque-Touchard, A. M. Mares, A. L. Nestor, P. Schaeffer, and F. Bono. A new synthetic FGF receptor antagonist inhibits arteriosclerosis in a mouse vein graft model and atherosclerosis in apolipoprotein E-deficient mice. *PLoS ONE*, 8(11):e80027, 2013.

[99] M. Dominici, K. Le Blanc, I. Mueller, I. Slaper-Cortenbach, F. Marini, D. Krause, R. Deans, A. Keating, D. j. Prockop, and E. Horwitz. Minimal criteria for defining multipotent mesenchymal stromal cells. The International Society for Cellular Therapy position statement. *Cytotherapy*, 8(4):315–317, 2006.

[100] O. Dormond, J. C. Madsen, and D. M. Briscoe. The effects of mTOR-Akt interactions on antiapoptotic signaling in vascular endothelial cells. *J. Biol. Chem.*, 282(32):23679–23686, Aug 2007.

[101] F. Du, F. Yu, Y. Wang, Y. Hui, K. Carnevale, M. Fu, H. Lu, and D. Fan. MicroRNA-155 Deficiency Results in Deceased Macrophage Inflammation and Attenuated Atherogenesis in Apolipoprotein E-Deficient Mice. *Arterioscler. Thromb. Vasc. Biol.*, Feb 2014.

[102] A. Dufner and G. Thomas. Ribosomal S6 kinase signaling and the control of translation. *Exp. Cell Res.*, 253(1):100–109, Nov 1999.

[103] A. Dupont, D. Corseaux, O. Dekeyzer, H. Drobecq, A. L. Guihot, S. Susen, A. Vincentelli, P. Amouyel, B. Jude, and F. Pinet. The proteome and secretome of human arterial smooth muscle cells. *Proteomics*, 5(2):585–596, Feb 2005.

[104] A. Dupont and F. Pinet. The proteome and secretome of human arterial smooth muscle cell. *Methods Mol. Biol.*, 357:225–233, 2007.

[105] M. M. Dvorak, A. Siddiqua, D. T. Ward, D. H. Carter, S. L. Dallas, E. F. Nemeth, and D. Riccardi. Physiological changes in extracellular calcium concentration directly control osteoblast function in the absence of calciotropic hormones. *Proc. Natl. Acad. Sci. U.S.A.*, 101(14):5140–5145, Apr 2004.

[106] S. Edlund, S. Bu, N. Schuster, P. Aspenstrom, R. Heuchel, N. E. Heldin, P. ten Dijke, C. H. Heldin, and M. Landstrom. Transforming growth factor-beta1 (TGF-beta)-induced apoptosis of prostate cancer cells involves Smad7-dependent activation of p38 by TGF-beta-activated kinase 1 and mitogen-activated protein kinase kinase 3. *Mol. Biol. Cell*, 14(2):529–544, Feb 2003.

[107] P. W. Eggers. The aging pandemic: demographic changes in the general and end-stage renal disease populations. *Semin. Nephrol.*, 29(6):551–554, Nov 2009.

[108] M. Eijken, M. Koedam, M. van Driel, C. J. Buurman, H. A. Pols, and J. P. van Leeuwen. The essential role of glucocorticoids for proper human osteoblast differentiation and matrix mineralization. *Mol. Cell. Endocrinol.*, 248(1-2):87–93, Mar 2006.

[109] A. Erlebacher and R. Derynck. Increased expression of TGF-beta 2 in osteoblasts results in an osteoporosis-like phenotype. *J. Cell Biol.*, 132(1-2):195–210, Jan 1996.

[110] V. P. Eswarakumar, I. Lax, and J. Schlessinger. Cellular signaling by fibroblast growth factor receptors. *Cytokine Growth Factor Rev.*, 16(2):139–149, Apr 2005.

[111] Wlodarski et al. Properties and origin of osteoblasts. *Clin. Orthop. Relat. Res.*, (252):276–293, Mar 1990.

[112] P. Fabrizio, F. Pozza, S. D. Pletcher, C. M. Gendron, and V. D. Longo. Regulation of longevity and stress resistance by Sch9 in yeast. *Science*, 292(5515):288–290, Apr 2001.

[113] V. Facchinetti, W. Ouyang, H. Wei, N. Soto, A. Lazorchak, C. Gould, C. Lowry, A. C. Newton, Y. Mao, R. Q. Miao, W. C. Sessa, J. Qin, P. Zhang, B. Su, and E. Jacinto. The mammalian target of rapamycin complex 2 controls folding and stability of Akt and protein kinase C. *EMBO J.*, 27(14):1932–1943, Jul 2008.

[114] C. Farrington-Rock, N. J. Crofts, M. J. Doherty, B. A. Ashton, C. Griffin-Jones, and A. E. Canfield. Chondrogenic and adipogenic potential of microvascular pericytes. *Circulation*, 110(15):2226–2232, Oct 2004.

[115] Y. Fei, L. Xiao, T. Doetschman, D. J. Coffin, and M. M. Hurley. Fibroblast growth factor 2 stimulation of osteoblast differentiation and bone formation is mediated by modulation of the Wnt signaling pathway. *J. Biol. Chem.*, 286(47):40575–40583, Nov 2011.

[116] J. Fellenberg, H. Saehr, B. Lehner, and D. Depeweg. A microRNA signature differentiates between giant cell tumor derived neoplastic stromal cells and mesenchymal stem cells. *Cancer Lett.*, 321(2):162–168, Aug 2012.

[117] N. Fiotti, C. Giansante, E. Ponte, C. Delbello, S. Calabrese, T. Zacchi, A. Dobrina, and G. Guarnieri. Atherosclerosis and inflammation. Patterns of cytokine regulation in patients with peripheral arterial disease. *Atherosclerosis*, 145(1):51–60, Jul 1999.

[118] G. L. Firestone, J. R. Giampaolo, and B. A. O'Keeffe. Stimulus-dependent regulation of serum and glucocorticoid inducible protein kinase (SGK) transcription, subcellular localization and enzymatic activity. *Cell. Physiol. Biochem.*, 13(1):1–12, 2003.

[119] K. M. Fischer, C. T. Cottage, W. Wu, S. Din, N. A. Gude, D. Avitabile, P. Quijada, B. L. Collins, J. Fransioli, and M. A. Sussman. Enhancement of myocardial regeneration through genetic engineering of cardiac progenitor cells expressing Pim-1 kinase. *Circulation*, 120(21):2077–2087, Nov 2009.

[120] L. A. Fitzpatrick, A. Severson, W. D. Edwards, and R. T. Ingram. Diffuse calcification in human coronary arteries. Association of osteopontin with atherosclerosis. *J. Clin. Invest.*, 94(4):1597–1604, Oct 1994.

[121] S. M. Flechner, D. Goldfarb, C. Modlin, J. Feng, V. Krishnamurthi, B. Mastroianni, K. Savas, D. J. Cook, and A. C. Novick. Kidney transplantation without calcineurin inhibitor drugs: a prospective, randomized trial of sirolimus versus cyclosporine. *Transplantation*, 74(8):1070–1076, Oct 2002.

[122] C. Franceschi, M. Capri, D. Monti, S. Giunta, F. Olivieri, F. Sevini, M. P. Panourgia, L. Invidia, L. Celani, M. Scurti, E. Cevenini, G. C. Castellani, and S. Salvioli. Inflammaging and anti-inflammaging: a systemic perspective on aging and longevity emerged from studies in humans. *Mech. Ageing Dev.*, 128(1):92–105, Jan 2007.

[123] T. F. Franke, D. R. Kaplan, L. C. Cantley, and A. Toker. Direct regulation of the Akt proto-oncogene product by phosphatidylinositol-3,4-bisphosphate. *Science*, 275(5300):665–668, Jan 1997.

[124] M. Franquesa, M. J. Hoogduijn, M. E. Reinders, E. Eggenhofer, A. U. Engela, F. K. Mensah, J. Torras, A. Pileggi, C. van Kooten, B. Mahon, O. Detry, F. C. Popp, V. Benseler, F. Casiraghi, C. Johnson, J. Ancans, B. Fillenberg, O. delaRosa, J. M. Aran, M. Roemeling-van Rhijn, M. Roemeling-vanRhijn, J. Pinxteren, N. Perico, E. Gotti, B. Christ, J. Reading, M. Introna, R. Deans, M. Shagidulin, R. Farre, A. Rambaldi, A. Sanchez-Fueyo, N. Obermajer, A. Pulin, F. J. Dor, I. Portero-Sanchez, C. C. Baan, T. J. Rabelink, G. Remuzzi, M. G. Betjes, M. H. Dahlke, and J. M. Grinyo. Mesenchymal Stem Cells in Solid Organ Transplantation (MiSOT) Fourth Meeting: lessons learned from first clinical trials. *Transplantation*, 96(3):234–238, Aug 2013.

[125] A. Freund, A. V. Orjalo, P. Y. Desprez, and J. Campisi. Inflammatory networks during cellular senescence: causes and consequences. *Trends Mol Med*, 16(5):238–246, May 2010.

[126] M. A. Frias, C. C. Thoreen, J. D. Jaffe, W. Schroder, T. Sculley, S. A. Carr, and D. M. Sabatini. mSin1 is necessary for Akt/PKB phosphorylation, and its isoforms define three distinct mTORC2s. *Curr. Biol.*, 16(18):1865–1870, Sep 2006.

[127] A. J. Friedenstein, K. V. Petrakova, A. I. Kurolesova, and G. P. Frolova. Heterotopic of bone marrow. Analysis of precursor cells for osteogenic and hematopoietic tissues. *Transplantation*, 6(2):230–247, Mar 1968.

[128] S. Fukumoto. Actions and mode of actions of FGF19 subfamily members. *Endocr. J.*, 55(1):23–31, Mar 2008.

[129] J. M. Garcia-Martinez and D. R. Alessi. mTOR complex 2 (mTORC2) controls hydrophobic motif phosphorylation and activation of serum- and glucocorticoid-induced protein kinase 1 (SGK1). *Biochem. J.*, 416(3):375–385, Dec 2008.

[130] E. Gerdoni, B. Gallo, S. Casazza, S. Musio, I. Bonanni, E. Pedemonte, R. Mantegazza, F. Frassoni, G. Mancardi, R. Pedotti, and A. Uccelli. Mesenchymal stem cells effectively modulate pathogenic immune response in experimental autoimmune encephalomyelitis. *Ann. Neurol.*, 61(3):219–227, Mar 2007.

[131] B. Gharibi, S. Farzadi, M. Ghuman, and F. J. Hughes. Inhibition of Akt/mTOR attenuates age-related changes in mesenchymal stem cells. *Stem Cells*, Mar 2014.

[132] A. C. Gingras, S. P. Gygi, B. Raught, R. D. Polakiewicz, R. T. Abraham, M. F. Hoekstra, R. Aebersold, and N. Sonenberg. Regulation of 4E-BP1 phosphorylation: a novel two-step mechanism. *Genes Dev.*, 13(11):1422–1437, Jun 1999.

[133] A. Giordano, S. Romano, M. Mallardo, A. D'Angelillo, G. Cali, N. Corcione, P. Ferraro, and M. F. Romano. FK506 can activate transforming growth factor-beta signalling in vascular smooth muscle cells and promote proliferation. *Cardiovasc. Res.*, 79(3):519–526, Aug 2008.

[134] S. Glennie, I. Soeiro, P. J. Dyson, E. W. Lam, and F. Dazzi. Bone marrow mesenchymal stem cells induce division arrest anergy of activated T cells. *Blood*, 105(7):2821–2827, Apr 2005.

[135] R. Goetz, A. Beenken, O. A. Ibrahimi, J. Kalinina, S. K. Olsen, A. V. Eliseenkova, C. Xu, T. A. Neubert, F. Zhang, R. J. Linhardt, X. Yu, K. E. White, T. Inagaki, S. A. Kliewer, M. Yamamoto, H. Kurosu, Y. Ogawa, B. Lanske, M. S. Razzaque, and M. Mohammadi. Molecular insights into the klotho-dependent, endocrine mode of action of fibroblast growth factor 19 subfamily members. *Mol. Cell. Biol.*, 27(9):3417–3428, May 2007.

[136] D. Gospodarowicz, G. Neufeld, and L. Schweigerer. Fibroblast growth factor: structural and biological properties. *J Cell Physiol Suppl*, Suppl 5:15–26, 1987.

[137] N. Gotoh. Regulation of growth factor signaling by FRS2 family docking/scaffold adaptor proteins. *Cancer Sci.*, 99(7):1319–1325, Jul 2008.

Literaturverzeichnis

[138] D. J. Grainger, D. E. Mosedale, and J. C. Metcalfe. TGF-beta in blood: a complex problem. *Cytokine Growth Factor Rev.*, 11(1-2):133–145, 2000.

[139] M. B. Greenblatt, J. H. Shim, and L. H. Glimcher. Mitogen-activated protein kinase pathways in osteoblasts. *Annu. Rev. Cell Dev. Biol.*, 29:63–79, 2013.

[140] M. B. Greenblatt, J. H. Shim, W. Zou, D. Sitara, M. Schweitzer, D. Hu, S. Lotinun, Y. Sano, R. Baron, J. M. Park, S. Arthur, M. Xie, M. D. Schneider, B. Zhai, S. Gygi, R. Davis, and L. H. Glimcher. The p38 MAPK pathway is essential for skeletogenesis and bone homeostasis in mice. *J. Clin. Invest.*, 120(7):2457–2473, Jul 2010.

[141] E. L. Greer and A. Brunet. FOXO transcription factors in ageing and cancer. *Acta Physiol (Oxf)*, 192(1):19–28, Jan 2008.

[142] O. A. Gressner, M. Fang, H. Li, L. G. Lu, A. M. Gressner, and C. F. Gao. Connective tissue growth factor (CTGF/CCN2) in serum is an indicator of fibrogenic progression and malignant transformation in patients with chronic hepatitis B infection. *Clin. Chim. Acta*, 421:126–131, Jun 2013.

[143] A. Gross, J. M. McDonnell, and S. J. Korsmeyer. BCL-2 family members and the mitochondria in apoptosis. *Genes Dev.*, 13(15):1899–1911, Aug 1999.

[144] D. A. Guertin, D. M. Stevens, M. Saitoh, S. Kinkel, K. Crosby, J. H. Sheen, D. J. Mullholland, M. A. Magnuson, H. Wu, and D. M. Sabatini. mTOR complex 2 is required for the development of prostate cancer induced by Pten loss in mice. *Cancer Cell*, 15(2):148–159, Feb 2009.

[145] D. A. Guertin, D. M. Stevens, C. C. Thoreen, A. A. Burds, N. Y. Kalaany, J. Moffat, M. Brown, K. J. Fitzgerald, and D. M. Sabatini. Ablation in mice of the mTORC components raptor, rictor, or mLST8 reveals that mTORC2 is required for signaling to Akt-FOXO and PKCalpha, but not S6K1. *Dev. Cell*, 11(6):859–871, Dec 2006.

[146] J. M. Gump and A. Thorburn. Autophagy and apoptosis: what is the connection? *Trends Cell Biol.*, 21(7):387–392, Jul 2011.

[147] D. M. Gwinn, D. B. Shackelford, D. F. Egan, M. M. Mihaylova, A. Mery, D. S. Vasquez, B. E. Turk, and R. J. Shaw. AMPK phosphorylation of raptor mediates a metabolic checkpoint. *Mol. Cell*, 30(2):214–226, Apr 2008.

[148] S. M. Haffner, S. Lehto, T. Ronnemaa, K. Pyorala, and M. Laakso. Mortality from coronary heart disease in subjects with type 2 diabetes and in nondiabetic subjects with and without prior myocardial infarction. *N. Engl. J. Med.*, 339(4):229–234, Jul 1998.

[149] F. Hall-Glenn and K. M. Lyons. Roles for CCN2 in normal physiological processes. *Cell. Mol. Life Sci.*, 68(19):3209–3217, Oct 2011.

[150] H. Hanada, Y. Moriyama, M. Maeda, and M. Futai. Kinetic studies of chromaffin granule H+-ATPase and effects of bafilomycin A1. *Biochem. Biophys. Res. Commun.*, 170(2):873–878, Jul 1990.

[151] K. M. Hannan, Y. Brandenburger, A. Jenkins, K. Sharkey, A. Cavanaugh, L. Rothblum, T. Moss, G. Poortinga, G. A. McArthur, R. B. Pearson, and R. D. Hannan. mTOR-dependent regulation of ribosomal gene transcription requires S6K1 and is mediated by phosphorylation of the carboxy-terminal activation domain of the nucleolar transcription factor UBF. *Mol. Cell. Biol.*, 23(23):8862–8877, Dec 2003.

[152] E. Hara, R. Smith, D. Parry, H. Tahara, S. Stone, and G. Peters. Regulation of p16CDKN2 expression and its implications for cell immortalization and senescence. *Mol. Cell. Biol.*, 16(3):859–867, Mar 1996.

[153] K. Hara, Y. Maruki, X. Long, K. Yoshino, N. Oshiro, S. Hidayat, C. Tokunaga, J. Avruch, and K. Yonezawa. Raptor, a binding partner of target of rapamycin (TOR), mediates TOR action. *Cell*, 110(2):177–189, Jul 2002.

[154] K. Hara, K. Yonezawa, M. T. Kozlowski, T. Sugimoto, K. Andrabi, Q. P. Weng, M. Kasuga, I. Nishimoto, and J. Avruch. Regulation of eIF-4E BP1 phosphorylation by mTOR. *J. Biol. Chem.*, 272(42):26457–26463, Oct 1997.

[155] H. Harada, J. S. Andersen, M. Mann, N. Terada, and S. J. Korsmeyer. p70S6 kinase signals cell survival as well as growth, inactivating the pro-apoptotic molecule BAD. *Proc. Natl. Acad. Sci. U.S.A.*, 98(17):9666–9670, Aug 2001.

[156] D. G. Hardie. AMP-activated/SNF1 protein kinases: conserved guardians of cellular energy. *Nat. Rev. Mol. Cell Biol.*, 8(10):774–785, Oct 2007.

[157] D. E. Harrison, R. Strong, Z. D. Sharp, J. F. Nelson, C. M. Astle, K. Flurkey, N. L. Nadon, J. E. Wilkinson, K. Frenkel, C. S. Carter, M. Pahor, M. A. Javors, E. Fernandez, and R. A. Miller. Rapamycin fed late in life extends lifespan in genetically heterogeneous mice. *Nature*, 460(7253):392–395, Jul 2009.

[158] K. C. Hart, S. C. Robertson, M. Y. Kanemitsu, A. N. Meyer, J. A. Tynan, and D. J. Donoghue. Transformation and Stat activation by derivatives of FGFR1, FGFR3, and FGFR4. *Oncogene*, 19(29):3309–3320, Jul 2000.

[159] M. Q. Hassan, J. A. Gordon, M. M. Beloti, C. M. Croce, A. J. van Wijnen, J. L. Stein, G. S. Stein, and J. B. Lian. A network connecting Runx2, SATB2, and the miR-23a 27a 24-2 cluster regulates the osteoblast differentiation program. *Proc. Natl. Acad. Sci. U.S.A.*, 107(46):19879–19884, Nov 2010.

[160] L. Hayflick. The limited in vitro lifespan of human diploid cell strains. *Exp. Cell Res.*, 37:614–636, 1965.

[161] B. Hegner, M. Lange, A. Kusch, K. Essin, O. Sezer, E. Schulze-Lohoff, F. C. Luft, M. Gollasch, and D. Dragun. mTOR regulates vascular smooth muscle cell differentiation from human bone marrow-derived mesenchymal progenitors. *Arterioscler. Thromb. Vasc. Biol.*, 29(2):232–238, Feb 2009.

[162] C. H. Heldin and B. Westermark. Mechanism of action and in vivo role of platelet-derived growth factor. *Physiol. Rev.*, 79(4):1283–1316, Oct 1999.

[163] P. Hernigou, A. Poignard, F. Beaujean, and H. Rouard. Percutaneous autologous bone-marrow grafting for nonunions. Influence of the number and concentration of progenitor cells. *J Bone Joint Surg Am*, 87(7):1430–1437, Jul 2005.

[164] S. Heymans, M. F. Corsten, W. Verhesen, P. Carai, R. E. van Leeuwen, K. Custers, T. Peters, M. Hazebroek, L. Stoger, E. Wijnands, B. J. Janssen, E. E. Creemers, Y. M. Pinto, D. Grimm, N. Schurmann, E. Vigorito, T. Thum, F. Stassen, X. Yin, M. Mayr, L. J. de Windt, E. Lutgens, K. Wouters, M. P. de Winther, S. Zacchigna, M. Giacca, M. van Bilsen, A. P. Papageorgiou, and B. Schroen. Macrophage microRNA-155 promotes cardiac hypertrophy and failure. *Circulation*, 128(13):1420–1432, Sep 2013.

[165] H. Hirai, H. Sootome, Y. Nakatsuru, K. Miyama, S. Taguchi, K. Tsujioka, Y. Ueno, H. Hatch, P. K. Majumder, B. S. Pan, and H. Kotani. MK-2206, an allosteric Akt inhibitor, enhances antitumor efficacy by standard chemotherapeutic agents or molecular targeted drugs in vitro and in vivo. *Mol. Cancer Ther.*, 9(7):1956–1967, Jul 2010.

[166] K. K. Hirschi and P. A. D'Amore. Pericytes in the microvasculature. *Cardiovasc. Res.*, 32(4):687–698, Oct 1996.

[167] R. V. Hoch and P. Soriano. Roles of PDGF in animal development. *Development*, 130(20):4769–4784, Oct 2003.

[168] M. K. Holz, B. A. Ballif, S. P. Gygi, and J. Blenis. mTOR and S6K1 mediate assembly of the translation preinitiation complex through dynamic protein interchange and ordered phosphorylation events. *Cell*, 123(4):569–580, Nov 2005.

[169] N. Hosokawa, T. Hara, T. Kaizuka, C. Kishi, A. Takamura, Y. Miura, S. Iemura, T. Natsume, K. Takehana, N. Yamada, J. L. Guan, N. Oshiro, and N. Mizushima. Nutrient-dependent mTORC1 association with the ULK1-Atg13-FIP200 complex required for autophagy. *Mol. Biol. Cell*, 20(7):1981–1991, Apr 2009.

[170] G. Howard, T. A. Manolio, G. L. Burke, S. K. Wolfson, and D. H. O'Leary. Does the association of risk factors and atherosclerosis change with age? An analysis of the combined ARIC and CHS cohorts. The Atherosclerosis Risk in Communities (ARIC) and Cardiovascular Health Study (CHS) investigators. *Stroke*, 28(9):1693–1701, Sep 1997.

[171] S. Hu, M. Huang, Z. Li, F. Jia, Z. Ghosh, M. A. Lijkwan, P. Fasanaro, N. Sun, X. Wang, F. Martelli, R. C. Robbins, and J. C. Wu. MicroRNA-210 as a novel therapy for treatment of ischemic heart disease. *Circulation*, 122(11 Suppl):S124–131, Sep 2010.

[172] J. Huang, G. Y. Lam, and J. H. Brumell. Autophagy signaling through reactive oxygen species. *Antioxid. Redox Signal.*, 14(11):2215–2231, Jun 2011.

[173] J. Huang, L. Zhao, L. Xing, and D. Chen. MicroRNA-204 regulates Runx2 protein expression and mesenchymal progenitor cell differentiation. *Stem Cells*, 28(2):357–364, Feb 2010.

[174] N. F. Huang and S. Li. Mesenchymal stem cells for vascular regeneration. *Regen Med*, 3(6):877–892, Nov 2008.

[175] R. D. Hughes. Review of methods to remove protein-bound substances in liver failure. *Int J Artif Organs*, 25(10):911–917, Oct 2002.

[176] S. E. Hughes, D. Crossman, and P. A. Hall. Expression of basic and acidic fibroblast growth factors and their receptor in normal and atherosclerotic human arteries. *Cardiovasc. Res.*, 27(7):1214–1219, Jul 1993.

[177] J. E. Hutti, E. T. Jarrell, J. D. Chang, D. W. Abbott, P. Storz, A. Toker, L. C. Cantley, and B. E. Turk. A rapid method for determining protein kinase phosphorylation specificity. *Nat. Methods*, 1(1):27–29, Oct 2004.

[178] M. Igarashi, N. Kamiya, M. Hasegawa, T. Kasuya, T. Takahashi, and M. Takagi. Inductive effects of dexamethasone on the gene expression of Cbfa1, Osterix and bone matrix proteins during differentiation of cultured primary rat osteoblasts. *J. Mol. Histol.*, 35(1):3–10, Jan 2004.

[179] T. Ikenoue, K. Inoki, Q. Yang, X. Zhou, and K. L. Guan. Essential function of TORC2 in PKC and Akt turn motif phosphorylation, maturation and signalling. *EMBO J.*, 27(14):1919–1931, Jul 2008.

[180] K. Inoki, Y. Li, T. Xu, and K. L. Guan. Rheb GTPase is a direct target of TSC2 GAP activity and regulates mTOR signaling. *Genes Dev.*, 17(15):1829–1834, Aug 2003.

[181] K. Inoki, H. Ouyang, T. Zhu, C. Lindvall, Y. Wang, X. Zhang, Q. Yang, C. Bennett, Y. Harada, K. Stankunas, C. Y. Wang, X. He, O. A. MacDougald, M. You, B. O. Williams, and K. L. Guan. TSC2 integrates Wnt and energy signals via a coordinated phosphorylation by AMPK and GSK3 to regulate cell growth. *Cell*, 126(5):955–968, Sep 2006.

[182] H. Inose, H. Ochi, A. Kimura, K. Fujita, R. Xu, S. Sato, M. Iwasaki, S. Sunamura, Y. Takeuchi, S. Fukumoto, K. Saito, T. Nakamura, H. Siomi, H. Ito, Y. Arai, K. Shinomiya, and S. Takeda. A microRNA regulatory mechanism of osteoblast differentiation. *Proc. Natl. Acad. Sci. U.S.A.*, 106(49):20794–20799, Dec 2009.

[183] C. Iribarren, S. Sidney, B. Sternfeld, and W. S. Browner. Calcification of the aortic arch: risk factors and association with coronary heart disease, stroke, and peripheral vascular disease. *JAMA*, 283(21):2810–2815, Jun 2000.

[184] S. Isomoto, K. Hattori, H. Ohgushi, H. Nakajima, Y. Tanaka, and Y. Takakura. Rapamycin as an inhibitor of osteogenic differentiation in bone marrow-derived mesenchymal stem cells. *J Orthop Sci*, 12(1):83–88, Jan 2007.

[185] F. Itoh, H. Asao, K. Sugamura, C. H. Heldin, P. ten Dijke, and S. Itoh. Promoting bone morphogenetic protein signaling through negative regulation of inhibitory Smads. *EMBO J.*, 20(15):4132–4142, Aug 2001.

[186] T. Iwai, J. Murai, H. Yoshikawa, and N. Tsumaki. Smad7 Inhibits chondrocyte differentiation at multiple steps during endochondral bone formation and down-regulates p38 MAPK pathways. *J. Biol. Chem.*, 283(40):27154–27164, Oct 2008.

[187] V. P. Iyemere, D. Proudfoot, P. L. Weissberg, and C. M. Shanahan. Vascular smooth muscle cell phenotypic plasticity and the regulation of vascular calcification. *J. Intern. Med.*, 260(3):192–210, Sep 2006.

[188] E. Jacinto, V. Facchinetti, D. Liu, N. Soto, S. Wei, S. Y. Jung, Q. Huang, J. Qin, and B. Su. SIN1/MIP1 maintains rictor-mTOR complex integrity and regulates Akt phosphorylation and substrate specificity. *Cell*, 127(1):125–137, Oct 2006.

[189] E. Jacinto, R. Loewith, A. Schmidt, S. Lin, M. A. Ruegg, A. Hall, and M. N. Hall. Mammalian TOR complex 2 controls the actin cytoskeleton and is rapamycin insensitive. *Nat. Cell Biol.*, 6(11):1122–1128, Nov 2004.

[190] C. W. Jang, C. H. Chen, C. C. Chen, J. Y. Chen, Y. H. Su, and R. H. Chen. TGF-beta induces apoptosis through Smad-mediated expression of DAP-kinase. *Nat. Cell Biol.*, 4(1):51–58, Jan 2002.

[191] V. Janzen, R. Forkert, H. E. Fleming, Y. Saito, M. T. Waring, D. M. Dombkowski, T. Cheng, R. A. DePinho, N. E. Sharpless, and D. T. Scadden. Stem-cell ageing modified by the cyclin-dependent kinase inhibitor p16INK4a. *Nature*, 443(7110):421–426, Sep 2006.

[192] P. Jeno, L. M. Ballou, I. Novak-Hofer, and G. Thomas. Identification and characterization of a mitogen-activated S6 kinase. *Proc. Natl. Acad. Sci. U.S.A.*, 85(2):406–410, Jan 1988.

[193] K. Jia, D. Chen, and D. L. Riddle. The TOR pathway interacts with the insulin signaling pathway to regulate C. elegans larval development, metabolism and life span. *Development*, 131(16):3897–3906, Aug 2004.

[194] X. X. Jiang, Y. Zhang, B. Liu, S. X. Zhang, Y. Wu, X. D. Yu, and N. Mao. Human mesenchymal stem cells inhibit differentiation and function of monocyte-derived dendritic cells. *Blood*, 105(10):4120–4126, May 2005.

[195] H. Jin, C. X. Xu, H. T. Lim, S. J. Park, J. Y. Shin, Y. S. Chung, S. C. Park, S. H. Chang, H. J. Youn, K. H. Lee, Y. S. Lee, Y. C. Ha, C. H. Chae, G. R. Beck, and M. H. Cho. High dietary inorganic phosphate increases lung tumorigenesis and alters Akt signaling. *Am. J. Respir. Crit. Care Med.*, 179(1):59–68, Jan 2009.

[196] R. C. Johnson, J. A. Leopold, and J. Loscalzo. Vascular calcification: pathobiological mechanisms and clinical implications. *Circ. Res.*, 99(10):1044–1059, Nov 2006.

[197] S.C. Johnson, P.S. Rabinovitch, and M. Kaeberlein. mTOR is a key modulator of ageing and age-related disease. *Nature*, 493(7432):338–45, Jan 2013.

[198] B. Johnstone, T. M. Hering, A. I. Caplan, V. M. Goldberg, and J. U. Yoo. In vitro chondrogenesis of bone marrow-derived mesenchymal progenitor cells. *Exp. Cell Res.*, 238(1):265–272, Jan 1998.

[199] E. Jones and D. McGonagle. Human bone marrow mesenchymal stem cells in vivo. *Rheumatology (Oxford)*, 47(2):126–131, Feb 2008.

[200] S. Jono, M. D. McKee, C. E. Murry, A. Shioi, Y. Nishizawa, K. Mori, H. Morii, and C. M. Giachelli. Phosphate regulation of vascular smooth muscle cell calcification. *Circ. Res.*, 87(7):E10–17, Sep 2000.

[201] V. Joukov, K. Pajusola, A. Kaipainen, D. Chilov, I. Lahtinen, E. Kukk, O. Saksela, N. Kalkkinen, and K. Alitalo. A novel vascular endothelial growth factor, VEGF-C, is a ligand for the Flt4 (VEGFR-3) and KDR (VEGFR-2) receptor tyrosine kinases. *EMBO J.*, 15(2):290–298, Jan 1996.

[202] M. Julien, S. Khoshniat, A. Lacreusette, M. Gatius, A. Bozec, E. F. Wagner, Y. Wittrant, M. Masson, P. Weiss, L. Beck, D. Magne, and J. Guicheux. Phosphate-dependent regulation of MGP in osteoblasts: role of ERK1/2 and Fra-1. *J. Bone Miner. Res.*, 24(11):1856–1868, Nov 2009.

[203] M. Julien, D. Magne, M. Masson, M. Rolli-Derkinderen, O. Chassande, C. Cario-Toumaniantz, Y. Cherel, P. Weiss, and J. Guicheux. Phosphate stimulates matrix Gla protein expression in chondrocytes through the extracellular signal regulated kinase signaling pathway. *Endocrinology*, 148(2):530–537, Feb 2007.

[204] J. I. Jun and L. F. Lau. Taking aim at the extracellular matrix: CCN proteins as emerging therapeutic targets. *Nat Rev Drug Discov*, 10(12):945–963, Dec 2011.

[205] C. H. Jung, C. B. Jun, S. H. Ro, Y. M. Kim, N. M. Otto, J. Cao, M. Kundu, and D. H. Kim. ULK-Atg13-FIP200 complexes mediate mTOR signaling to the autophagy machinery. *Mol. Biol. Cell*, 20(7):1992–2003, Apr 2009.

[206] Y. Kabeya, N. Mizushima, A. Yamamoto, S. Oshitani-Okamoto, Y. Ohsumi, and T. Yoshimori. LC3, GABARAP and GATE16 localize to autophagosomal membrane depending on form-II formation. *J. Cell. Sci.*, 117(Pt 13):2805–2812, Jun 2004.

[207] M. Kaeberlein, R. W. Powers, K. K. Steffen, E. A. Westman, D. Hu, N. Dang, E. O. Kerr, K. T. Kirkland, S. Fields, and B. K. Kennedy. Regulation of yeast replicative life span by TOR and Sch9 in response to nutrients. *Science*, 310(5751):1193–1196, Nov 2005.

[208] T. Kaizuka, T. Hara, N. Oshiro, U. Kikkawa, K. Yonezawa, K. Takehana, S. Iemura, T. Natsume, and N. Mizushima. Tti1 and Tel2 are critical factors in mammalian target of rapamycin complex assembly. *J. Biol. Chem.*, 285(26):20109–20116, Jun 2010.

[209] R. R. Kalyani, M. Corriere, and L. Ferrucci. Age-related and disease-related muscle loss: the effect of diabetes, obesity, and other diseases. *Lancet Diabetes Endocrinol*, Mar 2014.

[210] Y. Kamada, Y. Fujioka, N. N. Suzuki, F. Inagaki, S. Wullschleger, R. Loewith, M. N. Hall, and Y. Ohsumi. Tor2 directly phosphorylates the AGC kinase Ypk2 to regulate actin polarization. *Mol. Cell. Biol.*, 25(16):7239–7248, Aug 2005.

[211] S. Kang, S. Elf, S. Dong, T. Hitosugi, K. Lythgoe, A. Guo, H. Ruan, S. Lonial, H. J. Khoury, I. R. Williams, B. H. Lee, J. L. Roesel, G. Karsenty, A. Hanauer, J. Taunton, T. J. Boggon, T. L. Gu, and J. Chen. Fibroblast growth factor receptor 3 associates with and tyrosine phosphorylates p90 RSK2, leading to RSK2 activation that mediates hematopoietic transformation. *Mol. Cell. Biol.*, 29(8):2105–2117, Apr 2009.

[212] S. K. Kang, I. S. Shin, M. S. Ko, J. Y. Jo, and J. C. Ra. Journey of mesenchymal stem cells for homing: strategies to enhance efficacy and safety of stem cell therapy. *Stem Cells Int*, 2012:342968, 2012.

[213] P. Kapahi, D. Chen, A. N. Rogers, S. D. Katewa, P. W. Li, E. L. Thomas, and L. Kockel. With TOR, less is more: a key role for the conserved nutrient-sensing TOR pathway in aging. *Cell Metab.*, 11(6):453–465, Jun 2010.

[214] P. Kapahi, B. M. Zid, T. Harper, D. Koslover, V. Sapin, and S. Benzer. Regulation of lifespan in Drosophila by modulation of genes in the TOR signaling pathway. *Curr. Biol.*, 14(10):885–890, May 2004.

[215] O. F. Khan, M. D. Chamberlain, and M. V. Sefton. Toward an in vitro vasculature: differentiation of mesenchymal stromal cells within an endothelial cell-seeded modular construct in a microfluidic flow chamber. *Tissue Eng Part A*, 18(7-8):744–756, Apr 2012.

[216] T. Kihara, M. Hirose, A. Oshima, and H. Ohgushi. Exogenous type I collagen facilitates osteogenic differentiation and acts as a substrate for mineralization of rat marrow mesenchymal stem cells in vitro. *Biochem. Biophys. Res. Commun.*, 341(4):1029–1035, Mar 2006.

[217] D. H. Kim, D. D. Sarbassov, S. M. Ali, J. E. King, R. R. Latek, H. Erdjument-Bromage, P. Tempst, and D. M. Sabatini. mTOR interacts with raptor to form a nutrient-sensitive complex that signals to the cell growth machinery. *Cell*, 110(2):163–175, Jul 2002.

[218] D. H. Kim, D. D. Sarbassov, S. M. Ali, R. R. Latek, K. V. Guntur, H. Erdjument-Bromage, P. Tempst, and D. M. Sabatini. GbetaL, a positive regulator of the rapamycin-sensitive pathway required for the nutrient-sensitive interaction between raptor and mTOR. *Mol. Cell*, 11(4):895–904, Apr 2003.

[219] E. Kim, P. Goraksha-Hicks, L. Li, T. P. Neufeld, and K. L. Guan. Regulation of TORC1 by Rag GTPases in nutrient response. *Nat. Cell Biol.*, 10(8):935–945, Aug 2008.

[220] S. G. Kim, G. R. Buel, and J. Blenis. Nutrient regulation of the mTOR complex 1 signaling pathway. *Mol. Cells*, 35(6):463–473, Jun 2013.

[221] S. J. Kim, S. Y. Kim, C. H. Kwon, and Y. K. Kim. Differential effect of FGF and PDGF on cell proliferation and migration in osteoblastic cells. *Growth Factors*, 25(2):77–86, Apr 2007.

[222] K. W. Kinnally and B. Antonsson. A tale of two mitochondrial channels, MAC and PTP, in apoptosis. *Apoptosis*, 12(5):857–868, May 2007.

[223] P. Klint and L. Claesson-Welsh. Signal transduction by fibroblast growth factor receptors. *Front. Biosci.*, 4:D165–177, Feb 1999.

[224] M. W. Knaapen, M. J. Davies, M. De Bie, A. J. Haven, W. Martinet, and M. M. Kockx. Apoptotic versus autophagic cell death in heart failure. *Cardiovasc. Res.*, 51(2):304–312, Aug 2001.

[225] L. Kockeritz, B. Doble, S. Patel, and J.R. Woodgett. Glycogen synthase kinase-3: an overview of an over-achieving protein kinase. *Current Drug Targets*, 7:1377–13888, 2006.

[226] M. M. Kockx, G. R. De Meyer, J. Muhring, W. Jacob, H. Bult, and A. G. Herman. Apoptosis and related proteins in different stages of human atherosclerotic plaques. *Circulation*, 97(23):2307–2315, Jun 1998.

[227] M. Komaki, T. Katagiri, and T. Suda. Bone morphogenetic protein-2 does not alter the differentiation pathway of committed progenitors of osteoblasts and chondroblasts. *Cell Tissue Res.*, 284(1):9–17, Apr 1996.

[228] K. S. Kovacina, G. Y. Park, S. S. Bae, A. W. Guzzetta, E. Schaefer, M. J. Birnbaum, and R. A. Roth. Identification of a proline-rich Akt substrate as a 14-3-3 binding partner. *J. Biol. Chem.*, 278(12):10189–10194, Mar 2003.

[229] A. Kowarsch, C. Marr, D. Schmidl, A. Ruepp, and F. J. Theis. Tissue-specific target analysis of disease-associated microRNAs in human signaling pathways. *PLoS ONE*, 5(6):e11154, 2010.

[230] M. Krampera, L. Cosmi, R. Angeli, A. Pasini, F. Liotta, A. Andreini, V. Santarlasci, B. Mazzinghi, G. Pizzolo, F. Vinante, P. Romagnani, E. Maggi, S. Romagnani, and F. Annunziato. Role for interferon-gamma in the immunomodulatory activity of human bone marrow mesenchymal stem cells. *Stem Cells*, 24(2):386–398, Feb 2006.

[231] M. Krampera, S. Glennie, J. Dyson, D. Scott, R. Laylor, E. Simpson, and F. Dazzi. Bone marrow mesenchymal stem cells inhibit the response of naive and memory antigen-specific T cells to their cognate peptide. *Blood*, 101(9):3722–3729, May 2003.

[232] I. Kratchmarova, B. Blagoev, M. Haack-Sorensen, M. Kassem, and M. Mann. Mechanism of divergent growth factor effects in mesenchymal stem cell differentiation. *Science*, 308(5727):1472–1477, Jun 2005.

[233] J. Krishnamurthy, C. Torrice, M. R. Ramsey, G. I. Kovalev, K. Al-Regaiey, L. Su, and N. E. Sharpless. Ink4a/Arf expression is a biomarker of aging. *J. Clin. Invest.*, 114(9):1299–1307, Nov 2004.

[234] K. Ksiazek, J. Mikula-Pietrasik, S. Olijslagers, A. Jorres, T. von Zglinicki, and J. Witowski. Vulnerability to oxidative stress and different patterns of senescence in human peritoneal mesothelial cell strains. *Am. J. Physiol. Regul. Integr. Comp. Physiol.*, 296(2):R374–382, Feb 2009.

[235] P. Kubes, M. Suzuki, and D. N. Granger. Nitric oxide: an endogenous modulator of leukocyte adhesion. *Proc. Natl. Acad. Sci. U.S.A.*, 88(11):4651–4655, Jun 1991.

[236] S. Kubota and M. Takigawa. The role of CCN2 in cartilage and bone development. *J Cell Commun Signal*, 5(3):209–217, Aug 2011.

[237] T. Kuilman, C. Michaloglou, W. J. Mooi, and D. S. Peeper. The essence of senescence. *Genes Dev.*, 24(22):2463–2479, Nov 2010.

[238] T. Kuilman, C. Michaloglou, L. C. Vredeveld, S. Douma, R. van Doorn, C. J. Desmet, L. A. Aarden, W. J. Mooi, and D. S. Peeper. Oncogene-induced senescence relayed by an interleukin-dependent inflammatory network. *Cell*, 133(6):1019–1031, Jun 2008.

[239] R. Kulshreshtha, M. Ferracin, S. E. Wojcik, R. Garzon, H. Alder, F. J. Agosto-Perez, R. Davuluri, C. G. Liu, C. M. Croce, M. Negrini, G. A. Calin, and M. Ivan. A microRNA signature of hypoxia. *Mol. Cell. Biol.*, 27(5):1859–1867, Mar 2007.

[240] B. Kulterer, G. Friedl, A. Jandrositz, F. Sanchez-Cabo, A. Prokesch, C. Paar, M. Scheideler, R. Windhager, K. H. Preisegger, and Z. Trajanoski. Gene expression profiling of human mesenchymal stem cells derived from bone marrow during expansion and osteoblast differentiation. *BMC Genomics*, 8:70, 2007.

[241] K. D. Kumble and A. Kornberg. Inorganic polyphosphate in mammalian cells and tissues. *J. Biol. Chem.*, 270(11):5818–5822, Mar 1995.

[242] U. Kunter, S. Rong, P. Boor, F. Eitner, G. Muller-Newen, Z. Djuric, C. R. van Roeyen, A. Konieczny, T. Ostendorf, L. Villa, M. Milovanceva-Popovska, D. Kerjaschki, and J. Floege. Mesenchymal stem cells prevent progressive experimental renal failure but maldifferentiate into glomerular adipocytes. *J. Am. Soc. Nephrol.*, 18(6):1754–1764, Jun 2007.

[243] U. Kunter, S. Rong, Z. Djuric, P. Boor, G. Muller-Newen, D. Yu, and J. Floege. Transplanted mesenchymal stem cells accelerate glomerular healing in experimental glomerulonephritis. *J. Am. Soc. Nephrol.*, 17(8):2202–2212, Aug 2006.

[244] H. Kurosu, Y. Ogawa, M. Miyoshi, M. Yamamoto, A. Nandi, K. P. Rosenblatt, M. G. Baum, S. Schiavi, M. C. Hu, O. W. Moe, and M. Kuro-o. Regulation of fibroblast growth factor-23 signaling by klotho. *J. Biol. Chem.*, 281(10):6120–6123, Mar 2006.

[245] S. Kwan Tat, M. Padrines, S. Theoleyre, D. Heymann, and Y. Fortun. IL-6, RANKL, TNF-alpha/IL-1: interrelations in bone resorption pathophysiology. *Cytokine Growth Factor Rev.*, 15(1):49–60, Feb 2004.

[246] U. Lakshmipathy and R. P. Hart. Concise review: MicroRNA expression in multipotent mesenchymal stromal cells. *Stem Cells*, 26(2):356–363, Feb 2008.

[247] C. Lamanna, M. Monami, N. Marchionni, and E. Mannucci. Effect of metformin on cardiovascular events and mortality: a meta-analysis of randomized clinical trials. *Diabetes Obes Metab*, 13(3):221–228, Mar 2011.

[248] S. Lamouille, E. Connolly, J. W. Smyth, R. J. Akhurst, and R. Derynck. TGF-beta-induced activation of mTOR complex 2 drives epithelial-mesenchymal transition and cell invasion. *J. Cell. Sci.*, 125(Pt 5):1259–1273, Mar 2012.

[249] C. Lange, F. Cakiroglu, A. N. Spiess, H. Cappallo-Obermann, J. Dierlamm, and A. R. Zander. Accelerated and safe expansion of human mesenchymal stromal cells in animal serum-free medium for transplantation and regenerative medicine. *J. Cell. Physiol.*, 213(1):18–26, Oct 2007.

[250] M. Laplante and D. M. Sabatini. mTOR signaling in growth control and disease. *Cell*, 149(2):274–293, Apr 2012.

[251] A. Larsson, E. Skoldenberg, and H. Ericson. Serum and plasma levels of FGF-2 and VEGF in healthy blood donors. *Angiogenesis*, 5(1-2):107–110, 2002.

[252] T. Larsson, R. Marsell, E. Schipani, C. Ohlsson, O. Ljunggren, H. S. Tenenhouse, H. Juppner, and K. B. Jonsson. Transgenic mice expressing fibroblast growth factor 23 under the control of the alpha1(I) collagen promoter exhibit growth retardation, osteomalacia, and disturbed phosphate homeostasis. *Endocrinology*, 145(7):3087–3094, Jul 2004.

[253] I. N. Lavrik, A. Golks, and P. H. Krammer. Caspases: pharmacological manipulation of cell death. *J. Clin. Invest.*, 115(10):2665–2672, Oct 2005.

[254] O. N. Le, F. Rodier, F. Fontaine, J. P. Coppe, J. Campisi, J. DeGregori, C. Laverdiere, V. Kokta, E. Haddad, and C. M. Beausejour. Ionizing radiation-induced long-term expression of senescence markers in mice is independent of p53 and immune status. *Aging Cell*, 9(3):398–409, Jun 2010.

[255] K. Le Blanc, C. Tammik, K. Rosendahl, E. Zetterberg, and O. Ringden. HLA expression and immunologic properties of differentiated and undifferentiated mesenchymal stem cells. *Exp. Hematol.*, 31(10):890–896, Oct 2003.

[256] K. W. Lee, J. Y. Yook, M. Y. Son, M. J. Kim, D. B. Koo, Y. M. Han, and Y. S. Cho. Rapamycin promotes the osteoblastic differentiation of human embryonic stem cells by blocking the mTOR pathway and stimulating the BMP/Smad pathway. *Stem Cells Dev.*, 19(4):557–568, Apr 2010.

[257] S. Lehr, J. Kotzka, H. Avci, A. Sickmann, H. E. Meyer, A. Herkner, and D. Muller-Wieland. Identification of major ERK-related phosphorylation sites in Gab1. *Biochemistry*, 43(38):12133–12140, Sep 2004.

[258] M. A. Lemmon and J. Schlessinger. Cell signaling by receptor tyrosine kinases. *Cell*, 141(7):1117–1134, Jun 2010.

[259] G. Lenz and J. Avruch. Glutamatergic regulation of the p70S6 kinase in primary mouse neurons. *J. Biol. Chem.*, 280(46):38121–38124, Nov 2005.

[260] B. Levine and D. J. Klionsky. Development by self-digestion: molecular mechanisms and biological functions of autophagy. *Dev. Cell*, 6(4):463–477, Apr 2004.

[261] X. Li, H. Y. Yang, and C. M. Giachelli. Role of the sodium-dependent phosphate cotransporter, Pit-1, in vascular smooth muscle cell calcification. *Circ. Res.*, 98(7):905–912, Apr 2006.

[262] Y. Li, K. Inoki, R. Yeung, and K. L. Guan. Regulation of TSC2 by 14-3-3 binding. *J. Biol. Chem.*, 277(47):44593–44596, Nov 2002.

[263] Z. Li, M. Q. Hassan, S. Volinia, A. J. van Wijnen, J. L. Stein, C. M. Croce, J. B. Lian, and G. S. Stein. A microRNA signature for a BMP2-induced osteoblast lineage commitment program. *Proc. Natl. Acad. Sci. U.S.A.*, 105(37):13906–13911, Sep 2008.

[264] J. B. Lian and G. S. Stein. Concepts of osteoblast growth and differentiation: basis for modulation of bone cell development and tissue formation. *Crit. Rev. Oral Biol. Med.*, 3(3):269–305, 1992.

[265] J. B. Lian and G. S. Stein. The developmental stages of osteoblast growth and differentiation exhibit selective responses of genes to growth factors (TGF beta 1) and hormones (vitamin D and glucocorticoids). *J Oral Implantol*, 19(2):95–105, 1993.

[266] L. Liao, X. Yang, X. Su, C. Hu, X. Zhu, N. Yang, X. Chen, S. Shi, S. Shi, and Y. Jin. Redundant miR-3077-5p and miR-705 mediate the shift of mesenchymal stem cell lineage commitment to adipocyte in osteoporosis bone marrow. *Cell Death Dis*, 4:e600, 2013.

[267] R. T. Lima, S. Busacca, G. M. Almeida, G. Gaudino, D. A. Fennell, and M. H. Vasconcelos. MicroRNA regulation of core apoptosis pathways in cancer. *Eur. J. Cancer*, 47(2):163–174, Jan 2011.

[268] M. Lind. Growth factor stimulation of bone healing. Effects on osteoblasts, osteomies, and implants fixation. *Acta Orthop Scand Suppl*, 283:2–37, Oct 1998.

[269] M. H. Liu, Z. H. Tang, G. H. Li, S. L. Qu, Y. Zhang, Z. Ren, L. S. Liu, and Z. S. Jiang. Janus-like role of fibroblast growth factor 2 in arteriosclerotic coronary artery disease: atherogenesis and angiogenesis. *Atherosclerosis*, 229(1):10–17, Jul 2013.

[270] R. Liu, D. Liu, E. Trink, E. Bojdani, G. Ning, and M. Xing. The Akt-specific inhibitor MK2206 selectively inhibits thyroid cancer cells harboring mutations that can activate the PI3K/Akt pathway. *J. Clin. Endocrinol. Metab.*, 96(4):E577–585, Apr 2011.

[271] J. A. Lobrinus, D. F. Schorderet, M. Payot, X. Jeanrenaud, A. Bottani, A. Superti-Furga, J. Schlaepfer, M. Fromer, and P. Y. Jeannet. Morphological, clinical and genetic aspects in a family with a novel LAMP-2 gene mutation (Danon disease). *Neuromuscul. Disord.*, 15(4):293–298, Apr 2005.

[272] G. M. London, A. P. Guerin, S. J. Marchais, F. Metivier, B. Pannier, and H. Adda. Arterial media calcification in end-stage renal disease: impact on all-cause and cardiovascular mortality. *Nephrol. Dial. Transplant.*, 18(9):1731–1740, Sep 2003.

[273] G. M. London, S. J. Marchais, A. P. Guerin, and F. Metivier. Arteriosclerosis, vascular calcifications and cardiovascular disease in uremia. *Curr. Opin. Nephrol. Hypertens.*, 14(6):525–531, Nov 2005.

[274] J. P. Lopes, A. Fiarresga, P. Silva Cunha, J. Feliciano, and R. Cruz Ferreira. [Mesenchymal stem cell therapy in heart disease]. *Rev Port Cardiol*, 32(1):43–47, Jan 2013.

[275] C. Lopez-Otin, M.A. Blasco, L. Partridge, M. Serrano, and G. Kroemer. The hallmarks of aging. *Cell*, 153(6):1194–217, Jun 2013.

[276] C. W. Lowik, G. van der Pluijm, H. Bloys, K. Hoekman, O. L. Bijvoet, L. A. Aarden, and S. E. Papapoulos. Parathyroid hormone (PTH) and PTH-like protein (PLP) stimulate interleukin-6 production by osteogenic cells: a possible role of interleukin-6 in osteoclastogenesis. *Biochem. Biophys. Res. Commun.*, 162(3):1546–1552, Aug 1989.

[277] O. H. LOWRY, N. J. ROSEBROUGH, A. L. FARR, and R. J. RANDALL. Protein measurement with the Folin phenol reagent. *J. Biol. Chem.*, 193(1):265–275, Nov 1951.

[278] G. Luo, P. Ducy, M. D. McKee, G. J. Pinero, E. Loyer, R. R. Behringer, and G. Karsenty. Spontaneous calcification of arteries and cartilage in mice lacking matrix GLA protein. *Nature*, 386(6620):78–81, Mar 1997.

[279] W. Luo, A. Liu, Y. Chen, H. M. Lim, J. Marshall-Neff, J. H. Black, W. Baldwin, R. H. Hruban, S. C. Stevenson, P. Mouton, A. Dardik, and B. J. Ballermann. Inhibition of accelerated graft arteriosclerosis by gene transfer of soluble fibroblast growth factor receptor-1 in rat aortic transplants. *Arterioscler. Thromb. Vasc. Biol.*, 24(6):1081–1086, Jun 2004.

[280] E. Luzi, F. Marini, S. C. Sala, I. Tognarini, G. Galli, and M. L. Brandi. Osteogenic differentiation of human adipose tissue-derived stem cells is modulated by the miR-26a targeting of the SMAD1 transcription factor. *J. Bone Miner. Res.*, 23(2):287–295, Feb 2008.

[281] S. Ma, N. Xie, W. Li, B. Yuan, Y. Shi, and Y. Wang. Immunobiology of mesenchymal stem cells. *Cell Death Differ.*, 21(2):216–225, Feb 2014.

[282] X. M. Ma and J. Blenis. Molecular mechanisms of mTOR-mediated translational control. *Nat. Rev. Mol. Cell Biol.*, 10(5):307–318, May 2009.

[283] X. M. Ma, S. O. Yoon, C. J. Richardson, K. Julich, and J. Blenis. SKAR links pre-mRNA splicing to mTOR/S6K1-mediated enhanced translation efficiency of spliced mRNAs. *Cell*, 133(2):303–313, Apr 2008.

[284] D. Maglione, V. Guerriero, G. Viglietto, M. G. Ferraro, O. Aprelikova, K. Alitalo, S. Del Vecchio, K. J. Lei, J. Y. Chou, and M. G. Persico. Two alternative mRNAs coding for the angiogenic factor, placenta growth factor (PlGF), are transcribed from a single gene of chromosome 14. *Oncogene*, 8(4):925–931, Apr 1993.

[285] M. C. Maiuri, E. Zalckvar, A. Kimchi, and G. Kroemer. Self-eating and self-killing: crosstalk between autophagy and apoptosis. *Nat. Rev. Mol. Cell Biol.*, 8(9):741–752, Sep 2007.

[286] Z. Mallat and A. Tedgui. The role of transforming growth factor beta in atherosclerosis: novel insights and future perspectives. *Curr. Opin. Lipidol.*, 13(5):523–529, Oct 2002.

[287] C. Maniatopoulos, J. Sodek, and A. H. Melcher. Bone formation in vitro by stromal cells obtained from bone marrow of young adult rats. *Cell Tissue Res.*, 254(2):317–330, Nov 1988.

[288] G. Manning, D. B. Whyte, R. Martinez, T. Hunter, and S. Sudarsanam. The protein kinase complement of the human genome. *Science*, 298(5600):1912–1934, Dec 2002.

[289] P. J. Marie. Fibroblast growth factor signaling controlling bone formation: an update. *Gene*, 498(1):1–4, Apr 2012.

[290] P. J. Marie, H. Miraoui, and N. Severe. FGF/FGFR signaling in bone formation: progress and perspectives. *Growth Factors*, 30(2):117–123, Apr 2012.

Literaturverzeichnis

[291] S. K. Martin, S. Fitter, L. F. Bong, J. J. Drew, S. Gronthos, P. R. Shepherd, and A. C. Zannettino. NVP-BEZ235, a dual pan class I PI3 kinase and mTOR inhibitor, promotes osteogenic differentiation in human mesenchymal stromal cells. *J. Bone Miner. Res.*, 25(10):2126–2137, Oct 2010.

[292] S. Martinez-Caballero, L. M. Dejean, E. A. Jonas, and K. W. Kinnally. The role of the mitochondrial apoptosis induced channel MAC in cytochrome c release. *J. Bioenerg. Biomembr.*, 37(3):155–164, Jun 2005.

[293] J. Massague. How cells read TGF-beta signals. *Nat. Rev. Mol. Cell Biol.*, 1(3):169–178, Dec 2000.

[294] J. Massague and Y. G. Chen. Controlling TGF-beta signaling. *Genes Dev.*, 14(6):627–644, Mar 2000.

[295] J. Massague and D. Wotton. Transcriptional control by the TGF-beta/Smad signaling system. *EMBO J.*, 19(8):1745–1754, Apr 2000.

[296] M. Maumus, D. Guerit, K. Toupet, C. Jorgensen, and D. Noel. Mesenchymal stem cell-based therapies in regenerative medicine: applications in rheumatology. *Stem Cell Res Ther*, 2(2):14, 2011.

[297] M. Maumus, C. Jorgensen, and D. Noel. Mesenchymal stem cells in regenerative medicine applied to rheumatic diseases: role of secretome and exosomes. *Biochimie*, 95(12):2229–2234, Dec 2013.

[298] C. Mayer, J. Zhao, X. Yuan, and I. Grummt. mTOR-dependent activation of the transcription factor TIF-IA links rRNA synthesis to nutrient availability. *Genes Dev.*, 18(4):423–434, Feb 2004.

[299] M. M. McKay and D. K. Morrison. Integrating signals from RTKs to ERK/MAPK. *Oncogene*, 26(22):3113–3121, May 2007.

[300] M. Mehrotra, S. M. Krane, K. Walters, and C. Pilbeam. Differential regulation of platelet-derived growth factor stimulated migration and proliferation in osteoblastic cells. *J. Cell. Biochem.*, 93(4):741–752, Nov 2004.

[301] A. J. Meijer. Amino acids as regulators and components of nonproteinogenic pathways. *J. Nutr.*, 133(6 Suppl 1):2057S–2062S, Jun 2003.

[302] I. Mellman, R. Fuchs, and A. Helenius. Acidification of the endocytic and exocytic pathways. *Annu. Rev. Biochem.*, 55:663–700, 1986.

[303] P. Menasche. Stem cell therapy for chronic heart failure: lessons from a 15-year experience. *C. R. Biol.*, 334(7):489–496, Jul 2011.

[304] M. C. Mendoza, E. E. Er, and J. Blenis. The Ras-ERK and PI3K-mTOR pathways: cross-talk and compensation. *Trends Biochem. Sci.*, 36(6):320–328, Jun 2011.

[305] R. G. Miller, A. M. Secrest, R. K. Sharma, T. J. Songer, and T. J. Orchard. Improvements in the life expectancy of type 1 diabetes: the Pittsburgh Epidemiology of Diabetes Complications study cohort. *Diabetes*, 61(11):2987–2992, Nov 2012.

[306] M. Mina, B. Havens, and D. A. Velonis. FGF signaling in mandibular skeletogenesis. *Orthod Craniofac Res*, 10(2):59–66, May 2007.

[307] M. G. Minasi, M. Riminucci, L. De Angelis, U. Borello, B. Berarducci, A. Innocenzi, A. Caprioli, D. Sirabella, M. Baiocchi, R. De Maria, R. Boratto, T. Jaffredo, V. Broccoli, P. Bianco, and G. Cossu. The meso-angioblast: a multipotent, self-renewing cell that originates from the dorsal aorta and differentiates into most mesodermal tissues. *Development*, 129(11):2773–2783, Jun 2002.

[308] K. Miteva, S. Van Linthout, H. D. Volk, and C. Tschope. Immunomodulatory effects of mesenchymal stromal cells revisited in the context of inflammatory cardiomyopathy. *Stem Cells Int*, 2013:353097, 2013.

[309] K. Miyamoto, S. Tatsumi, H. Segawa, K. Morita, T. Nii, A. Fujioka, M. Kitano, Y. Inoue, and E. Takeda. Regulation of PiT-1, a sodium-dependent phosphate co-transporter in rat parathyroid glands. *Nephrol. Dial. Transplant.*, 14 Suppl 1:73–75, 1999.

[310] Y. Mizuno, K. Yagi, Y. Tokuzawa, Y. Kanesaki-Yatsuka, T. Suda, T. Katagiri, T. Fukuda, M. Maruyama, A. Okuda, T. Amemiya, Y. Kondoh, H. Tashiro, and Y. Okazaki. miR-125b inhibits osteoblastic differentiation by down-regulation of cell proliferation. *Biochem. Biophys. Res. Commun.*, 368(2):267–272, Apr 2008.

[311] S. M. Moe. Vascular calcification and renal osteodystrophy relationship in chronic kidney disease. *Eur. J. Clin. Invest.*, 36 Suppl 2:51–62, Aug 2006.

[312] S. M. Moe and N. X. Chen. Inflammation and vascular calcification. *Blood Purif.*, 23(1):64–71, 2005.

[313] S. M. Moe and N. X. Chen. Mechanisms of vascular calcification in chronic kidney disease. *J. Am. Soc. Nephrol.*, 19(2):213–216, Feb 2008.

[314] S. M. Moe, M. Reslerova, M. Ketteler, K. O'neill, D. Duan, J. Koczman, R. Westenfeld, W. Jahnen-Dechent, and N. X. Chen. Role of calcification inhibitors in the pathogenesis of vascular calcification in chronic kidney disease (CKD). *Kidney Int.*, 67(6):2295–2304, Jun 2005.

[315] K. Moelling, K. Schad, M. Bosse, S. Zimmermann, and M. Schweneker. Regulation of Raf-Akt Cross-talk. *J. Biol. Chem.*, 277(34):31099–31106, Aug 2002.

[316] A. H. Mokdad, B. A. Bowman, E. S. Ford, F. Vinicor, J. S. Marks, and J. P. Koplan. The continuing epidemics of obesity and diabetes in the United States. *JAMA*, 286(10):1195–1200, Sep 2001.

[317] A. H. Mokdad, E. S. Ford, B. A. Bowman, D. E. Nelson, M. M. Engelgau, F. Vinicor, and J. S. Marks. The continuing increase of diabetes in the US. *Diabetes Care*, 24(2):412, Feb 2001.

[318] A. V. Molofsky, S. G. Slutsky, N. M. Joseph, S. He, R. Pardal, J. Krishnamurthy, N. E. Sharpless, and S. J. Morrison. Increasing p16INK4a expression decreases forebrain progenitors and neurogenesis during ageing. *Nature*, 443(7110):448–452, Sep 2006.

[319] Y. Mu, S. K. Gudey, and M. Landstrom. Non-Smad signaling pathways. *Cell Tissue Res.*, 347(1):11–20, Jan 2012.

[320] S. Munir, G. Xu, Y. Wu, B. Yang, P. K. Lala, and C. Peng. Nodal and ALK7 inhibit proliferation and induce apoptosis in human trophoblast cells. *J. Biol. Chem.*, 279(30):31277–31286, Jul 2004.

[321] M. B. Murphy, K. Moncivais, and A. I. Caplan. Mesenchymal stem cells: environmentally responsive therapeutics for regenerative medicine. *Exp. Mol. Med.*, 45:e54, 2013.

[322] Y. Nabeshima and H. Imura. alpha-Klotho: a regulator that integrates calcium homeostasis. *Am. J. Nephrol.*, 28(3):455–464, 2008.

[323] T. Nakahara, H. Sato, T. Shimizu, T. Tanaka, H. Matsui, K. Kawai-Kowase, M. Sato, T. Iso, M. Arai, and M. Kurabayashi. Fibroblast growth factor-2 induces osteogenic differentiation through a Runx2 activation in vascular smooth muscle cells. *Biochem. Biophys. Res. Commun.*, 394(2):243–248, Apr 2010.

[324] A. Nakai, O. Yamaguchi, T. Takeda, Y. Higuchi, S. Hikoso, M. Taniike, S. Omiya, I. Mizote, Y. Matsumura, M. Asahi, K. Nishida, M. Hori, N. Mizushima, and K. Otsu. The role of autophagy in cardiomyocytes in the basal state and in response to hemodynamic stress. *Nat. Med.*, 13(5):619–624, May 2007.

[325] R. Nakano-Kurimoto, K. Ikeda, M. Uraoka, Y. Nakagawa, K. Yutaka, M. Koide, T. Takahashi, S. Matoba, H. Yamada, M. Okigaki, and H. Matsubara. Replicative senescence of vascular smooth muscle cells enhances the calcification through initiating the osteoblastic transition. *Am. J. Physiol. Heart Circ. Physiol.*, 297(5):H1673–1684, Nov 2009.

[326] M. Narita, S. N?nez, E. Heard, M. Narita, A. W. Lin, S. A. Hearn, D. L. Spector, G. J. Hannon, and S. W. Lowe. Rb-mediated heterochromatin formation and silencing of E2F target genes during cellular senescence. *Cell*, 113(6):703–716, Jun 2003.

[327] N. Neirynck, R. Vanholder, E. Schepers, S. Eloot, A. Pletinck, and G. Glorieux. An update on uremic toxins. *Int Urol Nephrol*, Aug 2012.

[328] A. C. Newton. Protein kinase C: structure, function, and regulation. *J. Biol. Chem.*, 270(48):28495–28498, Dec 1995.

[329] H. N. Nguyen, A. Fujiyoshi, R. D. Abbott, and K. Miura. Epidemiology of cardiovascular risk factors in asian countries. *Circ. J.*, 77(12):2851–2859, Nov 2013.

[330] K. Nitta, T. Akiba, K. Uchida, S. Otsubo, Y. Otsubo, T. Takei, T. Ogawa, W. Yumura, T. Kabaya, and H. Nihei. Left ventricular hypertrophy is associated with arterial stiffness and vascular calcification in hemodialysis patients. *Hypertens. Res.*, 27(1):47–52, Jan 2004.

[331] T. Noda and Y. Ohsumi. Tor, a phosphatidylinositol kinase homologue, controls autophagy in yeast. *J. Biol. Chem.*, 273(7):3963–3966, Feb 1998.

[332] B. S. Oemar and T. F. Luscher. Connective tissue growth factor. Friend or foe? *Arterioscler. Thromb. Vasc. Biol.*, 17(8):1483–1489, Aug 1997.

[333] B. S. Oemar, A. Werner, J. M. Garnier, D. D. Do, N. Godoy, M. Nauck, W. Marz, J. Rupp, M. Pech, and T. F. Luscher. Human connective tissue growth factor is expressed in advanced atherosclerotic lesions. *Circulation*, 95(4):831–839, Feb 1997.

[334] B. S. Oemar, Z. Yang, and T. F. Luscher. Molecular and cellular mechanisms of atherosclerosis. *Curr. Opin. Nephrol. Hypertens.*, 4(1):82–91, Jan 1995.

[335] V. V. Ogryzko, T. H. Hirai, V. R. Russanova, D. A. Barbie, and B. H. Howard. Human fibroblast commitment to a senescence-like state in response to histone deacetylase inhibitors is cell cycle dependent. *Mol. Cell. Biol.*, 16(9):5210–5218, Sep 1996.

[336] H. Ohgushi, Y. Dohi, T. Katuda, S. Tamai, S. Tabata, and Y. Suwa. In vitro bone formation by rat marrow cell culture. *J. Biomed. Mater. Res.*, 32(3):333–340, Nov 1996.

[337] R. Ohmori, Y. Momiyama, H. Taniguchi, R. Takahashi, M. Kusuhara, H. Nakamura, and F. Ohsuzu. Plasma osteopontin levels are associated with the presence and extent of coronary artery disease. *Atherosclerosis*, 170(2):333–337, Oct 2003.

[338] S. Ohnishi, H. Ohgushi, S. Kitamura, and N. Nagaya. Mesenchymal stem cells for the treatment of heart failure. *Int. J. Hematol.*, 86(1):17–21, Jul 2007.

[339] S. Ohnishi, H. Sumiyoshi, S. Kitamura, and N. Nagaya. Mesenchymal stem cells attenuate cardiac fibroblast proliferation and collagen synthesis through paracrine actions. *FEBS Lett.*, 581(21):3961–3966, Aug 2007.

[340] S. Ohnishi, B. Yanagawa, K. Tanaka, Y. Miyahara, H. Obata, M. Kataoka, M. Kodama, H. Ishibashi-Ueda, K. Kangawa, S. Kitamura, and N. Nagaya. Transplantation of mesenchymal stem cells attenuates myocardial injury and dysfunction in a rat model of acute myocarditis. *J. Mol. Cell. Cardiol.*, 42(1):88–97, Jan 2007.

[341] K. Ohta, J. Nakano, M. Nishizawa, M. Kaneta, K. Nakagome, K. Makino, N. Suzuki, M. Nakajima, R. Kawashima, K. Mano, and H. Miyashita. Suppressive effect of antisense DNA of platelet-derived growth factor on murine pulmonary fibrosis with silica particles. *Chest*, 111(6 Suppl):105S, Jun 1997.

[342] M. Okada, S. W. Jang, and K. Ye. Akt phosphorylation and nuclear phosphoinositide association mediate mRNA export and cell proliferation activities by ALY. *Proc. Natl. Acad. Sci. U.S.A.*, 105(25):8649–8654, Jun 2008.

[343] T. Okura, M. Igase, Y. Kitami, T. Fukuoka, M. Maguchi, K. Kohara, and K. Hiwada. Platelet-derived growth factor induces apoptosis in vascular smooth muscle cells: roles of the Bcl-2 family. *Biochim. Biophys. Acta*, 1403(3):245–253, Jul 1998.

[344] B. Olofsson, K. Pajusola, A. Kaipainen, G. von Euler, V. Joukov, O. Saksela, A. Orpana, R. F. Pettersson, K. Alitalo, and U. Eriksson. Vascular endothelial growth factor B, a novel growth factor for endothelial cells. *Proc. Natl. Acad. Sci. U.S.A.*, 93(6):2576–2581, Mar 1996.

[345] N. Oshiro, K. Yoshino, S. Hidayat, C. Tokunaga, K. Hara, S. Eguchi, J. Avruch, and K. Yonezawa. Dissociation of raptor from mTOR is a mechanism of rapamycin-induced inhibition of mTOR function. *Genes Cells*, 9(4):359–366, Apr 2004.

[346] B. Osman, A. Doller, e. l. S. Akool, M. Holdener, E. Hintermann, J. Pfeilschifter, and W. Eberhardt. Rapamycin induces the TGFbeta1/Smad signaling cascade in renal mesangial cells upstream of mTOR. *Cell. Signal.*, 21(12):1806–1817, Dec 2009.

[347] R. Ozawa, Y. Yamada, T. Nagasaka, and M Ueda. A comparison of osteogenesis-related gene expression of mesenchymal stem cells during the osteoblastic differentiation induced by type-Icollagen and or fibronectin. *Int J Oral Med Sci*, 1:139, 2003.

[348] B. Parekkadan, D. van Poll, K. Suganuma, E. A. Carter, F. Berthiaume, A. W. Tilles, and M. L. Yarmush. Mesenchymal stem cell-derived molecules reverse fulminant hepatic failure. *PLoS ONE*, 2(9):e941, 2007.

[349] S. H. Park, P. Stenvinkel, and B. Lindholm. Cardiovascular biomarkers in chronic kidney disease. *J Ren Nutr*, 22(1):120–127, Jan 2012.

[350] R.C. Parker. Methods of Tissue Culture. *Paul B. Hoebner Inc., New York.*, 1938.

[351] J. F. Passos, G. Nelson, C. Wang, T. Richter, C. Simillion, C. J. Proctor, S. Miwa, S. Olijslagers, J. Hallinan, A. Wipat, G. Saretzki, K. L. Rudolph, T. B. Kirkwood, and T. von Zglinicki. Feedback between p21 and reactive oxygen production is necessary for cell senescence. *Mol. Syst. Biol.*, 6:347, 2010.

[352] G. Pasterkamp. Methods of accelerated atherosclerosis in diabetic patients. *Heart*, 99(10):743–749, May 2013.

[353] D. M. Patel, J. Shah, and A. S. Srivastava. Therapeutic potential of mesenchymal stem cells in regenerative medicine. *Stem Cells Int*, 2013:496218, 2013.

[354] S. A. Patel, L. Sherman, J. Munoz, and P. Rameshwar. Immunological properties of mesenchymal stem cells and clinical implications. *Arch. Immunol. Ther. Exp. (Warsz.)*, 56(1):1–8, 2008.

[355] L. R. Pearce, X. Huang, J. Boudeau, R. Pawowski, S. Wullschleger, M. Deak, A. F. Ibrahim, R. Gourlay, M. A. Magnuson, and D. R. Alessi. Identification of Protor as a novel Rictor-binding component of mTOR complex-2. *Biochem. J.*, 405(3):513–522, Aug 2007.

[356] L. R. Pearce, D. Komander, and D. R. Alessi. The nuts and bolts of AGC protein kinases. *Nat. Rev. Mol. Cell Biol.*, 11(1):9–22, Jan 2010.

[357] Y. Peng, M. Ke, L. Xu, L. Liu, X. Chen, W. Xia, X. Li, Z. Chen, J. Ma, D. Liao, G. Li, J. Fang, G. Pan, and A. P. Xiang. Donor-derived mesenchymal stem cells combined with low-dose tacrolimus prevent acute rejection after renal transplantation: a clinical pilot study. *Transplantation*, 95(1):161–168, Jan 2013.

[358] H. Perinpanayagam, T. Martin, V. Mithal, M. Dahman, N. Marzec, J. Lampasso, and R. Dziak. Alveolar bone osteoblast differentiation and Runx2/Cbfa1 expression. *Arch. Oral Biol.*, 51(5):406–415, May 2006.

[359] K. G. Peters, J. Marie, E. Wilson, H. E. Ives, J. Escobedo, M. Del Rosario, D. Mirda, and L. T. Williams. Point mutation of an FGF receptor abolishes phosphatidylinositol turnover and Ca2+ flux but not mitogenesis. *Nature*, 358(6388):678–681, Aug 1992.

[360] T. R. Peterson, M. Laplante, C. C. Thoreen, Y. Sancak, S. A. Kang, W. M. Kuehl, N. S. Gray, and D. M. Sabatini. DEPTOR is an mTOR inhibitor frequently overexpressed in multiple myeloma cells and required for their survival. *Cell*, 137(5):873–886, May 2009.

[361] C. E. Petrie Aronin and R. S. Tuan. Therapeutic potential of the immunomodulatory activities of adult mesenchymal stem cells. *Birth Defects Res. C Embryo Today*, 90(1):67–74, Mar 2010.

[362] D. Polchert, J. Sobinsky, G. Douglas, M. Kidd, A. Moadsiri, E. Reina, K. Genrich, S. Mehrotra, S. Setty, B. Smith, and A. Bartholomew. IFN-gamma activation of mesenchymal stem cells for treatment and prevention of graft versus host disease. *Eur. J. Immunol.*, 38(6):1745–1755, Jun 2008.

[363] A. G. Porter and R. U. Janicke. Emerging roles of caspase-3 in apoptosis. *Cell Death Differ.*, 6(2):99–104, Feb 1999.

[364] J. A. Potian, H. Aviv, N. M. Ponzio, J. S. Harrison, and P. Rameshwar. Veto-like activity of mesenchymal stem cells: functional discrimination between cellular responses to alloantigens and recall antigens. *J. Immunol.*, 171(7):3426–3434, Oct 2003.

[365] N. Poulose and R. Raju. Aging and Injury: Alterations in Cellular Energetics and Organ Function. *Aging Dis*, 5(2):101–108, Apr 2014.

[366] P. A. Price, J. M. Caputo, and M. K. Williamson. Bone origin of the serum complex of calcium, phosphate, fetuin, and matrix Gla protein: biochemical evidence for the cancellous bone-remodeling compartment. *J. Bone Miner. Res.*, 17(7):1171–1179, Jul 2002.

[367] P. A. Price, S. A. Faus, and M. K. Williamson. Bisphosphonates alendronate and ibandronate inhibit artery calcification at doses comparable to those that inhibit bone resorption. *Arterioscler. Thromb. Vasc. Biol.*, 21(5):817–824, May 2001.

[368] P. A. Price, H. H. June, J. R. Buckley, and M. K. Williamson. Osteoprotegerin inhibits artery calcification induced by warfarin and by vitamin D. *Arterioscler. Thromb. Vasc. Biol.*, 21(10):1610–1616, Oct 2001.

[369] P. A. Price, H. H. June, J. R. Buckley, and M. K. Williamson. SB 242784, a selective inhibitor of the osteoclastic V-H+ATPase, inhibits arterial calcification in the rat. *Circ. Res.*, 91(6):547–552, Sep 2002.

[370] D. J. Prockop, S. A. Azizi, D. Colter, C. Digirolamo, G. Kopen, and D. G. Phinney. Potential use of stem cells from bone marrow to repair the extracellular matrix and the central nervous system. *Biochem. Soc. Trans.*, 28(4):341–345, 2000.

[371] D. Proudfoot, J. N. Skepper, L. Hegyi, M. R. Bennett, C. M. Shanahan, and P. L. Weissberg. Apoptosis regulates human vascular calcification in vitro: evidence for initiation of vascular calcification by apoptotic bodies. *Circ. Res.*, 87(11):1055–1062, Nov 2000.

[372] D. Proudfoot, J. N. Skepper, C. M. Shanahan, and P. L. Weissberg. Calcification of human vascular cells in vitro is correlated with high levels of matrix Gla protein and low levels of osteopontin expression. *Arterioscler. Thromb. Vasc. Biol.*, 18(3):379–388, Mar 1998.

[373] N. Pullen, P. B. Dennis, M. Andjelkovic, A. Dufner, S. C. Kozma, B. A. Hemmings, and G. Thomas. Phosphorylation and activation of p70s6k by PDK1. *Science*, 279(5351):707–710, Jan 1998.

[374] N. Pullen and G. Thomas. The modular phosphorylation and activation of p70s6k. *FEBS Lett.*, 410(1):78–82, Jun 1997.

[375] A. B. Qased, H. Yi, N. Liang, S. Ma, S. Qiao, and X. Liu. MicroRNA-18a upregulates autophagy and ataxia telangiectasia mutated gene expression in HCT116 colon cancer cells. *Mol Med Rep*, 7(2):559–564, Feb 2013.

[376] L. D. Quarles. Endocrine functions of bone in mineral metabolism regulation. *J. Clin. Invest.*, 118(12):3820–3828, Dec 2008.

[377] M. W. Radomski, R. M. Palmer, and S. Moncada. The role of nitric oxide and cGMP in platelet adhesion to vascular endothelium. *Biochem. Biophys. Res. Commun.*, 148(3):1482–1489, Nov 1987.

[378] P. Raggi, A. Boulay, S. Chasan-Taber, N. Amin, M. Dillon, S. K. Burke, and G. M. Chertow. Cardiac calcification in adult hemodialysis patients. A link between end-stage renal disease and cardiovascular disease? *J. Am. Coll. Cardiol.*, 39(4):695–701, Feb 2002.

[379] E. W. Raines and R. Ross. Biology of atherosclerotic plaque formation: possible role of growth factors in lesion development and the potential impact of soy. *J. Nutr.*, 125(3 Suppl):624S–630S, Mar 1995.

[380] E. W. Raines and R. Ross. Multiple growth factors are associated with lesions of atherosclerosis: specificity or redundancy? *Bioessays*, 18(4):271–282, Apr 1996.

[381] T. Raj, P. Kanellakis, G. Pomilio, G. Jennings, A. Bobik, and A. Agrotis. Inhibition of fibroblast growth factor receptor signaling attenuates atherosclerosis in apolipoprotein E-deficient mice. *Arterioscler. Thromb. Vasc. Biol.*, 26(8):1845–1851, Aug 2006.

[382] R. D. Ramirez, C. P. Morales, B. S. Herbert, J. M. Rohde, C. Passons, J. W. Shay, and W. E. Wright. Putative telomere-independent mechanisms of replicative aging reflect inadequate growth conditions. *Genes Dev.*, 15(4):398–403, Feb 2001.

[383] S. H. Ranganath, O. Levy, M. S. Inamdar, and J. M. Karp. Harnessing the mesenchymal stem cell secretome for the treatment of cardiovascular disease. *Cell Stem Cell*, 10(3):244–258, Mar 2012.

[384] T. Rao and M. Kuehl. The Frizzled familiy of unconventional G-protein-coupled receptors. *Circulation Research*, 106:1798–1806, 2010.

[385] I. Rasmusson, O. Ringden, B. Sundberg, and K. Le Blanc. Mesenchymal stem cells inhibit the formation of cytotoxic T lymphocytes, but not activated cytotoxic T lymphocytes or natural killer cells. *Transplantation*, 76(8):1208–1213, Oct 2003.

[386] M. F. Rasulov, V. T. Vasilenko, V. A. Zaidenov, and N. A. Onishchenko. Cell transplantation inhibits inflammatory reaction and stimulates repair processes in burn wound. *Bull. Exp. Biol. Med.*, 142(1):112–115, Jul 2006.

[387] A. H. Reddi and A. Reddi. Bone morphogenetic proteins (BMPs): from morphogens to metabologens. *Cytokine Growth Factor Rev.*, 20(5-6):341–342, 2009.

[388] I. Remy, A. Montmarquette, and S. W. Michnick. PKB/Akt modulates TGF-beta signalling through a direct interaction with Smad3. *Nat. Cell Biol.*, 6(4):358–365, Apr 2004.

[389] H. P. Reusch, S. Zimmermann, M. Schaefer, M. Paul, and K. Moelling. Regulation of Raf by Akt controls growth and differentiation in vascular smooth muscle cells. *J. Biol. Chem.*, 276(36):33630–33637, Sep 2001.

[390] J. L. Reynolds, A. J. Joannides, J. N. Skepper, R. McNair, L. J. Schurgers, D. Proudfoot, W. Jahnen-Dechent, P. L. Weissberg, and C. M. Shanahan. Human vascular smooth muscle cells undergo vesicle-mediated calcification in response to changes in extracellular calcium and phosphate concentrations: a potential mechanism for accelerated vascular calcification in ESRD. *J. Am. Soc. Nephrol.*, 15(11):2857–2867, Nov 2004.

[391] O. Ringden and A. Keating. Mesenchymal stromal cells as treatment for chronic GVHD. *Bone Marrow Transplant.*, 46(2):163–164, Feb 2011.

[392] F. Rodier. Detection of the senescence-associated secretory phenotype (SASP). *Methods Mol. Biol.*, 965:165–173, 2013.

[393] F. Rodier and J. Campisi. Four faces of cellular senescence. *J. Cell Biol.*, 192(4):547–556, Feb 2011.

[394] F. Rodier, J. Campisi, and D. Bhaumik. Two faces of p53: aging and tumor suppression. *Nucleic Acids Res.*, 35(22):7475–7484, 2007.

[395] F. Rodier, J. P. Coppe, C. K. Patil, W. A. Hoeijmakers, D. P. Munoz, S. R. Raza, A. Freund, E. Campeau, A. R. Davalos, and J. Campisi. Persistent DNA damage signalling triggers senescence-associated inflammatory cytokine secretion. *Nat. Cell Biol.*, 11(8):973–979, Aug 2009.

[396] F. Rodier, S. H. Kim, T. Nijjar, P. Yaswen, and J. Campisi. Cancer and aging: the importance of telomeres in genome maintenance. *Int. J. Biochem. Cell Biol.*, 37(5):977–990, May 2005.

[397] F. Rodier, D. P. Munoz, R. Teachenor, V. Chu, O. Le, D. Bhaumik, J. P. Coppe, E. Campeau, C. M. Beausejour, S. H. Kim, A. R. Davalos, and J. Campisi. DNA-SCARS: distinct nuclear structures that sustain damage-induced senescence growth arrest and inflammatory cytokine secretion. *J. Cell. Sci.*, 124(Pt 1):68–81, Jan 2011.

[398] G. Roglic, N. Unwin, P. H. Bennett, C. Mathers, J. Tuomilehto, S. Nag, V. Connolly, and H. King. The burden of mortality attributable to diabetes: realistic estimates for the year 2000. *Diabetes Care*, 28(9):2130–2135, Sep 2005.

[399] T. O. Rognum, K. S. Bjerve, M. Seip, O. Trygstad, and S. Oseid. Fat cell size and lipid content of subcutaneous tissue in congenital generalized lipodystrophy. *Acta Endocrinol.*, 88(1):182–189, May 1978.

[400] C. Rommel, B. A. Clarke, S. Zimmermann, L. Nunez, R. Rossman, K. Reid, K. Moelling, G. D. Yancopoulos, and D. J. Glass. Differentiation stage-specific inhibition of the Raf-MEK-ERK pathway by Akt. *Science*, 286(5445):1738–1741, Nov 1999.

[401] C. A. Roufosse, N. C. Direkze, W. R. Otto, and N. A. Wright. Circulating mesenchymal stem cells. *Int. J. Biochem. Cell Biol.*, 36(4):585–597, Apr 2004.

[402] P. P. Roux, B. A. Ballif, R. Anjum, S. P. Gygi, and J. Blenis. Tumor-promoting phorbol esters and activated Ras inactivate the tuberous sclerosis tumor suppressor complex via p90 ribosomal S6 kinase. *Proc. Natl. Acad. Sci. U.S.A.*, 101(37):13489–13494, Sep 2004.

[403] E. Rozengurt. Mitogenic signaling pathways induced by G protein-coupled receptors. *J. Cell. Physiol.*, 213(3):589–602, Dec 2007.

[404] K. Rubin, A. Tingstrom, G. K. Hansson, E. Larsson, L. Ronnstrand, L. Klareskog, L. Claesson-Welsh, C. H. Heldin, B. Fellstrom, and L. Terracio. Induction of B-type receptors for platelet-derived growth factor in vascular inflammation: possible implications for development of vascular proliferative lesions. *Lancet*, 1(8599):1353–1356, Jun 1988.

[405] M. Rubio, D. Avitabile, K. Fischer, G. Emmanuel, N. Gude, S. Miyamoto, S. Mishra, E. M. Schaefer, J. H. Brown, and M. A. Sussman. Cardioprotective stimuli mediate phosphoinositide 3-kinase and phosphoinositide dependent kinase 1 nuclear accumulation in cardiomyocytes. *J. Mol. Cell. Cardiol.*, 47(1):96–103, Jul 2009.

[406] M. Ruiz-Ortega, J. Rodriguez-Vita, E. Sanchez-Lopez, G. Carvajal, and J. Egido. TGF-beta signaling in vascular fibrosis. *Cardiovasc. Res.*, 74(2):196–206, May 2007.

[407] F. F. Safadi, J. Xu, S. L. Smock, R. A. Kanaan, A. H. Selim, P. R. Odgren, S. C. Marks, T. A. Owen, and S. N. Popoff. Expression of connective tissue growth factor in bone: its role in osteoblast proliferation and differentiation in vitro and bone formation in vivo. *J. Cell. Physiol.*, 196(1):51–62, Jul 2003.

[408] P. Saftig, Y. Tanaka, R. Lullmann-Rauch, and K. von Figura. Disease model: LAMP-2 enlightens Danon disease. *Trends Mol Med*, 7(1):37–39, Jan 2001.

[409] A. Salminen, J. M. Hyttinen, A. Kauppinen, and K. Kaarniranta. Context-Dependent Regulation of Autophagy by IKK-NF-κB Signaling: Impact on the Aging Process. *Int J Cell Biol*, 2012:849541, 2012.

[410] Y. Sancak, T. R. Peterson, Y. D. Shaul, R. A. Lindquist, C. C. Thoreen, L. Bar-Peled, and D. M. Sabatini. The Rag GTPases bind raptor and mediate amino acid signaling to mTORC1. *Science*, 320(5882):1496–1501, Jun 2008.

[411] Y. Sancak, C. C. Thoreen, T. R. Peterson, R. A. Lindquist, S. A. Kang, E. Spooner, S. A. Carr, and D. M. Sabatini. PRAS40 is an insulin-regulated inhibitor of the mTORC1 protein kinase. *Mol. Cell*, 25(6):903–915, Mar 2007.

[412] D. D. Sarbassov, S. M. Ali, D. H. Kim, D. A. Guertin, R. R. Latek, H. Erdjument-Bromage, P. Tempst, and D. M. Sabatini. Rictor, a novel binding partner of mTOR, defines a rapamycin-insensitive and raptor-independent pathway that regulates the cytoskeleton. *Curr. Biol.*, 14(14):1296–1302, Jul 2004.

[413] D. D. Sarbassov, S. M. Ali, S. Sengupta, J. H. Sheen, P. P. Hsu, A. F. Bagley, A. L. Markhard, and D. M. Sabatini. Prolonged rapamycin treatment inhibits mTORC2 assembly and Akt/PKB. *Mol. Cell*, 22(2):159–168, Apr 2006.

[414] D. D. Sarbassov, D. A. Guertin, S. M. Ali, and D. M. Sabatini. Phosphorylation and regulation of Akt/PKB by the rictor-mTOR complex. *Science*, 307(5712):1098–1101, Feb 2005.

[415] M. J. Sarnak, A. S. Levey, A. C. Schoolwerth, J. Coresh, B. Culleton, L. L. Hamm, P. A. McCullough, B. L. Kasiske, E. Kelepouris, M. J. Klag, P. Parfrey, M. Pfeffer, L. Raij, D. J. Spinosa, and P. W. Wilson. Kidney disease as a risk factor for development of cardiovascular disease: a statement from the American Heart Association Councils on Kidney in Cardiovascular Disease, High Blood Pressure Research, Clinical Cardiology, and Epidemiology and Prevention. *Hypertension*, 42(5):1050–1065, Nov 2003.

[416] L. J. Saucedo, X. Gao, D. A. Chiarelli, L. Li, D. Pan, and B. A. Edgar. Rheb promotes cell growth as a component of the insulin/TOR signalling network. *Nat. Cell Biol.*, 5(6):566–571, Jun 2003.

[417] C. Schafer, A. Heiss, A. Schwarz, R. Westenfeld, M. Ketteler, J. Floege, W. Muller-Esterl, T. Schinke, and W. Jahnen-Dechent. The serum protein alpha 2-Heremans-Schmid glycoprotein/fetuin-A is a systemically acting inhibitor of ectopic calcification. *J. Clin. Invest.*, 112(3):357–366, Aug 2003.

[418] M. P. Scheid, P. A. Marignani, and J. R. Woodgett. Multiple phosphoinositide 3-kinase-dependent steps in activation of protein kinase B. *Mol. Cell. Biol.*, 22(17):6247–6260, Sep 2002.

[419] T. Schinke and G. Karsenty. Vascular calcification–a passive process in need of inhibitors. *Nephrol. Dial. Transplant.*, 15(9):1272–1274, Sep 2000.

[420] A. Schmidt, M. Bickle, T. Beck, and M. N. Hall. The yeast phosphatidylinositol kinase homolog TOR2 activates RHO1 and RHO2 via the exchange factor ROM2. *Cell*, 88(4):531–542, Feb 1997.

[421] R. K. Schneider, S. Neuss, R. Stainforth, N. Laddach, M. Bovi, R. Knuechel, and A. Perez-Bouza. Three-dimensional epidermis-like growth of human mesenchymal stem cells on dermal equivalents: contribution to tissue organization by adaptation of myofibroblastic phenotype and function. *Differentiation*, 76(2):156–167, Feb 2008.

[422] F. J. Schoen, J. W. Tsao, and R. J. Levy. Calcification of bovine pericardium used in cardiac valve bioprostheses. Implications for the mechanisms of bioprosthetic tissue mineralization. *Am. J. Pathol.*, 123(1):134–145, Apr 1986.

[423] A. Schoolmeesters, T. Eklund, D. Leake, A. Vermeulen, Q. Smith, S. Force Aldred, and Y. Fedorov. Functional profiling reveals critical role for miRNA in differentiation of human mesenchymal stem cells. *PLoS ONE*, 4(5):e5605, 2009.

[424] S. N. Sehgal, H. Baker, and C. Vezina. Rapamycin (AY-22,989), a new antifungal antibiotic. II. Fermentation, isolation and characterization. *J. Antibiot.*, 28(10):727–732, Oct 1975.

[425] C. Selman, J. M. Tullet, D. Wieser, E. Irvine, S. J. Lingard, A. I. Choudhury, M. Claret, H. Al-Qassab, D. Carmignac, F. Ramadani, A. Woods, I. C. Robinson, E. Schuster, R. L. Batterham, S. C. Kozma, G. Thomas, D. Carling, K. Okkenhaug, J. M. Thornton, L. Partridge, D. Gems, and D. J. Withers. Ribosomal protein S6 kinase 1 signaling regulates mammalian life span. *Science*, 326(5949):140–144, Oct 2009.

[426] P. Semedo, P. M. Wang, T. H. Andreucci, M. A. Cenedeze, V. P. Teixeira, M. A. Reis, A. Pacheco-Silva, and N. O. Camara. Mesenchymal stem cells ameliorate tissue damages triggered by renal ischemia and reperfusion injury. *Transplant. Proc.*, 39(2):421–423, Mar 2007.

[427] M. Serrano, A. W. Lin, M. E. McCurrach, D. Beach, and S. W. Lowe. Oncogenic ras provokes premature cell senescence associated with accumulation of p53 and p16INK4a. *Cell*, 88(5):593–602, Mar 1997.

[428] B. Seto. Rapamycin and mTOR: a serendipitous discovery and implications for breast cancer. *Clin Transl Med*, 1(1):29, 2012.

[429] B. R. Shah, J. C. Victor, M. Chiu, J. V. Tu, S. S. Anand, P. C. Austin, D. G. Manuel, and J. E. Hux. Cardiovascular complications and mortality after diabetes diagnosis for South Asian and Chinese patients: a population-based cohort study. *Diabetes Care*, 36(9):2670–2676, Sep 2013.

[430] P. K. Shah. Plaque disruption and thrombosis. Potential role of inflammation and infection. *Cardiol Clin*, 17(2):271–281, May 1999.

[431] P. K. Shah. Plaque disruption and thrombosis: potential role of inflammation and infection. *Cardiol Rev*, 8(1):31–39, 2000.

[432] D. Shahbazian, P. P. Roux, V. Mieulet, M. S. Cohen, B. Raught, J. Taunton, J. W. Hershey, J. Blenis, M. Pende, and N. Sonenberg. The mTOR/PI3K and MAPK pathways converge on eIF4B to control its phosphorylation and activity. *EMBO J.*, 25(12):2781–2791, Jun 2006.

[433] C. M. Shanahan. Autophagy and matrix vesicles: new partners in vascular calcification. *Kidney Int.*, 83(6):984–986, Jun 2013.

[434] J. S. Shao, O. L. Sierra, R. Cohen, R. P. Mecham, A. Kovacs, J. Wang, K. Distelhorst, A. Behrmann, L. R. Halstead, and D. A. Towler. Vascular calcification and aortic fibrosis: a bifunctional role for osteopontin in diabetic arteriosclerosis. *Arterioscler. Thromb. Vasc. Biol.*, 31(8):1821–1833, Aug 2011.

[435] D. Shepro and N. M. Morel. Pericyte physiology. *FASEB J.*, 7(11):1031–1038, Aug 1993.

[436] S. Shi, M. Kirk, and A. J. Kahn. The role of type I collagen in the regulation of the osteoblast phenotype. *J. Bone Miner. Res.*, 11(8):1139–1145, Aug 1996.

[437] Y. Shi, A. Hata, R. S. Lo, J. Massague, and N. P. Pavletich. A structural basis for mutational inactivation of the tumour suppressor Smad4. *Nature*, 388(6637):87–93, Jul 1997.

[438] J. H. Shim, M. B. Greenblatt, W. Zou, Z. Huang, M. N. Wein, N. Brady, D. Hu, J. Charron, H. R. Brodkin, G. A. Petsko, D. Zaller, B. Zhai, S. Gygi, L. H. Glimcher, and D. C. Jones. Schnurri-3 regulates ERK downstream of WNT signaling in osteoblasts. *J. Clin. Invest.*, 123(9):4010–4022, Sep 2013.

[439] T. Shimada, S. Mizutani, T. Muto, T. Yoneya, R. Hino, S. Takeda, Y. Takeuchi, T. Fujita, S. Fukumoto, and T. Yamashita. Cloning and characterization of FGF23 as a causative factor of tumor-induced osteomalacia. *Proc. Natl. Acad. Sci. U.S.A.*, 98(11):6500–6505, May 2001.

[440] T. Shimada, Y. Yamazaki, M. Takahashi, H. Hasegawa, I. Urakawa, T. Oshima, K. Ono, M. Kakitani, K. Tomizuka, T. Fujita, S. Fukumoto, and T. Yamashita. Vitamin D receptor-independent FGF23 actions in regulating phosphate and vitamin D metabolism. *Am. J. Physiol. Renal Physiol.*, 289(5):F1088–1095, Nov 2005.

[441] H. Shimomura, F. Terasaki, T. Hayashi, Y. Kitaura, T. Isomura, and H. Suma. Autophagic degeneration as a possible mechanism of myocardial cell death in dilated cardiomyopathy. *Jpn. Circ. J.*, 65(11):965–968, Nov 2001.

[442] N. Shinojima, A. Hossain, T. Takezaki, J. Fueyo, J. Gumin, F. Gao, F. Nwajei, F. C. Marini, M. Andreeff, J. Kuratsu, and F. F. Lang. TGF-β2 mediates homing of bone marrow-derived human mesenchymal stem cells to glioma stem cells. *Cancer Res.*, 73(7):2333–2344, Apr 2013.

[443] A. Shioi, Y. Nishizawa, S. Jono, H. Koyama, M. Hosoi, and H. Morii. Beta-glycerophosphate accelerates calcification in cultured bovine vascular smooth muscle cells. *Arterioscler. Thromb. Vasc. Biol.*, 15(11):2003–2009, Nov 1995.

[444] A. M. Singh, D. Reynolds, T. Cliff, S. Ohtsuka, A. L. Mattheyses, Y. Sun, L. Menendez, M. Kulik, and S. Dalton. Signaling network crosstalk in human pluripotent cells: a Smad2/3-regulated switch that controls the balance between self-renewal and differentiation. *Cell Stem Cell*, 10(3):312–326, Mar 2012.

[445] K. Singh, S. Sun, and C. Vezina. Rapamycin (AY-22,989), a new antifungal antibiotic. IV. Mechanism of action. *J. Antibiot.*, 32(6):630–645, Jun 1979.

[446] U. K. Singha, Y. Jiang, S. Yu, M. Luo, Y. Lu, J. Zhang, and G. Xiao. Rapamycin inhibits osteoblast proliferation and differentiation in MC3T3-E1 cells and primary mouse bone marrow stromal cells. *J. Cell. Biochem.*, 103(2):434–446, Feb 2008.

[447] B. K. Son, K. Kozaki, K. Iijima, M. Eto, T. Nakano, M. Akishita, and Y. Ouchi. Gas6/Axl-PI3K/Akt pathway plays a central role in the effect of statins on inorganic phosphate-induced calcification of vascular smooth muscle cells. *Eur. J. Pharmacol.*, 556(1-3):1–8, Feb 2007.

[448] P. A. Sotiropoulou, S. A. Perez, A. D. Gritzapis, C. N. Baxevanis, and M. Papamichail. Interactions between human mesenchymal stem cells and natural killer cells. *Stem Cells*, 24(1):74–85, Jan 2006.

Literaturverzeichnis

[449] G. M. Spaggiari, A. Capobianco, H. Abdelrazik, F. Becchetti, M. C. Mingari, and L. Moretta. Mesenchymal stem cells inhibit natural killer-cell proliferation, cytotoxicity, and cytokine production: role of indoleamine 2,3-dioxygenase and prostaglandin E2. *Blood*, 111(3):1327–1333, Feb 2008.

[450] M. Y. Speer, H. Y. Yang, T. Brabb, E. Leaf, A. Look, W. L. Lin, A. Frutkin, D. Dichek, and C. M. Giachelli. Smooth muscle cells give rise to osteochondrogenic precursors and chondrocytes in calcifying arteries. *Circ. Res.*, 104(6):733–741, Mar 2009.

[451] H. M. Spronk, B. A. Soute, L. J. Schurgers, J. P. Cleutjens, H. H. Thijssen, J. G. De Mey, and C. Vermeer. Matrix Gla protein accumulates at the border of regions of calcification and normal tissue in the media of the arterial vessel wall. *Biochem. Biophys. Res. Commun.*, 289(2):485–490, Nov 2001.

[452] L. A. Stanton, T. M. Underhill, and F. Beier. MAP kinases in chondrocyte differentiation. *Dev. Biol.*, 263(2):165–175, Nov 2003.

[453] H. J. Stark, A. Szabowski, N. E. Fusenig, and N. Maas-Szabowski. Organotypic cocultures as skin equivalents: A complex and sophisticated in vitro system. *Biol Proced Online*, 6:55–60, 2004.

[454] A. D. Stein, A. M. Thompson, and A. Waters. Childhood growth and chronic disease: evidence from countries undergoing the nutrition transition. *Matern Child Nutr*, 1(3):177–184, Jul 2005.

[455] G. H. Stein, L. F. Drullinger, A. Soulard, and V. Duli? Differential roles for cyclin-dependent kinase inhibitors p21 and p16 in the mechanisms of senescence and differentiation in human fibroblasts. *Mol. Cell. Biol.*, 19(3):2109–2117, Mar 1999.

[456] D. S. Steinbrech, B. J. Mehrara, N. M. Rowe, M. E. Dudziak, J. S. Luchs, P. B. Saadeh, G. K. Gittes, and M. T. Longaker. Gene expression of TGF-beta, TGF-beta receptor, and extracellular matrix proteins during membranous bone healing in rats. *Plast. Reconstr. Surg.*, 105(6):2028–2038, May 2000.

[457] S. A. Steitz, M. Y. Speer, G. Curinga, H. Y. Yang, P. Haynes, R. Aebersold, T. Schinke, G. Karsenty, and C. M. Giachelli. Smooth muscle cell phenotypic transition associated with calcification: upregulation of Cbfa1 and downregulation of smooth muscle lineage markers. *Circ. Res.*, 89(12):1147–1154, Dec 2001.

[458] H. R. Stennicke, M. Renatus, M. Meldal, and G. S. Salvesen. Internally quenched fluorescent peptide substrates disclose the subsite preferences of human caspases 1, 3, 6, 7 and 8. *Biochem. J.*, 350 Pt 2:563–568, Sep 2000.

[459] H. Stocker, T. Radimerski, B. Schindelholz, F. Wittwer, P. Belawat, P. Daram, S. Breuer, G. Thomas, and E. Hafen. Rheb is an essential regulator of S6K in controlling cell growth in Drosophila. *Nat. Cell Biol.*, 5(6):559–565, Jun 2003.

[460] A. Stolzing, E. Jones, D. McGonagle, and A. Scutt. Age-related changes in human bone marrow-derived mesenchymal stem cells: consequences for cell therapies. *Mech. Ageing Dev.*, 129(3):163–173, Mar 2008.

[461] A. Strasser, L. O'Connor, and V. M. Dixit. Apoptosis signaling. *Annu. Rev. Biochem.*, 69:217–245, 2000.

[462] S. K. Sze, D. P. de Kleijn, R. C. Lai, E. Khia Way Tan, H. Zhao, K. S. Yeo, T. Y. Low, Q. Lian, C. N. Lee, W. Mitchell, R. M. El Oakley, and S. K. Lim. Elucidating the secretion proteome of human embryonic stem cell-derived mesenchymal stem cells. *Mol. Cell Proteomics*, 6(10):1680–1689, Oct 2007.

[463] H. Takai, A. Smogorzewska, and T. de Lange. DNA damage foci at dysfunctional telomeres. *Curr. Biol.*, 13(17):1549–1556, Sep 2003.

[464] H. Takayama, Y. Miyake, K. Nouso, F. Ikeda, H. Shiraha, A. Takaki, H. Kobashi, and K. Yamamoto. Serum levels of platelet-derived growth factor-BB and vascular endothelial growth factor as prognostic factors for patients with fulminant hepatic failure. *J. Gastroenterol. Hepatol.*, 26(1):116–121, Jan 2011.

[465] M. Takigawa. CCN2: a master regulator of the genesis of bone and cartilage. *J Cell Commun Signal*, 7(3):191–201, Aug 2013.

[466] J. Tan, W. Wu, X. Xu, L. Liao, F. Zheng, S. Messinger, X. Sun, J. Chen, S. Yang, J. Cai, X. Gao, A. Pileggi, and C. Ricordi. Induction therapy with autologous mesenchymal stem cells in living-related kidney transplants: a randomized controlled trial. *JAMA*, 307(11):1169–1177, Mar 2012.

[467] Y. L. Tang, Q. Zhao, X. Qin, L. Shen, L. Cheng, J. Ge, and M. I. Phillips. Paracrine action enhances the effects of autologous mesenchymal stem cell transplantation on vascular regeneration in rat model of myocardial infarction. *Ann. Thorac. Surg.*, 80(1):229–236, Jul 2005.

[468] I. Tanida, T. Ueno, and E. Kominami. LC3 and Autophagy. *Methods Mol. Biol.*, 445:77–88, 2008.

[469] A. Tanimura, D. H. McGregor, and H. C. Anderson. Matrix vesicles in atherosclerotic calcification. *Proc. Soc. Exp. Biol. Med.*, 172(2):173–177, Feb 1983.

[470] A. Tanimura, D. H. McGregor, and H. C. Anderson. Calcification in atherosclerosis. I. Human studies. *J. Exp. Pathol.*, 2(4):261–273, 1986.

[471] A. Tanimura, S. Tanaka, M. Kitazono, and K. Kosuga. Calcification of matrix vesicles in cardiac myxoma. *Acta Pathol. Jpn.*, 35(6):1445–1452, Nov 1985.

[472] S. Tatsumi, H. Segawa, K. Morita, H. Haga, T. Kouda, H. Yamamoto, Y. Inoue, T. Nii, K. Katai, Y. Taketani, K. I. Miyamoto, and E. Takeda. Molecular cloning and hormonal regulation of PiT-1, a sodium-dependent phosphate cotransporter from rat parathyroid glands. *Endocrinology*, 139(4):1692–1699, Apr 1998.

[473] R. C. Taylor, S. P. Cullen, and S. J. Martin. Apoptosis: controlled demolition at the cellular level. *Nat. Rev. Mol. Cell Biol.*, 9(3):231–241, Mar 2008.

[474] T. Tchkonia, D. E. Morbeck, T. Von Zglinicki, J. Van Deursen, J. Lustgarten, H. Scrable, S. Khosla, M. D. Jensen, and J. L. Kirkland. Fat tissue, aging, and cellular senescence. *Aging Cell*, 9(5):667–684, Oct 2010.

[475] A. Tedgui and Z. Mallat. Cytokines in atherosclerosis: pathogenic and regulatory pathways. *Physiol. Rev.*, 86(2):515–581, Apr 2006.

[476] A. R. Tee and C. G. Proud. DNA-damaging agents cause inactivation of translational regulators linked to mTOR signalling. *Oncogene*, 19(26):3021–3031, Jun 2000.

[477] A. R. Tee and C. G. Proud. Staurosporine inhibits phosphorylation of translational regulators linked to mTOR. *Cell Death Differ.*, 8(8):841–849, Aug 2001.

[478] K. Thedieck, P. Polak, M. L. Kim, K. D. Molle, A. Cohen, P. Jeno, C. Arrieumerlou, and M. N. Hall. PRAS40 and PRR5-like protein are new mTOR interactors that regulate apoptosis. *PLoS ONE*, 2(11):e1217, 2007.

[479] C. C. Thoreen, S. A. Kang, J. W. Chang, Q. Liu, J. Zhang, Y. Gao, L. J. Reichling, T. Sim, D. M. Sabatini, and N. S. Gray. An ATP-competitive mammalian target of rapamycin inhibitor reveals rapamycin-resistant functions of mTORC1. *J. Biol. Chem.*, 284(12):8023–8032, Mar 2009.

Literaturverzeichnis

[480] Y. Tintut, Z. Alfonso, T. Saini, K. Radcliff, K. Watson, K. Bostrom, and L. L. Demer. Multilineage potential of cells from the artery wall. *Circulation*, 108(20):2505–2510, Nov 2003.

[481] T. Toda, T. Tamamoto, S. Shimajiri, A. M. Sadi, Y. Nakashima, and H. Takei. Expression of PDGF and C-myc in atherosclerotic lesions in cholesterol-fed chicken. Immunohistochemical and in situ hybridization study. *Ann. N. Y. Acad. Sci.*, 748:514–516, Jan 1995.

[482] J. Tolar, A. J. Nauta, M. J. Osborn, A. Panoskaltsis Mortari, R. T. McElmurry, S. Bell, L. Xia, N. Zhou, M. Riddle, T. M. Schroeder, J. J. Westendorf, R. S. McIvor, P. C. Hogendoorn, K. Szuhai, L. Oseth, B. Hirsch, S. R. Yant, M. A. Kay, A. Peister, D. J. Prockop, W. E. Fibbe, and B. R. Blazar. Sarcoma derived from cultured mesenchymal stem cells. *Stem Cells*, 25(2):371–379, Feb 2007.

[483] C. Toma, M. F. Pittenger, K. S. Cahill, B. J. Byrne, and P. D. Kessler. Human mesenchymal stem cells differentiate to a cardiomyocyte phenotype in the adult murine heart. *Circulation*, 105(1):93–98, Jan 2002.

[484] M. Tome, P. Lopez-Romero, C. Albo, J. C. Sepulveda, B. Fernandez-Gutierrez, A. Dopazo, A. Bernad, and M. A. Gonzalez. miR-335 orchestrates cell proliferation, migration and differentiation in human mesenchymal stem cells. *Cell Death Differ.*, 18(6):985–995, Jun 2011.

[485] S. Torii, K. Nakayama, T. Yamamoto, and E. Nishida. Regulatory mechanisms and function of ERK MAP kinases. *J. Biochem.*, 136(5):557–561, Nov 2004.

[486] W. T. Tse, J. D. Pendleton, W. M. Beyer, M. C. Egalka, and E. C. Guinan. Suppression of allogeneic T-cell proliferation by human marrow stromal cells: implications in transplantation. *Transplantation*, 75(3):389–397, Feb 2003.

[487] A. Tyndall and V. Pistoia. Mesenchymal stem cells combat sepsis. *Nat. Med.*, 15(1):18–20, Jan 2009.

[488] I. Urakawa, Y. Yamazaki, T. Shimada, K. Iijima, H. Hasegawa, K. Okawa, T. Fujita, S. Fukumoto, and T. Yamashita. Klotho converts canonical FGF receptor into a specific receptor for FGF23. *Nature*, 444(7120):770–774, Dec 2006.

[489] E. Vander Haar, S. I. Lee, S. Bandhakavi, T. J. Griffin, and D. H. Kim. Insulin signalling to mTOR mediated by the Akt/PKB substrate PRAS40. *Nat. Cell Biol.*, 9(3):316–323, Mar 2007.

[490] R. Vanholder. [Uremic toxins]. *Nephrologie*, 24(7):373–376, 2003.

[491] R. Vanholder, O. Abou-Deif, A. Argiles, U. Baurmeister, J. Beige, P. Brouckaert, P. Brunet, G. Cohen, P. P. De Deyn, T. B. Drueke, D. Fliser, G. Glorieux, S. Herget-Rosenthal, W. H. Horl, J. Jankowski, A. Jorres, Z. A. Massy, H. Mischak, A. F. Perna, J. M. Rodriguez-Portillo, G. Spasovski, B. G. Stegmayr, P. Stenvinkel, P. J. Thornalley, C. Wanner, and A. Wiecek. The role of EUTox in uremic toxin research. *Semin Dial*, 22(4):323–328, 2009.

[492] R. Vanholder, A. Argiles, U. Baurmeister, P. Brunet, W. Clark, G. Cohen, P. P. De Deyn, R. Deppisch, B. Descamps-Latscha, T. Henle, A. Jorres, Z. A. Massy, M. Rodriguez, B. Stegmayr, P. Stenvinkel, and M. L. Wratten. Uremic toxicity: present state of the art. *Int J Artif Organs*, 24(10):695–725, Oct 2001.

[493] R. Vanholder, U. Baurmeister, P. Brunet, G. Cohen, G. Glorieux, J. Jankowski, O. Abu-Deif, A. Argiles, U. Baurmeister, J. Beige, P. Brouckaert, P. Brunet, G. Cohen, P. P. De Deyn, T. Drueke, D. Fliser, S. Herget-Rosenthal, W. Horl, J. Jankowski, A. Jorres, Z. A. Massy, H. Mischak, A. Perna, M. Rodriguez, G. Spasovski, B. Stegmayr, P. Stenvinkel, P. Thornalley, R. Vanholder, C. Wanner, A. Wiecek, and W. Zidek. A bench to bedside view of uremic toxins. *J. Am. Soc. Nephrol.*, 19(5):863–870, May 2008.

Literaturverzeichnis

[494] R. Vanholder, R. De Smet, G. Glorieux, A. Argiles, U. Baurmeister, P. Brunet, W. Clark, G. Cohen, P. P. De Deyn, R. Deppisch, B. Descamps-Latscha, T. Henle, A. Jorres, H. D. Lemke, Z. A. Massy, J. Passlick-Deetjen, M. Rodriguez, B. Stegmayr, P. Stenvinkel, C. Tetta, C. Wanner, and W. Zidek. Review on uremic toxins: classification, concentration, and interindividual variability. *Kidney Int.*, 63(5):1934–1943, May 2003.

[495] R. Vanholder, G. Glorieux, R. De Smet, and N. Lameire. New insights in uremic toxins. *Kidney Int. Suppl.*, (84):6–10, May 2003.

[496] R. Vanholder, G. Glorieux, and N. Lameire. New insights in uremic toxicity. *Contrib Nephrol*, 149:315–324, 2005.

[497] R. Vanholder and Z. A. Massy. Progress in uremic toxin research: an introduction. *Semin Dial*, 22(4):321–322, 2009.

[498] R. Vanholder, N. Meert, E. Schepers, and G. Glorieux. Uremic toxins: do we know enough to explain uremia? *Blood Purif.*, 26(1):77–81, 2008.

[499] R. Vanholder, N. Meert, E. Schepers, G. Glorieux, A. Argiles, P. Brunet, G. Cohen, T. Drueke, H. Mischak, G. Spasovski, Z. Massy, and J. Jankowski. Review on uraemic solutes II–variability in reported concentrations: causes and consequences. *Nephrol. Dial. Transplant.*, 22(11):3115–3121, Nov 2007.

[500] R. Vanholder, S. Van Laecke, and G. Glorieux. What is new in uremic toxicity? *Pediatr. Nephrol.*, 23(8):1211–1221, Aug 2008.

[501] R. C. Vanholder, G. Glorieux, R. De Smet, and P. P. De Deyn. Low water-soluble uremic toxins. *Adv Ren Replace Ther*, 10(4):257–269, Oct 2003.

[502] S. Vasto, G. Candore, C. R. Balistreri, M. Caruso, G. Colonna-Romano, M. P. Grimaldi, F. Listi, D. Nuzzo, D. Lio, and C. Caruso. Inflammatory networks in ageing, age-related diseases and longevity. *Mech. Ageing Dev.*, 128(1):83–91, Jan 2007.

[503] T. Vellai, K. Takacs-Vellai, Y. Zhang, A. L. Kovacs, L. Orosz, and F. Muller. Genetics: influence of TOR kinase on lifespan in C. elegans. *Nature*, 426(6967):620, Dec 2003.

[504] C. Vezina, A. Kudelski, and S. N. Sehgal. Rapamycin (AY-22,989), a new antifungal antibiotic. I. Taxonomy of the producing streptomycete and isolation of the active principle. *J. Antibiot.*, 28(10):721–726, Oct 1975.

[505] R. Villa-Bellosta, Y. E. Bogaert, M. Levi, and V. Sorribas. Characterization of phosphate transport in rat vascular smooth muscle cells: implications for vascular calcification. *Arterioscler. Thromb. Vasc. Biol.*, 27(5):1030–1036, May 2007.

[506] S. R. von Manteuffel, A. C. Gingras, X. F. Ming, N. Sonenberg, and G. Thomas. 4E-BP1 phosphorylation is mediated by the FRAP-p70s6k pathway and is independent of mitogen-activated protein kinase. *Proc. Natl. Acad. Sci. U.S.A.*, 93(9):4076–4080, Apr 1996.

[507] R. Wallin, N. Wajih, G. T. Greenwood, and D. C. Sane. Arterial calcification: a review of mechanisms, animal models, and the prospects for therapy. *Med Res Rev*, 21(4):274–301, Jul 2001.

[508] C. H. Wang, W. J. Cherng, N. I. Yang, L. T. Kuo, C. M. Hsu, H. I. Yeh, Y. J. Lan, C. H. Yeh, and W. L. Stanford. Late-outgrowth endothelial cells attenuate intimal hyperplasia contributed by mesenchymal stem cells after vascular injury. *Arterioscler. Thromb. Vasc. Biol.*, 28(1):54–60, Jan 2008.

[509] K. H. Wang, A. P. Kao, S. Singh, S. L. Yu, L. P. Kao, Z. Y. Tsai, S. D. Lin, and S. S. Li. Comparative expression profiles of mRNAs and microRNAs among human mesenchymal stem cells derived from breast, face, and abdominal adipose tissues. *Kaohsiung J. Med. Sci.*, 26(3):113–122, Mar 2010.

[510] L. Wang, C. D. Fraley, J. Faridi, A. Kornberg, and R. A. Roth. Inorganic polyphosphate stimulates mammalian TOR, a kinase involved in the proliferation of mammary cancer cells. *Proc. Natl. Acad. Sci. U.S.A.*, 100(20):11249–11254, Sep 2003.

[511] L. Wang, T. E. Harris, R. A. Roth, and J. C. Lawrence. PRAS40 regulates mTORC1 kinase activity by functioning as a direct inhibitor of substrate binding. *J. Biol. Chem.*, 282(27):20036–20044, Jul 2007.

[512] S. Wang, P. Song, and M. H. Zou. AMP-activated protein kinase, stress responses and cardiovascular diseases. *Clin. Sci.*, 122(12):555–573, Jun 2012.

[513] M. J. Waring. Complex formation between ethidium bromide and nucleic acids. *J. Mol. Biol.*, 13(1):269–282, Aug 1965.

[514] L. P. Weng, W. M. Smith, J. L. Brown, and C. Eng. PTEN inhibits insulin-stimulated MEK/MAPK activation and cell growth by blocking IRS-1 phosphorylation and IRS-1/Grb-2/Sos complex formation in a breast cancer model. *Hum. Mol. Genet.*, 10(6):605–616, Mar 2001.

[515] Q. P. Weng, M. Kozlowski, C. Belham, A. Zhang, M. J. Comb, and J. Avruch. Regulation of the p70 S6 kinase by phosphorylation in vivo. Analysis using site-specific anti-phosphopeptide antibodies. *J. Biol. Chem.*, 273(26):16621–16629, Jun 1998.

[516] G. Werner, H. Hagenmaier, H. Drautz, A. Baumgartner, and H. Zahner. Metabolic products of microorganisms. 224. Bafilomycins, a new group of macrolide antibiotics. Production, isolation, chemical structure and biological activity. *J. Antibiot.*, 37(2):110–117, Feb 1984.

[517] U. Weyemi, O. Lagente-Chevallier, M. Boufraqech, F. Prenois, F. Courtin, B. Caillou, M. Talbot, M. Dardalhon, A. Al Ghuzlan, J. M. Bidart, M. Schlumberger, and C. Dupuy. ROS-generating NADPH oxidase NOX4 is a critical mediator in oncogenic H-Ras-induced DNA damage and subsequent senescence. *Oncogene*, 31(9):1117–1129, Mar 2012.

[518] M. Whitman. Smads and early developmental signaling by the TGFbeta superfamily. *Genes Dev.*, 12(16):2445–2462, Aug 1998.

[519] K. F. Wilson, W. J. Wu, and R. A. Cerione. Cdc42 stimulates RNA splicing via the S6 kinase and a novel S6 kinase target, the nuclear cap-binding complex. *J. Biol. Chem.*, 275(48):37307–37310, Dec 2000.

[520] P. W. Wilson, J. M. Hoeg, R. B. D'Agostino, H. Silbershatz, A. M. Belanger, H. Poehlmann, D. O'Leary, and P. A. Wolf. Cumulative effects of high cholesterol levels, high blood pressure, and cigarette smoking on carotid stenosis. *N. Engl. J. Med.*, 337(8):516–522, Aug 1997.

[521] G. D. Wu, J. A. Nolta, Y. S. Jin, M. L. Barr, H. Yu, V. A. Starnes, and D. V. Cramer. Migration of mesenchymal stem cells to heart allografts during chronic rejection. *Transplantation*, 75(5):679–685, Mar 2003.

[522] J. W. Wu, M. Hu, J. Chai, J. Seoane, M. Huse, C. Li, D. J. Rigotti, S. Kyin, T. W. Muir, R. Fairman, J. Massague, and Y. Shi. Crystal structure of a phosphorylated Smad2. Recognition of phosphoserine by the MH2 domain and insights on Smad function in TGF-beta signaling. *Mol. Cell*, 8(6):1277–1289, Dec 2001.

[523] S. Wullschleger, R. Loewith, and M. N. Hall. TOR signaling in growth and metabolism. *Cell*, 124(3):471–484, Feb 2006.

[524] S. Wullschleger, R. Loewith, W. Oppliger, and M. N. Hall. Molecular organization of target of rapamycin complex 2. *J. Biol. Chem.*, 280(35):30697–30704, Sep 2005.

[525] H. Xi, C. Li, F. Ren, H. Zhang, and L. Zhang. Telomere, aging and age-related diseases. *Aging Clin Exp Res*, 25(2):139–146, May 2013.

Literaturverzeichnis

[526] M. X. Xiang, A. N. He, J. A. Wang, and C. Gui. Protective paracrine effect of mesenchymal stem cells on cardiomyocytes. *J Zhejiang Univ Sci B*, 10(8):619–624, Aug 2009.

[527] Z. Xiao, C. E. Camalier, K. Nagashima, K. C. Chan, D. A. Lucas, M. J. de la Cruz, M. Gignac, S. Lockett, H. J. Issaq, T. D. Veenstra, T. P. Conrads, and G. R. Beck. Analysis of the extracellular matrix vesicle proteome in mineralizing osteoblasts. *J. Cell. Physiol.*, 210(2):325–335, Feb 2007.

[528] S. Xu, A. C. Liu, and A. I. Gotlieb. Common pathogenic features of atherosclerosis and calcific aortic stenosis: role of transforming growth factor-beta. *Cardiovasc. Pathol.*, 19(4):236–247, 2010.

[529] T. Yamaguchi, A. Kurisaki, N. Yamakawa, K. Minakuchi, and H. Sugino. FKBP12 functions as an adaptor of the Smad7-Smurf1 complex on activin type I receptor. *J. Mol. Endocrinol.*, 36(3):569–579, Jun 2006.

[530] Y. Yamazaki, R. Okazaki, M. Shibata, Y. Hasegawa, K. Satoh, T. Tajima, Y. Takeuchi, T. Fujita, K. Nakahara, T. Yamashita, and S. Fukumoto. Increased circulatory level of biologically active full-length FGF-23 in patients with hypophosphatemic rickets/osteomalacia. *J. Clin. Endocrinol. Metab.*, 87(11):4957–4960, Nov 2002.

[531] B. Yamout, R. Hourani, H. Salti, W. Barada, T. El-Hajj, A. Al-Kutoubi, A. Herlopian, E. K. Baz, R. Mahfouz, R. Khalil-Hamdan, N. M. Kreidieh, M. El-Sabban, and A. Bazarbachi. Bone marrow mesenchymal stem cell transplantation in patients with multiple sclerosis: a pilot study. *J. Neuroimmunol.*, 227(1-2):185–189, Oct 2010.

[532] L. Yan, J. Sadoshima, D. E. Vatner, and S. F. Vatner. Autophagy: a novel protective mechanism in chronic ischemia. *Cell Cycle*, 5(11):1175–1177, Jun 2006.

[533] L. Yan, D. E. Vatner, S. J. Kim, H. Ge, M. Masurekar, W. H. Massover, G. Yang, Y. Matsui, J. Sadoshima, and S. F. Vatner. Autophagy in chronically ischemic myocardium. *Proc. Natl. Acad. Sci. U.S.A.*, 102(39):13807–13812, Sep 2005.

[534] J. Yang, P. Cron, V. Thompson, V. M. Good, D. Hess, B. A. Hemmings, and D. Barford. Molecular mechanism for the regulation of protein kinase B/Akt by hydrophobic motif phosphorylation. *Mol. Cell*, 9(6):1227–1240, Jun 2002.

[535] Z. Yang and D. J. Klionsky. Eaten alive: a history of macroautophagy. *Nat. Cell Biol.*, 12(9):814–822, Sep 2010.

[536] Z. Yang and M. Vatta. Danon disease as a cause of autophagic vacuolar myopathy. *Congenit Heart Dis*, 2(6):404–409, 2007.

[537] J. J. Yi, A. P. Barnes, R. Hand, F. Polleux, and M. D. Ehlers. TGF-beta signaling specifies axons during brain development. *Cell*, 142(1):144–157, Jul 2010.

[538] J. Y. Yi, I. Shin, and C. L. Arteaga. Type I transforming growth factor beta receptor binds to and activates phosphatidylinositol 3-kinase. *J. Biol. Chem.*, 280(11):10870–10876, Mar 2005.

[539] C. K. Yip, K. Murata, T. Walz, D. M. Sabatini, and S. A. Kang. Structure of the human mTOR complex I and its implications for rapamycin inhibition. *Mol. Cell*, 38(5):768–774, Jun 2010.

[540] J. L. Young, P. Libby, and U. Schonbeck. Cytokines in the pathogenesis of atherosclerosis. *Thromb. Haemost.*, 88(4):554–567, Oct 2002.

[541] Y. Yu, L. Cao, L. Yang, R. Kang, M. Lotze, and D. Tang. microRNA 30A promotes autophagy in response to cancer therapy. *Autophagy*, 8(5):853–855, May 2012.

[542] N. Zamzami, C. Brenner, I. Marzo, S. A. Susin, and G. Kroemer. Subcellular and submitochondrial mode of action of Bcl-2-like oncoproteins. *Oncogene*, 16(17):2265–2282, Apr 1998.

Literaturverzeichnis

[543] H. Zhang, M. Bosch-Marce, L. A. Shimoda, Y. S. Tan, J. H. Baek, J. B. Wesley, F. J. Gonzalez, and G. L. Semenza. Mitochondrial autophagy is an HIF-1-dependent adaptive metabolic response to hypoxia. *J. Biol. Chem.*, 283(16):10892–10903, Apr 2008.

[544] J. Zhang, Y. Feng, and M. Forgac. Proton conduction and bafilomycin binding by the V0 domain of the coated vesicle V-ATPase. *J. Biol. Chem.*, 269(38):23518–23523, Sep 1994.

[545] Y. Zhang, X. Gao, L. J. Saucedo, B. Ru, B. A. Edgar, and D. Pan. Rheb is a direct target of the tuberous sclerosis tumour suppressor proteins. *Nat. Cell Biol.*, 5(6):578–581, Jun 2003.

[546] Y. Zhang, P. Yang, T. Sun, D. Li, X. Xu, Y. Rui, C. Li, M. Chong, T. Ibrahim, L. Mercatali, D. Amadori, X. Lu, D. Xie, Q. J. Li, and X. F. Wang. miR-126 and miR-126* repress recruitment of mesenchymal stem cells and inflammatory monocytes to inhibit breast cancer metastasis. *Nat. Cell Biol.*, 15(3):284–294, Mar 2013.

[547] X. F. Zheng, D. Florentino, J. Chen, G. R. Crabtree, and S. L. Schreiber. TOR kinase domains are required for two distinct functions, only one of which is inhibited by rapamycin. *Cell*, 82(1):121–130, Jul 1995.

[548] H. Zhou, P. S. Yuen, T. Pisitkun, P. A. Gonzales, H. Yasuda, J. W. Dear, P. Gross, M. A. Knepper, and R. A. Star. Collection, storage, preservation, and normalization of human urinary exosomes for biomarker discovery. *Kidney Int.*, 69(8):1471–1476, Apr 2006.

[549] S. Zimmermann and K. Moelling. Phosphorylation and regulation of Raf by Akt (protein kinase B). *Science*, 286(5445):1741–1744, Nov 1999.

[550] F. Zindy, J. van Deursen, G. Grosveld, C. J. Sherr, and M. F. Roussel. INK4d-deficient mice are fertile despite testicular atrophy. *Mol. Cell. Biol.*, 20(1):372–378, Jan 2000.

[551] R. Zoncu, A. Efeyan, and D. M. Sabatini. mTOR: from growth signal integration to cancer, diabetes and ageing. *Nat. Rev. Mol. Cell Biol.*, 12(1):21–35, Jan 2011.

The important thing is not to stop questioning.
Curiosity has its own reason for existing.

Albert Einstein (1879-1955)

I want morebooks!

Buy your books fast and straightforward online - at one of the world's fastest growing online book stores! Environmentally sound due to Print-on-Demand technologies.

Buy your books online at
www.get-morebooks.com

Kaufen Sie Ihre Bücher schnell und unkompliziert online – auf einer der am schnellsten wachsenden Buchhandelsplattformen weltweit!
Dank Print-On-Demand umwelt- und ressourcenschonend produziert.

Bücher schneller online kaufen
www.morebooks.de

OmniScriptum Marketing DEU GmbH
Heinrich-Böcking-Str. 6-8
D - 66121 Saarbrücken
Telefax: +49 681 93 81 567-9

info@omniscriptum.com
www.omniscriptum.com

Printed by Books on Demand GmbH, Norderstedt / Germany